色织浮纹组织

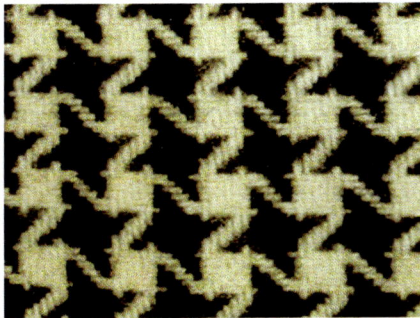

配色模纹

浮纹组织

纬起花剪花

双层剪花

蜂巢组织

剪花弹力绉

经起花剪花

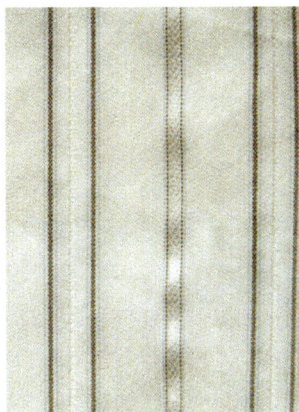

纵条纹

纵条纹

网目组织

粗特纱平纹格

泡泡纱

配色模纹

网目纵条纹

纱罗

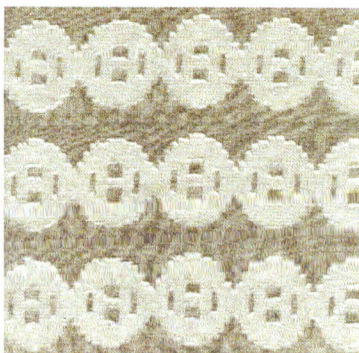
提花剪花

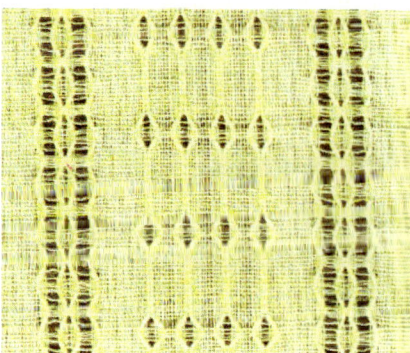
纱罗

纱罗

双层织物

浮纹织物

染色泡泡纱

局部管状

缎档毛巾

经起花剪花

斜纹格

绣花毛巾

经起花曲线织物

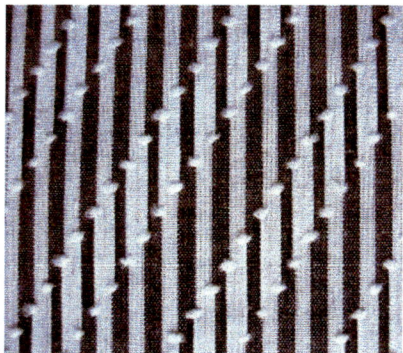
剪花织物

花式灯芯绒

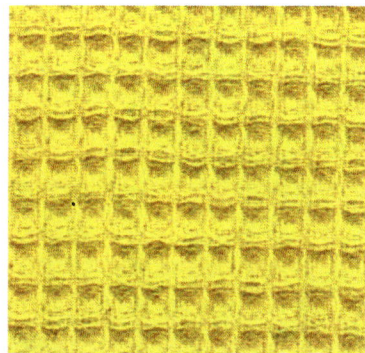
蜂巢组织

花式灯芯绒

曲线格

色织纱罗

染色纱罗

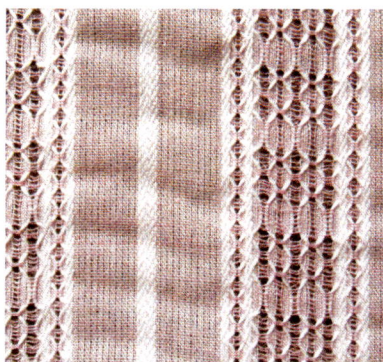
花式纱罗

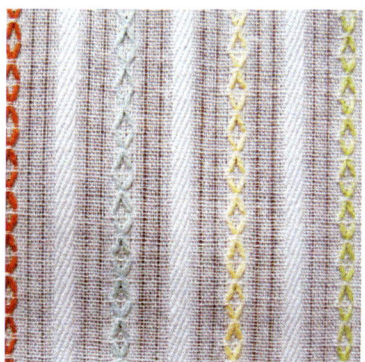
纱罗

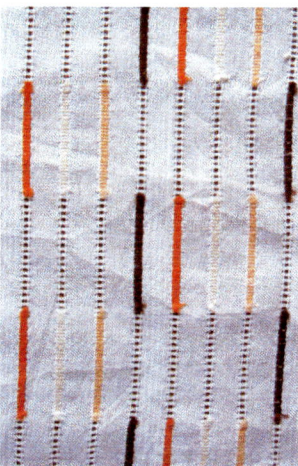
剪花纱罗

花式线纱罗

纱罗

管状组织

牛津布

色织浮纹

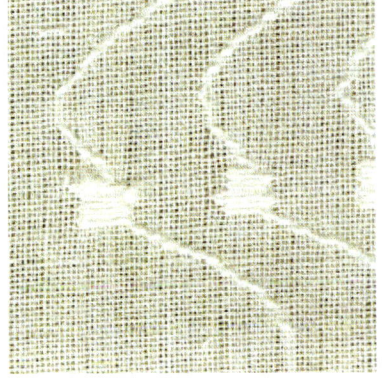
染色浮纹

牛津布

彩条牛津布

按结双层

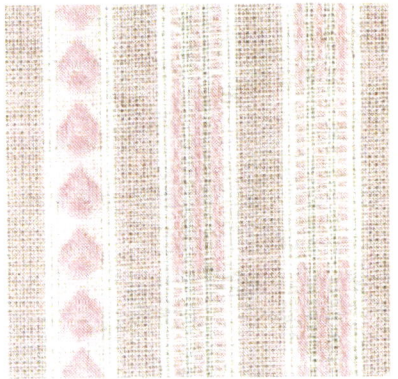
经起花织物

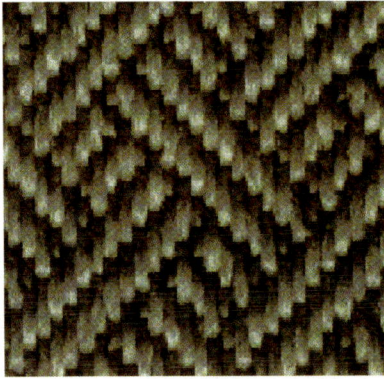
芦席斜纹

破斜纹

经起花织物

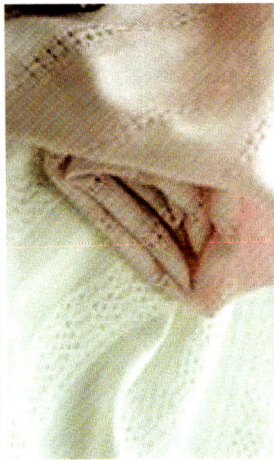
纱罗

山形斜纹

透孔组织

纺织高职高专"十一五"部委级规划教材

织物组织分析与应用

侯翠芳　主　编

林建萍　姜凤琴　副主编

中国纺织出版社

内 容 提 要

本书是纺织高职高专"十一五"部委级规划教材,以任务引领、理论与实践相互穿插的形式,介绍了有关机织物认识和各种织物组织分析方面的基本方法和实用技能,通过大量织物样品图片,展示了各种织物组织的特征和织物分析与应用的实例,详细介绍了应用各种织物组织进行小样试织的基本步骤和具体要求。并附有各类织物样品及多媒体网络资源。

本书可作为纺织高职高专院校相关专业的教材,亦可供织物设计人员、生产技术人员、相关商贸人员培训和阅读参考。

图书在版编目(CIP)数据

织物组织分析与应用/侯翠芳主编. —北京:中国纺织出版社,
2010.10(2024.2重印)
纺织高职高专"十一五"部委级规划教材
ISBN 978-7-5064-6744-5

Ⅰ.①织… Ⅱ.①侯… Ⅲ.①织物组织—高等学校:技术学校—教材 Ⅳ.①TS105.1

中国版本图书馆 CIP 数据核字(2010)第 158937 号

策划编辑:江海华 责任编辑:张冬霞 责任校对:陈 红
责任设计:李 然 责任印制:何 建

中国纺织出版社有限公司出版发行
地址:北京市朝阳区百子湾东里 A407 号 邮政编码:100124
销售电话:010—87155894 传真:010—87155801
http://www.c-textilep.com
中国纺织出版社天猫旗舰店
官方微博 http://weibo.com/2119887771
北京虎彩文化传播有限公司印刷 各地新华书店经销
2024年2月第8次印刷
开本:787×1092 1/16 印张:16.5 插页:2
字数:305 千字 定价:42.00 元

2005年10月，国发〔2005〕35号文件"国务院关于大力发展职业教育的决定"中明确提出"落实科学发展观，把发展职业教育作为经济社会发展的重要基础和教育工作战略重点"。高等职业教育作为职业教育体系的重要组成部分，近些年发展迅速。编写出适合我国高等职业教育特点的教材，成为出版人和院校共同努力的目标。早在2004年，教育部下发教高〔2004〕1号文件"教育部关于以就业为导向　深化高等职业教育改革的若干意见"，明确了促进高等职业教育改革的深入开展，要坚持科学定位，以就业为导向，紧密结合地方经济和社会发展需求，以培养高技能人才为目标，大力推行"双证书"制度，积极开展订单式培养，建立产学研结合的长效机制。在教材建设上，提出学校要加强学生职业能力教育。教材内容要紧密结合生产实际，并注意及时跟踪先进技术的发展。调整教学内容和课程体系，把职业资格证书课程纳入教学计划之中，将证书课程考试大纲与专业教学大纲相衔接，强化学生技能训练，增强毕业生就业竞争能力。

2005年底，教育部组织制订了普通高等教育"十一五"国家级教材规划，并于2006年8月10日正式下发了教材规划，确定了9716种"十一五"国家级教材规划选题，我社共有103种教材被纳入国家级教材规划。在此基础上，中国纺织服装教育学会与我社共同组织各院校制订出"十一五"部委级教材规划。为在"十一五"期间切实做好国家级及部委级高职高专教材的出版工作，我社主动进行了教材创新型模式的深入策划，力求使教材出版与教学改革和课程建设发展相适应，充分体现职业技能培养的特点，在教材编写上重视实践和实训环节内容，使教材内容具有以下三个特点：

（1）围绕一个核心——育人目标。根据教育规律和课程设置特点，从培养学生学习兴趣和提高职业技能入手，教材内容围绕生产实际和教学需要展开，形式上力求突出重点，强调实践，附有课程设置指导，并于章首介绍本章知识点、重点、难点及专业技能，章后附形式多样的思考题等，提高教材的可读性，增加学生学习兴趣和自学能力。

（2）突出一个环节——实践环节。教材出版突出高职教育和应用性学科的特点，注重理论与生产实践的结合，有针对性地设置教材内容，增加实践、实验内容，并通过多媒体等直观形式反映生产实际的最新进展。

（3）实现一个立体——多媒体教材资源包。充分利用现代教育技术手段，将授课知识点、实践内容等制作成教学课件，以直观的形式、丰富的表达充分展现教学内容。

教材出版是教育发展中的重要组成部分，为出版高质量的教材，出版社严格甄选作者，组织专家评审，并对出版全过程进行过程跟踪，及时了解教材编写进度、编写质量，力求做到作者权威，编辑专业，审读严格，精品出版。我们愿与院校一起，共同探讨、完善教材出版，不断推出精品教材，以适应我国高等教育的发展要求。

中国纺织出版社

教材出版中心

　　高等职业教育是以培养高素质应用技能型人才为目标,将着力培养学生的实践动手能力、综合职业素质和创新能力贯穿教学过程。教育家陶行知先生所倡导的"在学中做,在做中学"的教育理论,是以具体的任务为学习动力或动机、以完成任务的过程为学习过程、以展示任务成果的方式来体现教学成就的以"任务驱动"为主要形式的教学方法。"以项目为引导,以任务为驱动"的教学方式对学生综合能力的提高起着十分重要的作用,而且正日益受到职业教育界的普遍关注。

　　纺织服装类高等职业教育教学改革的重点之一,就是改革专业课程教学模式与教学方法。《织物组织分析与应用》的编写正是应改革之需要,改变了原有教材中注重理论学习的循序渐进和知识积累的模式,采用"任务驱动"教学法,以各种织物组织的分析、设计以及试织等任务为主线,将新知识隐含在一个或几个任务之中,学生在努力完成任务的过程中,可在老师的指导帮助下找出解决问题的方法,最后完成任务并总结经验、分析存在的问题、讨论交流,从而实现对所学知识的灵活掌握。其优势在于能更好地培养学生解决实际问题的能力和创新能力。

　　本教材由侯翠芳任主编,林建萍、姜凤琴任副主编。参与编写的教师有:南通纺织职业技术学院侯翠芳(任务一、任务三、任务五、任务十三)、隋全侠(任务四)、马昀(任务八)、金永安(任务十一);浙江宁波纺织服装职业技术学院邵玲灵(任务六),林建萍、罗炳金(任务九),祝永志(任务十);大连工业大学姜凤琴(任务十二);盐城纺织职业技术学院毛雷(任务二)、林宏元(任务七)。本书所附光盘由侯翠芳、刘春辉、姜凤琴、朱洁皓编辑制作。

　　全书由侯翠芳负责整体构思和统稿,姜凤琴协助统稿。南通金林色织公司蔡紫林经理、南通华业色织公司阚进遂经理对本书的编写给予了工艺实践方面的专业指导,并为本书提供了大量织物实样和图片。此外还得到了南通职业大学张国辉和秦姝老师、南通三思科技公司杨惠新经理的帮助,在此一并表示谢意。

　　由于编者水平有限,编写过程中定会存在缺点和不足之处,恳请各校广大教师和同学们提出宝贵意见,以便再版时改正。

编者
2010年8月

Contents 目 录

任务一　织物与织物组织的认知

【任务目标】

1. 了解织物与织物组织的概念,认识织物的特征和分类
2. 分辨棉、毛、丝、麻等各种织物(包括机织物、针织物等)
3. 掌握织物的表示方法

【任务实施】

1. 任务要求

通过对各种织物样品的观察、接触,增加对织物的感性认识,了解织物的特征,学会分类与辨析,正确判断和表示各类织物。

2. 织物样品准备

课前教师应准备好各类织物样品,以便于学生对各类织物进行观察、认识,对典型样品进行分类说明。

3. 实施内容及步骤

学生分组观察、分析各类织物组织并完成以下任务:

(1)请每组鉴别所发样品哪些为机织物。

(2)每组将所发的样品按棉织物、毛织物、丝织物、麻织物、化纤织物进行分类。

(3)每组将所发的样品按纱织物、半线织物、线织物进行分类。

(4)每组将所发的样品按白织织物、染色织物、印花织物、色织织物进行分类。

(5)每组将所发的样品按简单组织织物到复杂组织织物进行分类。

4. 撰写实验报告

对所观察织物进行分类,归纳其特点。

【相关知识】

织物与织物组织的基本知识

1.1　织物的概念

织物是纺织纤维集合体中的一个大类产品,是具有一定的长度、宽度和厚度,而厚度相对于长度、宽度是极小的片状物体。常见的织物主要有机织物、针织物和非织造织物等。

1.1.1 机织物(图1-1)

机织物一般是指相互垂直排列的经、纬两个系统的纱线,在织机上按一定的规律互相交织而成,即传统的二向机织物,应用最为广泛。

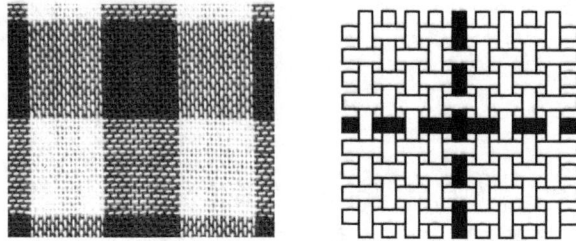

(a) 二向织物

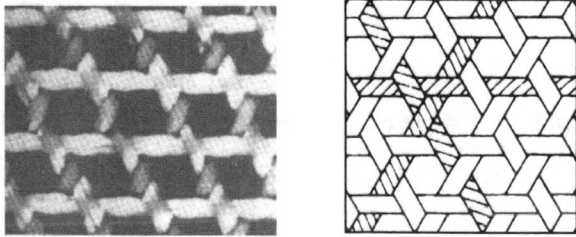

(b) 三向织物

图1-1 机织物

新型的三向机织物是用三个系统的纱线,彼此以一定的角度交织而成,其特点是各向同性、结构稳定。

1.1.2 针织物(图1-2)

针织物是由单独一组或多组纱线在针织机上按一定规律彼此相互串套成圈连接而成的织物。根据纱线在织物中的成圈方向,可以将针织物分为经编织物和纬编织物。线圈是针织物的基本结构单元,也是该织物有别于其他织物的标志。

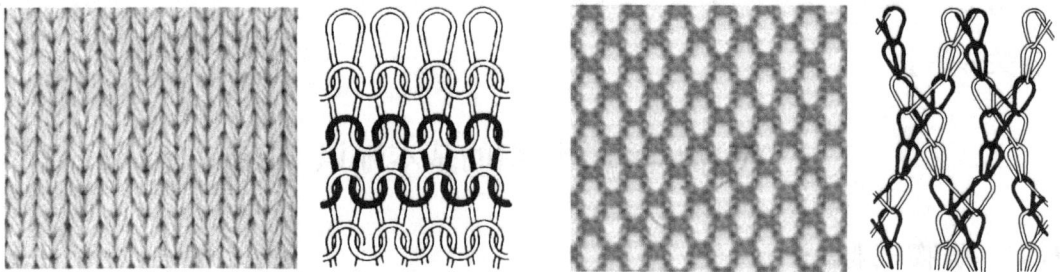

(a) 纬编织物   (b) 经编织物

图1-2 针织物

1.1.3 非织造织物(图1-3)

非织造织物俗称无纺布,是指由纤维、纱线或长丝,用机械、化学或物理的方法使之黏结

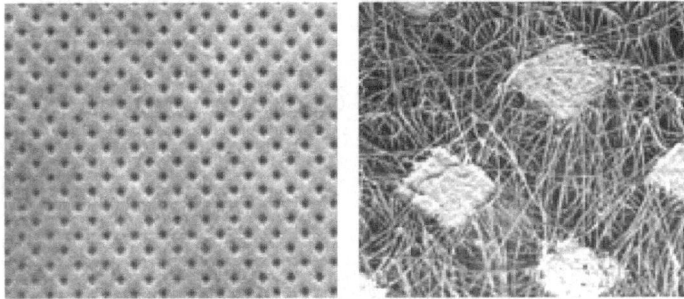

图 1 - 3　非织造织物图

或结合而成的织物。其特征是不经纺纱,而由纤维直接成网、固着成形。

1.1.4　编织物(图 1 - 4)

编织物又称编结物,一般是以两组或两组以上的纱线进行对角线交叉状交织而形成的。其结构是利用两组回转相反的载纱器制织的。圆形编织物由编结纱绕中央纱芯回转而形成。多用于产业用的编织绳、盘根等。

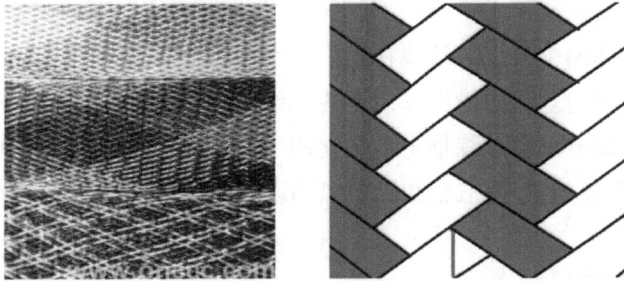

图 1 - 4　编织物

1.1.5　其他织物(图 1 - 5)

此外,还有机织针织联合织物、多轴向织物、三维正交立体织物等。

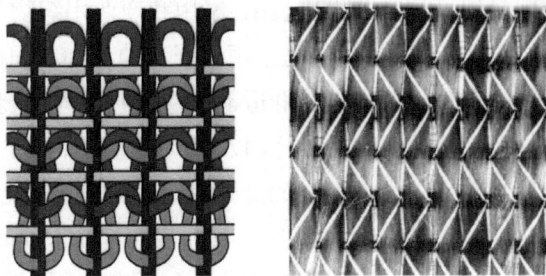

图 1 - 5　其他织物

1.2　机织物的形成

这里主要介绍传统的二向机织物。图1-6是机织物形成原理示意图。

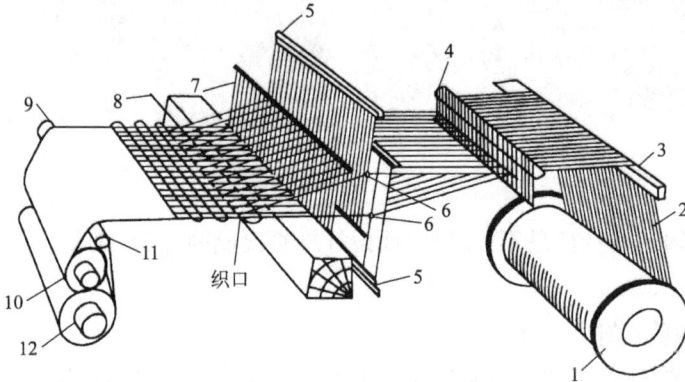

图1-6　机织物形成原理示意图

1—织(经)轴　2—经纱　3—后梁　4—经停片　5—综框　6—综眼　7　钢筘

8—纬纱　9—胸梁　10—卷取辊　11—导布辊　12—卷布辊

机织物是由经、纬两个系统的纱线在织机上互相交织而成。在织物内平行于织边的纵向纱线称为经纱,与织边垂直的横向纱线称为纬纱。纵向经纱自织轴上引出,绕过后梁、经停片,逐根按一定规律分别穿过综框上的综丝眼,再穿过钢筘的筘齿与横向纬纱交织,在织口处形成织物。织物经胸梁、卷取辊和导布辊,最后卷绕在卷布辊上。

1.3　织物的分类

随着纺织生产技术的不断进步,纺织品种类日益增多,其常用的分类方法如下。

1.3.1　按织物的用途分类

根据织物最终的使用领域可将其分为服装用、家用和产业用织物三大类。

(1)服装用织物(图1-7):服装用织物是指用于服装的各种纺织面料,如内衣、外衣;裤子、裙子;职业装、休闲装、礼服等。要求织物舒适卫生、实用、时尚、美观。

(2)家用织物(图1-8):家用织物是指日用及装饰用纺织品,主要包括巾、被、毯、帘、袋、厨、艺、帕、植、带十大类产品。要求织物的舒适性、艺术性和功能性相结合。如床上用品、浴巾、窗帘、地毯、台布、沙发布等。

(3)产业用织物(图1-9):产业用织物是指用于土木建筑、文体、医疗卫生、农林渔牧、交通邮电、国防军工等国民经济的各产业领域用纺织品的总称。作为其他行业的生产资料,

图1-7　服装用织物

图1-8　家用织物

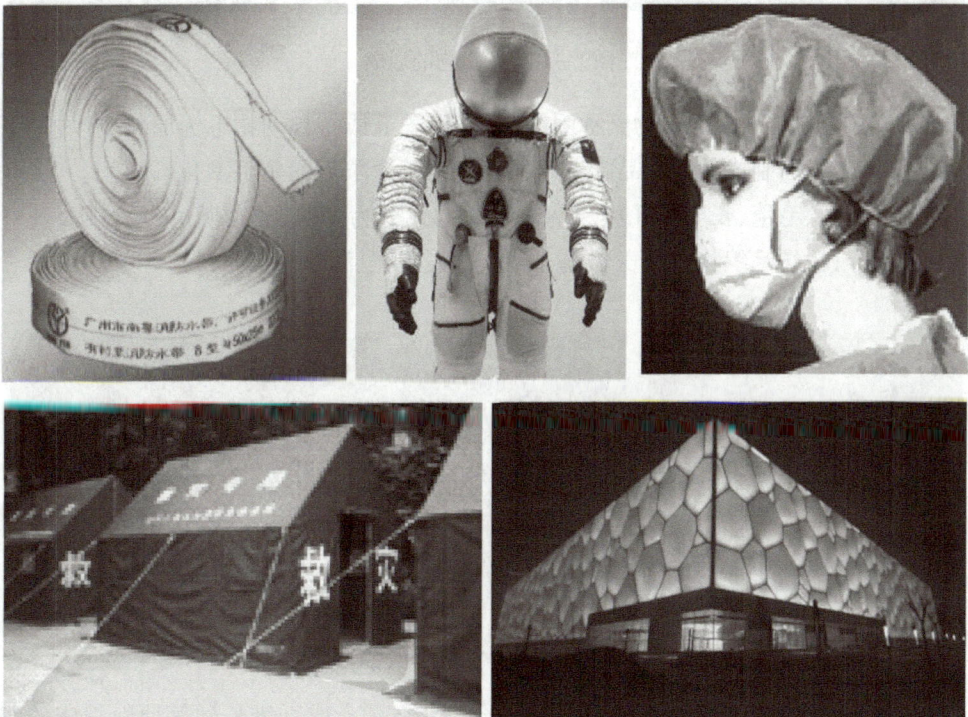

图1-9　产业用织物

门类繁多。如土工布、过滤布、轮胎帘子线、宇航服、防弹衣、人造血管、农用丰收布等。对于此类织物的技术性能指标、检测方法要求更严格。随着产业的不断进步,产业用织物将会逐渐增多。

1.3.2 按构成织物的原料分类

(1)纯纺织物:织物中的经纬纱线均采用同一种纤维原料纺成,用这类纱线织成的织物即为纯纺织物。如棉、毛、丝、麻、化纤织物等。

①棉织物(图1-10):棉织物是指用棉为原料制织的机织物。通常可分为本色布(或称坯布)、色织布和印染布三类,其中印染布是本色布经染整加工而成,它可分为漂白布、印花布、染色布三种。随着化学纤维的发展,用棉纺设备纺制各种化纤纯纺或化纤与棉以不同比例混纺的纱线制织的各种织物,一般称棉型化纤织物。因此,棉织物应包括纯棉和棉型化纤织物。其主要品种有平细布与府绸、斜纹与卡其类、贡缎类、绒布类、色织提花布等。

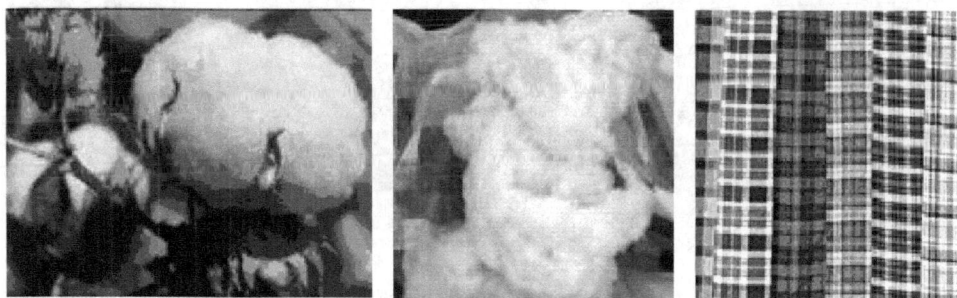

图1-10 棉织物的形成

②毛织物(图1-11):毛织物又称呢绒,它是用羊毛或特种动物毛为原料或以羊毛和其他纤维混纺或交织而制成的纺织品。毛织物也包括不含羊毛的仿毛型化纤织物。毛织物主要分为精纺、粗纺、毛毯、长毛绒几类。精纺毛织物又分为哔叽、华达呢、中厚花呢、凡立丁、女士呢、贡呢等;粗纺毛织物分为麦尔登、法兰绒、大衣呢、海军呢等。

图1-11 毛织物的形成

③丝织物(图1-12):是用桑蚕丝、柞蚕丝、人造丝、合成纤维长丝等原料织成的织物。根据丝织物的组织结构、加工方法和质地、外观等因素分为绉、绡、纺、绫、绢、纱、罗、缎、锦、

图1-12　丝织物的形成

绨、葛、呢、绒、绸十四大类。

④麻织物(图1-13):以麻纤维纯纺纱(或与其他纤维混纺或交织)制成的织物。麻织物有苎麻、亚麻、大麻、黄麻、罗布麻织物等。历史悠久的夏布就是手工制织的苎麻布的统称。

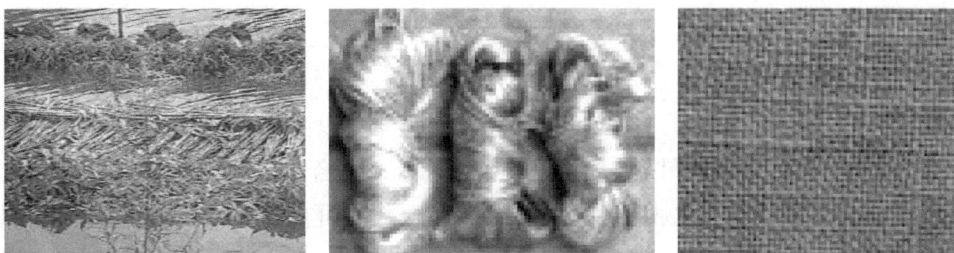

图1-13　麻织物的形成

⑤化纤类织物(图1-14):包括化纤长丝织物及短纤织物。化纤长丝织物又分为人造丝织物与合纤丝织物。

图1-14　化纤原料

(2)混纺织物:用两种或两种以上不同纤维混纺的纱线所织成的织物,称为混纺织物。其中有不同天然纤维的混纺织物,如棉/毛、麻/棉、棉/丝等产品。而更多采用的是化学纤维与天然纤维混纺的织物,如涤/棉、棉/锦、毛/涤、毛/粘等产品。也有化纤与化纤的混纺织物,如涤/粘、涤/腈、粘/锦等混纺产品。

(3)交织织物:织物中的经纱和纬纱分别采用不同的纤维原料交织而成的织物。如棉经、毛纬交织的毛毯织物;真丝为经、人造丝为纬的软缎、织锦缎等。丝经、棉纬交织的轻薄织物是夏季服装的理想面料。

1.3.3　按织物外观分类

（1）平素织物（图 1 − 15）：此类织物表面没有花纹变化。它是所有织物中最简单的一类，也是最基本的一类，主要有平纹、斜纹和缎纹以及简单变化组织的织物。此类组织在织物中应用较广且织造相对简单。

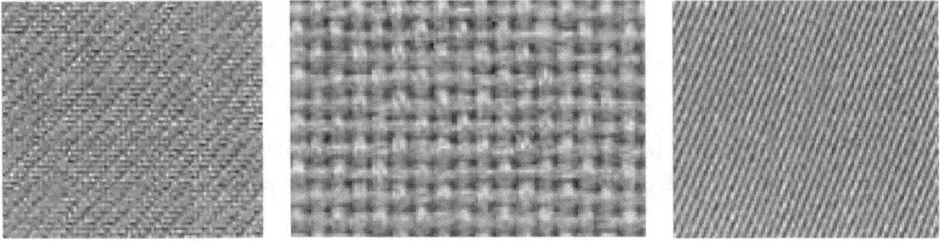

图 1 − 15　平素织物

（2）小花纹织物（图 1 − 16）：此类织物是将多种组织加以变化或组合而成，并由几种不同组织构成细小的、规律明显的图案。织物呈现出不同条、格、绉、孔，以及高低、疏密各异的花形效果等。但提花花纹经纱变化通常不超过 16 种。此类织物可在普通或多臂织机上实现织造。

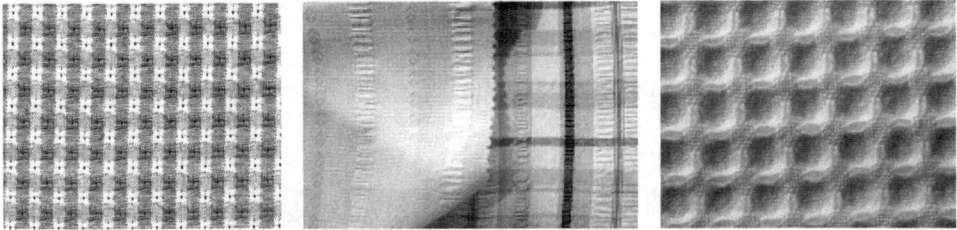

图 1 − 16　小花纹织物

（3）绒毛类织物（图 1 − 17）：此类织物的经纱或纬纱由多个系统构成，织物具有特殊的外观效应和性能。如灯芯绒、平绒、地毯等织物表面具有绒毛；毛巾织物表面具有毛圈；有些织物需要专用设备织造，甚至达到多层、厚重、正反面异色等效果。

图 1 − 17　绒毛类织物

（4）大提花织物（图 1 - 18）：此类织物的特点是花型较大，由几种不同的组织构成的循环较大的规律不明显的花纹。提花花纹经纱的变化很多，是综合运用上述三类织物组织在大提花机上实现织造的一类织物，如床上用品、织锦等。

图 1 - 18　大提花织物

1.3.4　按染整加工方法分类

（1）本色布（图 1 - 19）：又称为坯布，是由纺织企业生产织机织出后，不经任何印染加工的织物。

图 1 - 19　本色布

（2）漂白布（图 1 - 20）：是坯布经烧毛、退浆、煮练、漂白等工艺后，再经适当整理加工的织物。

图 1 - 20　漂白布

（3）染色布（图1-21）：是指坯布经染整前处理、染色工艺后，再经适当整理加工的织物。

图1-21　染色布

（4）印花布（图1-22）：坯布经染整前处理、印花工艺后，再经适当整理加工的织物。

图1-22　印花布

（5）色织布（图1-23）：用色纺纱、练漂纱、染色纱或花式线等直接制织成的织物。色织布的花型一般为格子花型或条子花型。色织物不同于染色织物的平淡简单，又不同于印花织物的鲜艳活泼，色织物具有一种庄重典雅的美，一般适用于比较庄重的场合。

图1-23　色织布

1.4　织物的表示方法

织物通常由织物名称和织物规格来表示。

1.4.1　织物名称

每种织物都有对应的名称和编号,可初步反映出织物的原料、组织特征和类型。例如:155 细平布、T/C501 纱卡其、全毛啥味呢、纯棉剪花府绸等。有时也可从织物性能、用途或商业角度来命名。如青年布、大衣呢、牛仔布。织物名称和编号的另一个重要的作用是保证生产环节及商业流通中的明晰分辨,以免混淆。

1.4.2　织物规格

织物规格包括经纱原料类型、规格,纬纱原料类型、规格,经密×纬密,织物组织,幅宽等。

例:JC14.5 × JC14.5/524 × 396 $\dfrac{1}{1}$平纹　170

其表示:经纬都是 14.5tex(40 英支)精梳棉纱,经纱密度是 524 根/10cm,纬纱密度是 396 根/10cm,织物组织为平纹,幅宽是 170cm(67 英寸)的面料。

(1)经纬原料种类及成分:织物使用原料是一项重要的技术条件。每种织物经纬纱必须明确标出成分及含量:纯棉 C、涤纶 T、羊毛 W 还是蚕丝 silk 等,纱线类型是精梳 J 还是普梳,混纺纱的原料、混纺比,如 T/C 65/35 表示涤/棉织物中涤纶占 65%,棉占 35%;T/R 表示涤纶/粘胶纤维混纺;CVC 表示混纺比例中棉的成分占 50% 以上,俗称"倒比例"。

丝织物的经线与纬线采用两种不同规格的丝线比较多,并且对丝(纱)线的加工也通常会采用不同的工艺。因此,丝织物的原料表示方法要求分别将原料的种类、规格、加工工艺等都详细地表示出来。如某产品经线为 22.2/24.4dtex(1/20/22 旦)桑蚕丝,8 捻/cm,S 向×2,6 捻/cm,Z 向,熟、色丝表示:该经线工艺为分别将两根 22.2/24.4dtex 桑蚕丝向左加 8 捻/cm 后再进行合并,再将两根合并后的丝线向右加 6 捻/cm,之后将丝线进行脱胶、染色,然后再织造。

(2)经纬纱线密度:织物经纬纱线密度的单位用特克斯(tex)、英支(S)、公支和旦尼尔表示,特克斯为法定单位。

在工厂中,棉、粘胶短纤及与之混纺的合成纤维常用英支表示。绢丝、绸丝、羊毛常用公支表示。麻一般用公支表示,有时也用英支表示。

纤维中所有长丝的纤度单位均用"旦尼尔"表示。

化纤长丝原料的规格表示:如常用的涤纶 75 旦/36F、100 旦/96F。其中 100 旦/96F 表示 1 根 100 旦尼尔粗细的复丝,是由 96 根单丝组成的,"F"表示单丝根数。

(3)织物的经密、纬密:沿纬纱方向单位长度内的经纱根数为经密,沿经纱方向单位长度内的纬纱根数为纬密。公制以 10cm 为计量单位,英制以 1 英寸为计量单位。

(4)织物组织:织物组织是构成织物的一大要素,其具体内容在各任务中均有阐述。

(5)幅宽:织物的幅宽是指织物横向宽度的最大尺寸。一般以 cm 为计量单位。主要依据织物的用途及织机、印染设备的生产条件而定。

(6)长度:织物的长度通常以米为计量单位。生产中往往将机织物按规定长度分匹,各种织物匹长的制订主要根据织物的用途确定,同时还需结合织物的原材料、单位长度的重量、厚度、机械的卷装容量以及印染后整理等因素而定。各类织物的匹长约为 25~40m。为了便于加工与运输,工厂中还常将几匹织物联成一段,称为联匹。厚重织物采用二联匹;中厚织物采用 3~4 联匹;轻薄织物采用 4~5 联匹。

(7)厚度:织物的厚度是指织物在一定压力下的绝对厚度,以毫米为计量单位。织物的厚度主要根据织物的用途及技术要求来定。织物厚度与纱线的线密度、经纬纱密度和织物组织等有着密切的关系。厚度对织物的某些物理力学性能有很大影响,如在其他条件相同的情况下,织物的耐磨性和保温性将随着厚度的增加而提高。

(8)重量:织物的重量是指织物的每平方米无浆干重的克数,以 g/m^2 表示。织物根据纱线线密度、密度、厚度与重量通常分为轻薄、中厚与厚重三种类型。

有些织物如牛仔类产品也用"盎司/每平方码"表示(1 盎司 =28.35g,1 码 =0.9144m)。

丝织物通常用平方米克重表示,但在国际贸易中也用姆米(m/m)表示。

姆米数与平方米克重的关系式为:

$$姆米(m/m) = \frac{平方米克重(g/m^2)}{4.3056}$$

1.5 织物组织概述

1.5.1 织物组织的定义

(1)织物组织:机织物内相互垂直排列的经纱和纬纱按一定的规律互相交织的方法,或经纱和纬纱彼此沉浮的规律称为织物组织。

(2)经纱:在织物中沿织物长度方向纵向排列的纱线,也就是与布边平行排列的纱线称为经纱。

(3)纬纱:在织物中沿织物宽度方向横向排列的纱线,也就是与布边垂直排列的纱线称为纬纱。

图 1-1 为两种最基本的织物交织示意图,通常将图中纵向的纱确定为经纱,横向的纱确定为纬纱。

(4)组织点:在织物中经纱和纬纱的相交处称为组织点。如图 1-24 所示,凡经纱浮在纬纱上,称经组织点(又称经浮点),如图 1-24 中标记○处。凡纬纱浮在经纱上,称纬组织点(又称纬浮点),如图 1-24 中标记□处。

(5)组织循环:当经组织点和纬组织点的沉浮规律在纵横两个方向达到循环时,称为一个组织循环(或完全组织),如图 1-25 所示。经纬组织循环是织物组织的基本单元,用一个组织循环可以表示整个织物组织。构成一个组织循环所需的纱线根数称为组织循环纱线数,用 R 表示。

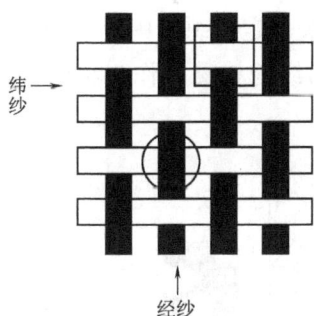

图1-24　织物交织示意图

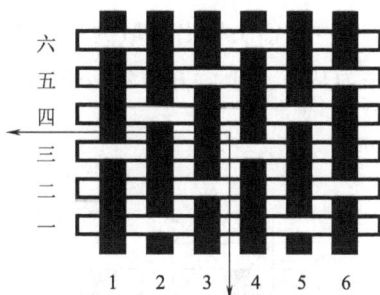

图1-25　织物组织循环示意图

（6）组织循环经纱数：经纬组织点沿纬纱方向达到循环时所需的最少经纱根数，即构成一个组织循环所需的经纱根数，称为组织循环经纱数（或完全组织经纱数），以 R_j 表示。

（7）组织循环纬纱数：经纬组织点沿经纱方向达到循环时所需的最少纬纱根数，即构成一个组织循环所需的纬纱根数，称为组织循环纬纱数（或完全组织纬纱数），以 R_w 表示。

图1-25中箭头所示范围即为一个组织循环，即 $R = R_j = R_w = 3$。第4~6根经纱的浮沉规律是第1~3根经纱的重复，第4~6根纬纱的浮沉规律是第1~3根纬纱的重复，其组织循环经纱数、纬纱数均为3。组织循环越大，所构成的织纹越复杂。

在一个组织循环中，当经组织点数等于纬组织点数时，称为同面组织；当经组织点数多于纬组织点数时，称为经面组织；当纬组织点数多于经组织点数时，称为纬面组织。

需要说明的一点是：织物组织相同的织物，其经纬纱的沉浮规律相同；组织循环数相等的织物，其经纬纱的沉浮规律不一定相同，如图1-26所示。

图1-26　$R=4$ 的织物组织

1.5.2　织物组织的表示方法

（1）组织图表示法：为了简单明了地表示织物组织，一般把经纬纱沉浮的规律用组织图来表示。对于简单的织物组织，大多采用方格表示法。用来绘制织物组织的带有格子的纸称为方格纸或意匠纸。

纵行格子代表经纱，横行格子代表纬纱。纵横行相交所形成的一个个小方格，就相当于经纬纱交错而重叠之处，即每个方格代表一个组织点。当组织点为经组织点（经浮点）时，就在格子内填绘某种颜色或标记某种符号，常用的符号有■、⊠、◉、□等。当组织点为纬组织点（纬浮点）时，方格空白不填绘。将织物组织中的所有经纬组织点，均按该方法填绘于方格纸上,形成的图形称为织物组织图。组织图通常只绘出一个组织循环,即可将织物组织表示清楚。如图1-27中,箭头标出区域为一个组织循环。一般规定组织图中经纱顺序为从左至右,纬纱顺序为从下至上。并以第一根经纱和第一根纬纱的相交处作为组织循环的起始点。

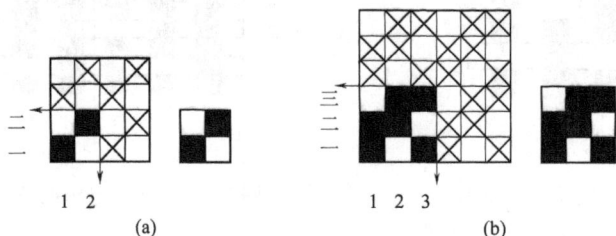

图1-27 方格表示的组织图

(2)分式表示法:为了更加简便地表示一些较简单的织物组织,通常采用分式的形式来表示。分式的分子表示每根经纱的经组织点,分式的分母表示每根经纱的纬组织点,即经组织点/纬组织点(缎纹组织除外)。例如图1-27(a)的组织可用$\frac{1}{1}$来表示,其含义是:组织循环中的每一根经纱上都有一个经组织点和一个纬组织点。图1-27(b)的组织可用$\frac{2}{1}$来表示,其含义是:组织循环中的每一根经纱上都有两个经组织点和一个纬组织点。

图1-28 直线表示的组织图

(3)直线表示法:以垂直方向的直线代表经纱,以水平方向的直线代表纬纱,两者相交处为组织点,经组织点用符号表示,纬组织点则不加任何符号,如图1-28所示。

1.5.3 织物的纵横截面示意图

为了表示织物中经纬纱交织的空间结构状态及纱线弯曲情况,除组织图外,往往还需借助于截面示意图来清晰地反映织物内部的形态,如图1-29所示。特别是对于一些经纬纱线重叠、组织结构复杂的织物,截面示意图尤其有用。

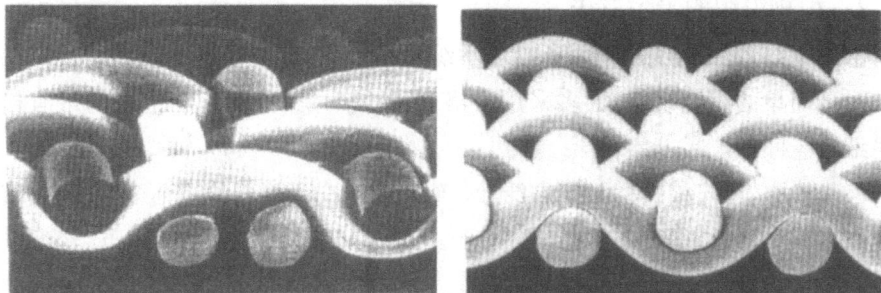

图1-29 织物截面图

纵向截面示意图是表示沿着织物中某根经纱正中间将织物切断,再将断面向左或向右翻转90°后的剖面视图,其中经纱是连续弯曲的曲线,而纬纱是被切断的圆形。纵向截面示意图一般画在组织图的侧面,以右侧居多。

横向截面示意图是表示沿着织物中某根纬纱正中间将织物切断,再将断面向上或向下翻转90°后的剖面视图,其中纬纱是连续弯曲的曲线,而经纱是被切断的圆形。横向截面示意图一般画在组织图的上方或下方,以上方居多。

图1-30中,组织图的右方和上方分别是各织物的纵向截面示意图和横向截面示意图。

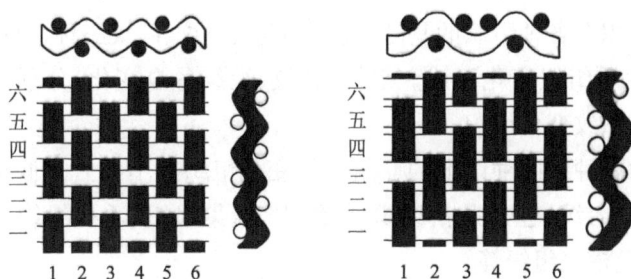

图1-30　织物截面示意图

1.5.4　组织点飞数

为了了解织物组织的构成,表示织物组织的特点,常用组织点飞数来表示织物中相应组织点的位置关系,它是织物组织的一个重要参数。除特别指出外,组织点飞数是指同一个系统中相邻两根纱线上相应经(纬)组织点间相距的组织点数,以符号 S 表示。沿经纱方向计算相邻两根经纱相应两个组织点间相距的组织点数是经向飞数,以 S_j 表示;沿纬纱方向计算相邻两根纬纱上相应组织点间相距的组织点数是纬向飞数,以 S_w 表示。如图1-31中,相邻的1、2两根经纱上,经组织点 b 对于相应的经组织点 a 的飞数是 $S_j=3$,在1、2两根相邻的纬纱上,经组织点 c 对于相应的经组织点 a 的飞数是 $S_w=2$。

组织点飞数在一个织物组织中,除大小不同和其数值是常数或变数之外,还与飞数起数的方向有关。对经纱方向来说,飞数以向上数为正,记符号 +;向下数为负,记符号 -。对纬纱方向来说,飞数以向右数为正,记符号 +;向左数为负,记符号 -。如图1-32(a)中,相邻的1、2两根经纱上,经组织点 b 对于相应的经组织点 a 的飞数是 $S_j=+1$,经组织点 d 对于相

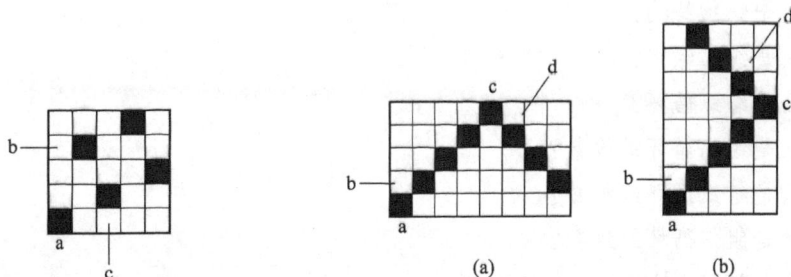

图1-31　飞数示意图

图1-32　组织点飞数起数方向示意图

15

应的经组织点 c 的飞数是 $S_j = -1$;在图 1-32(b)中,相邻的 1、2 两根纬纱上,经组织点 b 对于相应的经组织点 a 的飞数是 $S_w = +1$,经组织点 d 对于相应的经组织点 c 的飞数是 $S_w = -1$。

1.5.5　织物组织的分类

织物组织是构成织物的一大要素,其种类千变万化,根据参加交织的经纬纱系统数以及交织规律等因素,可以作以下分类。

(1)简单组织:这类组织是由一个系统的经纱和一个系统的纬纱交织而成。其又可以分为以下几种:

①原组织:原组织是各种组织的基础。包括平纹、斜纹、缎纹三种,故有三原组织之称。

②变化组织:由原组织变化而成。平纹、斜纹、缎纹各自变化,分别形成了平纹变化组织、斜纹变化组织和缎纹变化组织。

③联合组织:由两种或两种以上的原组织或变化组织按不同方式联合而成。联合组织是应用最广泛的一类组织,包括条格组织、绉组织、蜂巢组织、透孔组织、凸条组织、网目组织、小花纹组织、配色模纹组织等。

(2)复杂组织:这类组织是用多组经纬纱交织而成的组织。其结构较为复杂,可概括分为以下几种:

①重组织:重组织又分为经重组织和纬重组织两种。经重组织是由两组或两组以上的经纱和一组纬纱重叠交织而成的组织;纬重组织是由两组或两组以上的纬纱和一组经纱重叠交织而成的组织。

②双层组织:由两组经纱和两组纬纱分别交织而成的双层重叠的组织。

③起毛组织:又称起绒组织,分为经起毛和纬起毛两类。其由一组经纱与一组纬纱交织构成地组织,另一组绒经(或绒纬)在织物的表面形成绒毛或绒圈的组织。

④纱罗组织:有地经与绞经互相扭绞地与纬纱交织,使织物具有较稳定纱孔效应的组织。

思考与练习

1-1. 什么是织物? 什么是机织物?

1-2. 什么是织物结构?

1-3. 什么是织物组织?

1-4. 什么是组织循环?

1-5. 什么是组织循环纱线数?

1-6. 什么是组织循环经纱数?

1-7. 什么是组织循环纬纱数?

1-8. 什么是组织点飞数?

任务二 绘制机织物上机图

【任务目标】

1. 了解机织物上机图的组成和作用
2. 熟练掌握上机图的绘制方法和绘制原则

【任务实施】

1. 任务要求

通过对织布机或小样织机五大运动机构的观察,熟悉织物形成原理,了解上机图的构成和各图的作用,熟练掌握上机图的绘制方法。

2. 小样织机与配件准备

机械式多臂小样织机,与之配套的综框、综丝、钢筘、纹板、纹钉、花筒等。

3. 任务内容和实施方法

(1)绘制织物形成示意图。

(2)绘制穿综图。

(3)绘制穿筘图。

(4)绘制纹板图。

(5)组织图、穿综图和纹板图三者间的关系转换。

【相关知识】

上 机 图

2.1 机织物形成原理

由相互垂直的两个系统的纱线,在织机上按照一定的组织规律交织而成的纺织制品,称为机织物。图 2 - 1 表示在织机上形成织物的过程。纵向纱线(经纱)自经轴退出,经过后梁、经停片、综框内的综丝眼形成梭口,再经过钢筘与横向纱线(纬纱)交织,在织口处形成织物。织物经胸梁、卷取辊、导辊而卷绕在卷布辊上。纬纱由梭子引出穿过梭口与经纱交织。

机织物在织造过程中,包括开口(将经纱分为上下两层,形成梭口),引纬(把纬纱引入梭口),打纬(将纬纱推向织口),送经(织轴送出经纱)和卷取(织物卷离形成区)五大运动。不论简单或复杂的机织物均由经纱和纬纱交织组合而成,只是它们之间相互浮沉规律不同

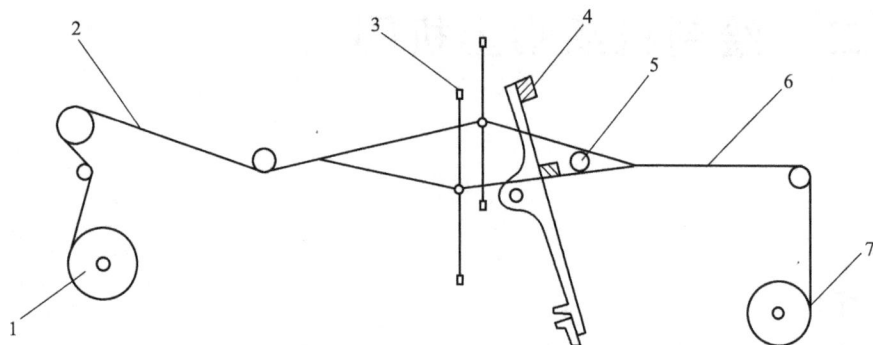

图 2-1　机织物形成运动示意图

1—经轴　2—经纱　3—综丝　4—钢筘　5—纬纱　6—织物　7—卷布辊

而已。经纱的浮沉由综框来带动,综框上升,使穿在该片综框内的经纱浮在纬纱上面;综框下降,使穿在该片综框内的经纱沉在纬纱下面。综框的升降由开口机构传动。

2.2　上机图

2.2.1　上机图的基本概念

上机图是表示织物上机织造工艺条件的图解。生产、仿造或创新织物时均需绘制与编制上机图。

上机图由组织图、穿筘图、穿综图、纹板图组成。上机图中各组成部分排列的位置,随各个工厂的习惯不同而有所差异。

上机图的布置一般有以下两种形式。

(1)组织图在下方,穿综图在上方,穿筘图在两者中间,而纹板图在组织图的右侧,如图 2-2(a)所示。

(2)组织图在下方,穿综图在上方,穿筘图在两者中间,而纹板图在穿综图的右侧(或左侧),如图 2-2(b)所示。

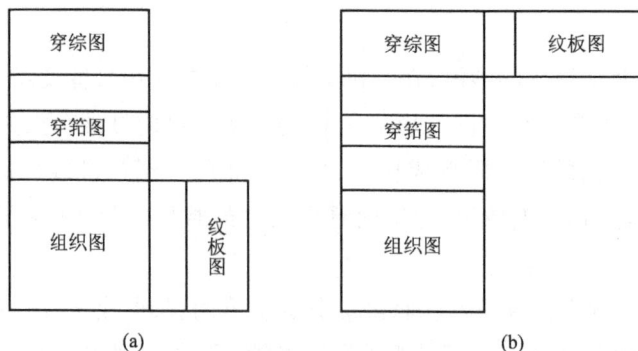

(a)　　　　　　　　　　　　　　(b)

图 2-2　上机图的组成及布置

2.2.2 穿综图

穿综图是表示组织图中各根经纱穿入各页综片顺序的图解。穿综方法应根据织物的组织、原料、密度来定。由于织物组织的变化多种多样,因而穿综的方法也各不相同。

综框有复列式综框和单列式综框之分。复列式综框的一页综框上分挂几列综丝(如两列、三列、四列等);而单列式综框的一页综框上只有一列综丝。

穿综图位于组织图的上方。每一横行表示一页综片(或一列综丝),综片的顺序在穿综图中是自下向上排列,在织机上是由织口(或胸梁)向织轴(或后梁)方向排列;每一纵行表示与组织图相对应的一根经纱。如根据组织图已确定的某一根经纱穿入某一页(列)综内,可在其经纱纵行与综页(列)横行的相交叉的方格处用符号●、■、×(或用1,2,3……)填于穿综图中。穿综规律达到循环时所需的经纱数称为穿综循环。

穿综的原则是:把浮沉交织规律相同的经纱一般穿入同一页综片中,也可穿入不同的综页(列)中;而不同交织规律的经纱必须分穿在不同综页(列)内;提综次数多的经纱一般穿入前面综框。穿综图至少要画出一个穿综循环,穿综规律应尽量简单,便于记忆。

穿综工作是织物在织造前必需的工序。由于织物组织千变万化,所以穿综方式也是多种多样的,它根据织物组织或织物结构以及有利于织造生产、操作方便等原则决定。根据织物组织与密度的不同而不同。常用的穿综方法有顺穿法、飞穿法、照图穿法、间断穿法、分区穿法等。

(1)顺穿法:顺穿法是将一个组织循环中的各根经纱逐一地顺次穿入各片综框。顺穿法穿综时,组织循环经纱数 R_j = 综片页数 Z = 穿综循环经纱数 r。图 2-3 为各种不同组织的顺穿法穿综图。

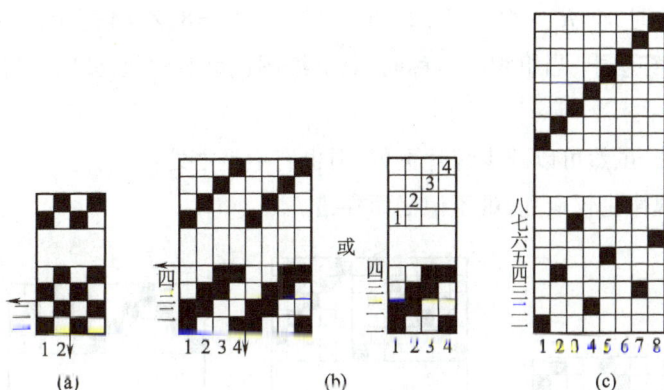

图 2-3 顺穿法穿综图

顺穿法是最简单、最基本的一种穿综方法。它操作方便,便于记忆,不易出错,故常采用。但是,这种穿综方法在组织循环经纱数多时,会占用较多的综框,在开口时经纱与综丝摩擦严重,易造成断头或开口不清,给上机和织造带来困难,因此,它适合于组织循环经纱数少的组织和经密较小的织物。

(2)飞穿法:当遇到织物密度较大而经纱组织循环较小的情况时,如采用顺穿法,则每片综页上由于综丝密度过大,织造时经纱与综丝易产生较多摩擦,会引起断头或开口不清,以致形成织疵而影响生产质量。为了使织造顺利进行,工厂常采用复列式综框(一页综框上有2~4列综丝)或成倍增加单列式综框的页数,这样,就可减少每页综上的综丝数,减少经纱与综丝的摩擦,使织造顺利进行。

飞穿法是把所有综片划分为若干组,分成的组数等于组织循环经纱数或其倍数。穿综时,将经纱先穿入各组的第一列综丝,然后再穿入各组的第二列综丝,以此类推,直至穿完。

飞穿法适用于经密较大,组织循环经纱数较小的织物,如高密府绸、高密斜纹织物等。图2-4(a)为中平布类织物的穿综方法。图2-4(b)为高密府绸、细布类织物的穿综方法,

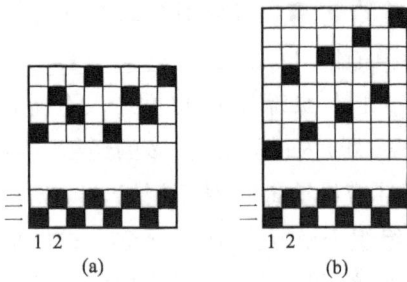

图2-4 飞穿法穿综图

穿综时,先将8列综分成与组织循环经纱数相同的组数,即两组,每组4列综框。第1根经纱穿入第一组的第1列综框,第2根经纱穿入第二组的第1列综框,第3根经纱穿入第一组的第2列综框,第4根经纱穿入第二组的第2列综框……这样一直穿到完成一个穿经循环,因此穿综规律为1、5、2、6、3、7、4、8,且$R_j=2$,$Z=r=8$。从图2-4中可以看出,在飞穿法中,$R_j<Z=r$。

(3)照图穿法:在织物的组织循环大或组织比较复杂,但织物中有部分经纱的浮沉规律相同的情况下,可以将运动规律相同的经纱穿入同一列综框中,运动规律不同的经纱穿入不同综框中,这种穿综方法按照组织图的经纱运动规律进行,称为照图穿法。运动规律相同的经纱穿入同一列综框中,这样可以减少综页的数目,故又称为省综穿法。

采用照图穿法时,$r=R_j>Z$。在图2-5(a)中,$r=R_j=8$,$Z=4$;在图2-5(b)中,$r=R_j=12$,$Z=6$。在照图穿法中,当组织图对称时,其穿综图也呈对称状,此时穿综方法称为山形穿法或对称穿法。

采用照图穿法,虽然可以减少综片页数,但也有不足之处:

①有时穿综规律比较紊乱,难于记忆而穿错。

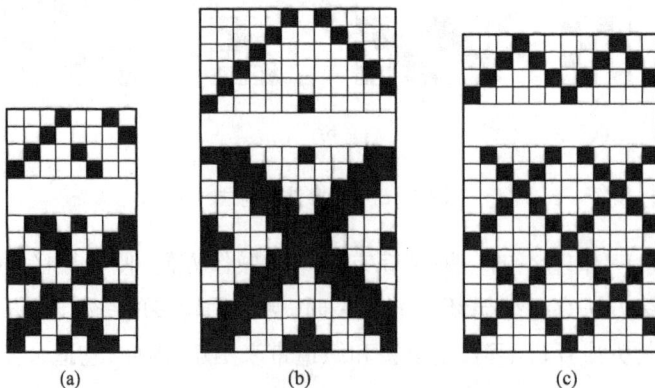

图2-5 照图穿法穿综图

②因各页综片上综丝数不同,使每页综片负荷不等,综片磨损情况也就不同。如图2-5(c)中各页综片所用综丝数就不相等。

(4)间断穿法:间断穿法适用于由两种或两种以上组织并合而成的纵条或格子花纹。穿综时根据纵条的特点,将第一种组织按其经纱运动规律穿若干个循环后,根据条格组织又按另一种组织的经纱运动规律进行穿综,直到穿完一个花纹循环为止。如图2-6所示。

间断穿法的穿综循环经纱数等于组织循环经纱数,即 $r = R_j$。

(5)分区穿法:当织物组织中包含两个或两个以上组织或用不同性质的经纱织造时,多采用分区穿法。分区数应等于织物中不同组织的数目,每一区的综片数应根据该区的组织循环和穿综方法来定。

图2-7的织物组织中包含两个不同的组织,符号×与■分别代表一种组织,且两种组织的经纱是1∶1间隔排列。图2-7中所示的穿综方法,称为分区穿法,即把综框分为前后两个区,各区的综页数目,根据织物组织而定。第一区为2页照图穿法,第二区为4页顺穿法,采用了6页综。

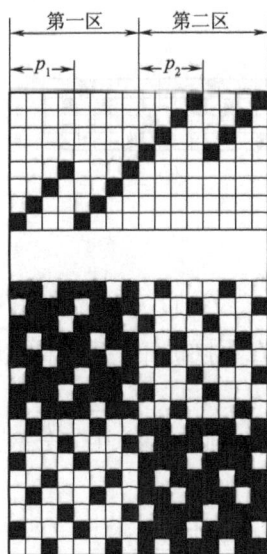

图2-6　间断穿法穿综图

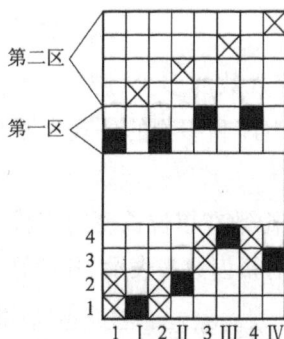

图2-7　分区穿法穿综图

采用分区穿法时,在织造过程中由于穿入综片有前后之分,使经纱受力不同。为了有利于织造进行,宜将与纬纱交织次数多、强力较差、密度较大、对张力或伸长要求较小的经纱穿在前区综片内。

由上述可知,穿综方法是多样的,每一种穿法适用于不同的组织和织物。要确定穿综方法可从织物组织、经纱密度、经纱性质和操作等几个方面综合考虑。操作便利的穿综方法可提高劳动生产率并减少穿错的可能性。

在实际生产中,有的工厂往往不用上述的方格法来描绘穿综图,而是用文字加数字来表

织物组织分析与应用

示。如图 2–5(c)的穿综方法可写成:小花纹织物,用 4 页综,穿法:1、2、3、4、3、2。图 2–6 的穿法可写成:格子织物,用 8 页综,穿法:{1、2、3、4}2 次,{5、6、7、8}2 次。

2.2.3　穿筘图

在上机图中,穿筘图位于组织图与穿综图之间,在组织图的上方,穿综图的下方。它不论组织的简单或复杂,均采用两个横行表示,代表两个相邻的筘齿,每一纵行代表与组织图中相应的一根经纱。如要在某一筘齿中穿入几根经纱,则在穿筘图中的一横行中连续涂绘几个×或■等符号;而穿入相邻筘齿中的经纱,则在穿筘图中的另一横行内连续涂绘×或■等符号。如图 2–8(a)表示每筘齿内穿入 2 根经纱,图 2–8(b)表示每筘齿内穿入 3 根经纱。

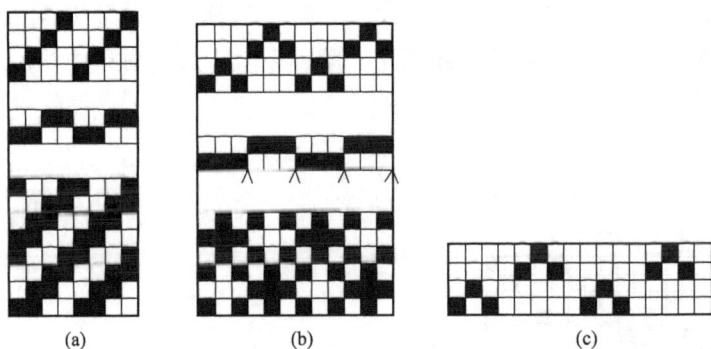

图 2–8　穿筘示意图

每筘齿(筘)穿入数的多少,应根据织物的经纱密度、线密度及织物组织对坯布的要求而定,以不影响生产和织物的外观为原则。同种织物在不同的工厂,可能采用不同的穿入数。

钢筘筘齿的间隙数在单位长度内安排可稀可密,筘齿的细密程度用筘号表示。公制筘号是以每 10cm 内的筘齿数来表示,其计算公式如下:

$$公制筘号 = \frac{经纱密度(根/10cm) \times (1 - 纬纱织缩率)}{每筘齿穿入数}$$

若筘齿密,则表示钢筘筘号大,反之,则钢筘筘号小。不同规格的织物依靠筘号和每筘齿内经纱穿入根数来控制织物的经密和幅宽,筘号应与每筘齿穿入数同时考虑。每筘齿穿入数小时,经纱分布均匀,布面平整,但筘号相应增大,而筘号越大,筘齿间距离就越小,经纱与筘片间的摩擦就会增大,易增加断头率。每筘齿穿入数大时,则筘号减小,经纱分布不均匀,筘痕明显。因此在确定每筘经纱穿入数时,经密大的穿入数应适当地增大,而不经过大整理直接进入市场销售的坯布,穿入数可取小些;此外还应考虑操作的方便性。经纱在每筘内的穿入数宜为组织循环经纱数的约数或整倍数。另外,为了使布边坚牢,便于织造和后整理加工,边经穿入经纱根数一般比地经穿入经纱根数要多。

本色棉布每筘经纱穿入数可参考下页表。

本色棉布每筘经纱穿入数

棉布类别	穿 入 数	棉布类别	穿 入 数
平布	2 入	直贡	3 入、4 入
府绸	2 入、4 入	横贡	3 入
三页斜纹	3 入	麻纱	3 入
哔叽、华达呢、卡其	4 入	—	

穿筘方法除用方格法表示外，还可以用文字说明、加括号或横线以及其他方法来表示。

在经纱穿筘中，由于某些织物结构上的要求，常需在穿一定筘齿后，空一个或几个筘齿不穿，习惯上称为空筘。例如透孔组织织物，为使孔眼突出，就在每组经纱间空一个或两个筘齿。空筘的几种不同的表示方法简述如下：

(1)在穿筘图中，空筘处以符号"∧"表示，如图2-8(b)所示。

(2)若工艺表中只画穿综图和纹板图时，空筘可以在穿综图上以空白方格"□"表示，图2-8(b)的穿综图就可以画成图2-8(c)的情况。

(3)在用数字法表示穿综和穿筘方法时，空筘处用"0"表示，如图2-8(c)可写成﹛1 2 1 0 3 4 3 0﹜3 入。

2.2.4　纹板图（凸轮、木纹板、纸纹板）

纹板图又称提综图，它表示每次引纬时综框升降的次序，是控制综框运动规律的图解。它在设有踏盘开口装置的织机上，是设计踏盘外形的依据。它在上机图中的位置安排主要有两种：

(1)纹板图位于组织图右侧：如图2-9所示。

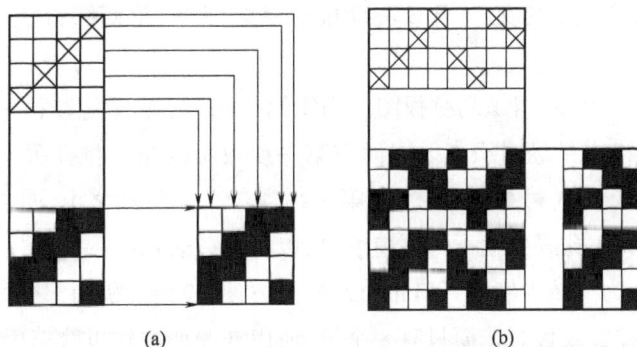

(a)　　　　　　　　　　　(b)

图2-9　纹板图画法

此种方法绘图方便、校对简洁，所以工厂（尤其是色织厂）一般采用此法。

在图2-9上机图的纹板图中，每一纵行表示对应的一页（列）综片，在踏盘开口织机上，每一纵行代表一页踏盘所控制的综片的升降规律。其顺序是自左向右，其纵行数等于综页

（列）数。每一横行表示一块纹板（单动式多臂织机）或一排纹钉孔（复动式多臂织机）。其横行数等于组织图中的纬纱根数。纹板图的画法是：根据组织图中经纱穿入综片的次序，依次按该经纱组织点交错规律填入纹板图对应的纵行中，图2-9(a)中的穿综图是采用顺穿法，因此描绘的纹板图与组织图完全一致。由此可见，采用此种上机图的配置法，当穿综图为顺穿法时，其纹板图等于组织图。这既便于绘图又便于检查核对。

图2-9(b)的穿综图为照图穿法，$R_j = 8$，$Z = 4$，故纹板图的纵行为4行。从穿综图上看，经纱1、2、3、4是顺穿，5、6、7、8经纱又分别重复2、1、4、3经纱上组织点浮沉的规律，所以将组织图中1、2、3、4经纱的组织点浮沉规律依次填入纹板图中1、2、3、4纵行上，即为此种组织的纹板图。

由于色织厂多臂龙头一般为复动式，故下面介绍复动式龙头的纹板植钉法。

在复动式多臂龙头上，弯轴每回转两次转过一块纹板，因此，一块纹板上有两排纹钉孔眼，每排各有十六个孔眼。每排孔眼所植钉的纹钉控制依次经纱开口，引入一根纬纱，如图2-10所示。

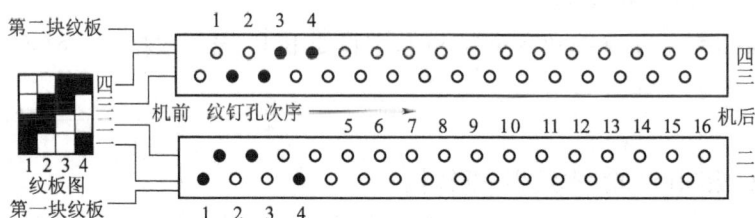

图2-10　右手车左龙头纹板钉植法

图2-10为右手车左龙头纹板的钉植法，下方第一块纹板的第一排孔眼为纹板图中第一根纬纱浮沉规律钉植纹板之处。第一块纹板的第二排孔眼则是按纹板图中第二根纬纱沉浮规律钉植纹钉之处。第二块纹板则是第三纬、第四纬钉植纹钉之处，以此类推即可。

图2-11是图2-9(a)组织的纹板图。当织第一纬时，在纹板图中是1、4经纱提起，因在第一纬的1、4方格中是经组织点。因而在第一块纹板的第一排孔眼上，从左向右数1、4孔眼应相应钉植纹钉，以符号●表示之，而第一纬浮于2、3经纱之上，是纬组织点。则纹板上第一排孔眼上的2、3孔眼处就不再钉植纹钉，以符号○表示。

在钉植纹钉时，为了减少经纱开口张力及操作方便，应使用机前部分的纹钉。

由于多臂龙头挂置纹板时花筒只有8个槽，所以花筒所挂纹板数至少应为8块。

对于左手车右龙头，由于龙头在织机上的位置不同，花筒的回转方向也与右手车不同。因而钉植纹钉的起始方向应与右手车相反。图2-11是与图2-10同用一张纹板图钉植的左手车的纹板。

目前在很多色织企业，剑杆织机已取代了有梭织机。通常剑杆织机控制开关在左侧，龙头在右侧。

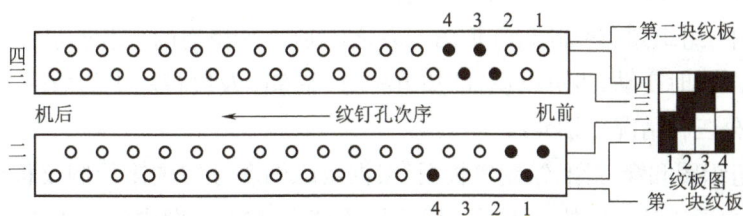

图 2 – 11　左手车右龙头纹板钉植法

（2）纹板图位于穿综图的右侧或左侧：图 2 – 12（a）的纹板图在穿综图右侧,适用于左手车右龙头。图 2 – 12（b）的纹板图在穿综图左侧,适用于右手车左龙头。

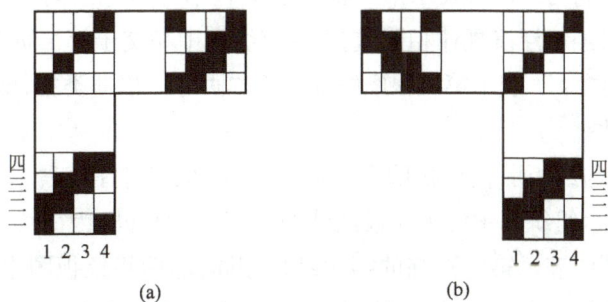

图 2 – 12　上机示意图

此种表示方法在纹板图中,横行数表示所控制的综页数,因而与穿综图中综片页数相等。其纵行表示织入相应一根纬纱的纹钉孔,其顺序自内向外。纹板图的绘法是:组织图中的各根经纱,对应其所穿入的综页数,按顺时针方向（左手车）或逆时针方向（右手车）转 90°后,将其组织点浮沉情况填于纹板图的横行各方格内。经纱提起以符号×或■表示,经纱下沉以空格表示。

纹板图也可按此方法填绘:当织第一纬时,1、4 经纱应提起,1、4 经纱分别穿入 1、4 综框中,则应在纹板图的第一纵行上 1、4 方格内填入符号■。在织第二纬时,1、2 经纱提起,1、2 经纱穿入综框中,则应在纹板图的第一纵行的 1、2 方格中填以符号■。以此类推,即可描绘出所需的纹板图来。

目前,我国许多生产厂家对织机设备进行更新换代,引进了各种新型织机,可配备各种开口装置。积极式踏盘开口装置最多可带 12 片综框。多臂开口装置有纹板、纹钉型,还有纹纸链型,最多可带 20 片综框。例如,开口采用电子多臂机或大提花装置,提综规律可由微电脑根据不同的组织结构和穿综方法自动生成;织机上的电脑控制柜,可实现电子送经、电子卷曲、多色任意选纬等功能;汉字液晶显示,可方便地了解各种织造信息,通过键盘设定可更改工艺参数。先进的电脑控制系统使得驾驭织机更省力,不仅可以保证质量,提高效率,而且有利于增加面料的舒适程度。

2.2.5 组织图、穿综图和纹板图三者间的关系

在上机图中,组织图、穿综图、纹板图三者之间是紧密相连的,变动其中一个,便会使其他一个或两个图同时变动,也可以说,已知组织图、穿综图及纹板图中的两图,就可以求出第三图。下面将分三种情况分别介绍:

(1)已知组织图和穿综图,绘制纹板图:根据组织图和穿综图来绘制纹板图的方法与前面讲述的纹板图画法是一致的。需要注意的是,纹板图在上机图中的具体位置。

此时,纹板图的绘制可参考前面所述纹板图的画法。

(2)已知组织图和纹板图,绘制穿综图:图2-13中,纹板图的1、2、3、4纵行与穿综图的1、2、3、4横行相对应。纹板图中第一纵行的浮沉规律与组织图中第1根经纱的浮沉规律相同,则第一根经纱与纹板图的第一纵行在穿综图上相交于第一页综的第一个方格中(自左向右),在此方格中画上符号"×",表示第一根经纱穿入第一页综。同理,纹板图中的第二纵行与组织图的第三根经纱浮沉规律相同,它们在穿综图中相交于第二页综的第三个方格处,在此方格中画上符号"×",表示第三根经纱穿入第二页综。以此类推,即可求出其余经纱的穿综顺序,画出穿综图。

(3)已知穿综图与纹板图,绘制组织图:从图2-14的穿综图上看,第一页综在1、5方格中有"■"符号,这表示组织图中的1、5根经纱的浮沉规律相同,因而均穿入第一页综,它们的浮沉规律与纹板图中表示第一页综的第一纵行相同,然后将纹板图中第一纵行的浮沉规律填在1、5根经纱的位置上。同理,穿综图中第二页综上穿入的是组织图中的3、7根经纱,则将纹板图中对应的第二纵行的浮沉规律填绘于组织图中的3、7根经纱所在的纵行位置上。以此类推,可以绘出其他经纱的浮沉规律,绘出组织图。

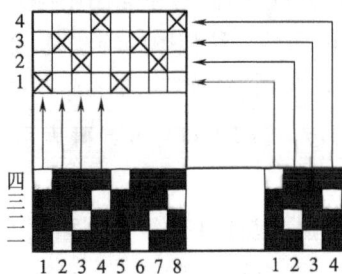

图2-13　绘穿综图　　　　　　　图2-14　绘组织图

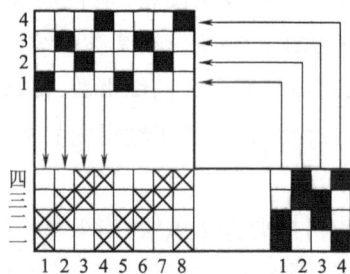

思考与练习

2-1. 什么是上机图?它包括哪几个部分?各自表示的意义是什么?

2-2. 穿综应遵循什么原则?有哪些常用的穿综方法?这些穿综方法分别适用于什么场合?

2-3. 如何确定穿筘图的每筘齿穿入数?

2-4. 请解释上机图的四个图中,每个图的纵横行各代表什么?在组织图、穿综图、纹板图三图中,请分别举例根据其中两图画出第三图。

2-5. 相同组织如果采用不同的穿综方法,其纹板图是否相同? 为什么? 试举4例分别说明之。

2-6. 钢筘的作用是什么? 筘号的含义是什么?

2-7. 什么是空筘? 空筘的表示方法有哪些?

2-8. 已知组织图和穿综图(习题图2-1),作出纹板图。

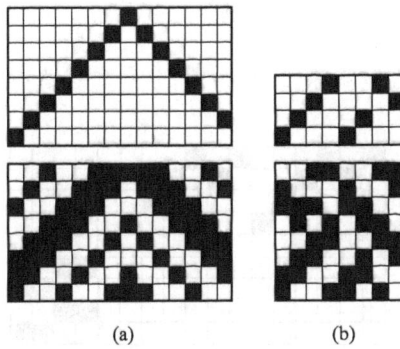

(a)　　　(b)

习题图2-1

2-9. 已知穿综图和纹板图(习题图2-2),作出组织图。

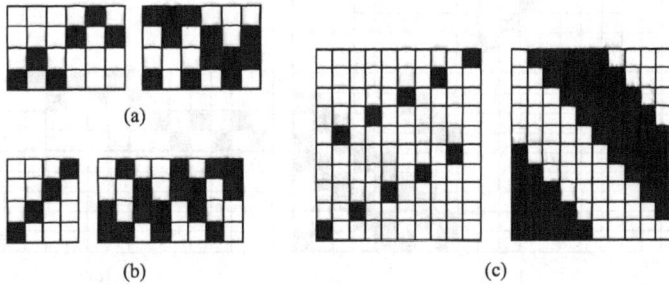

(a)

(b)　　　(c)

习题图2-2

2-10. 已知组织图和纹板图(习题图2-3),作出穿综图。

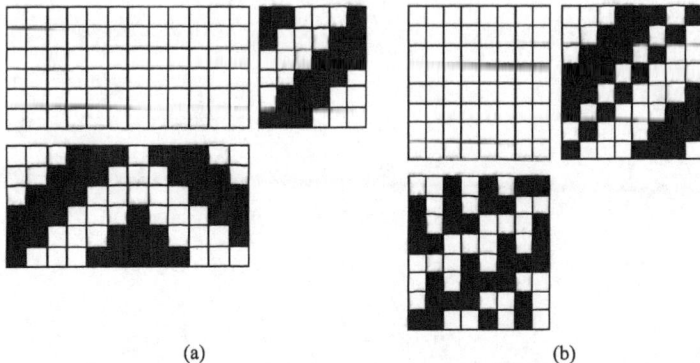

(a)　　　　　(b)

习题图2-3

2-11. 如习题图 2-4,已知穿综图为(a),纹板图为(b)、(c)、(d)、(e),分别求组织图。

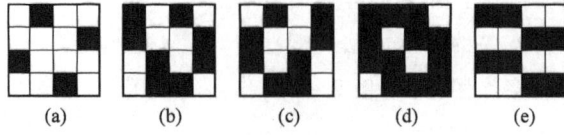

(a)　　(b)　　(c)　　(d)　　(e)

习题图 2-4

2-12. 如习题图 2-5,已知穿综图、纹板图,分别求组织图。

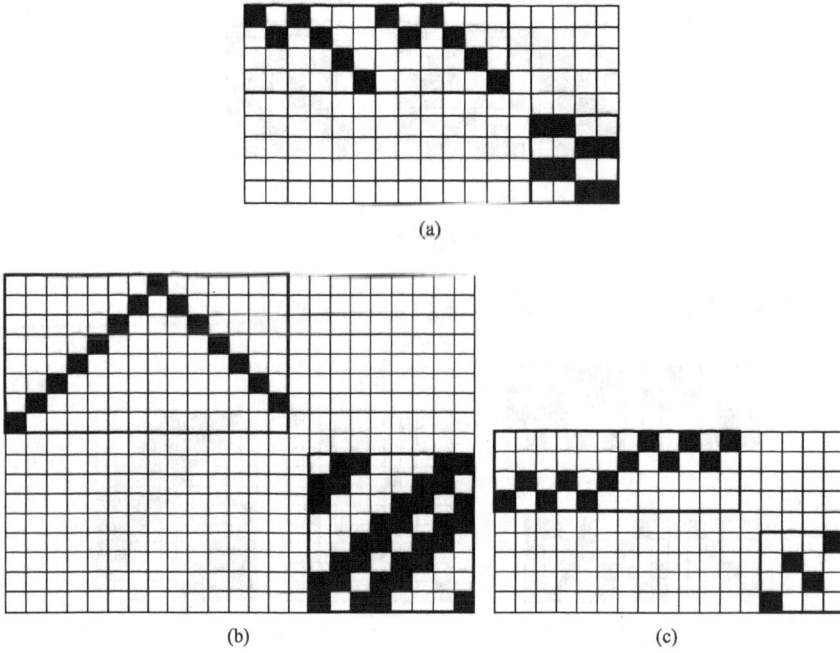

(a)

(b)　　　　　　　　　　(c)

习题图 2-5

任务三 织物分析与工具使用

【任务目标】

1. 掌握织物分析的内容和顺序
2. 学会织物分析的各项测定方法和计算方法
3. 掌握织物分析中各种工具仪器的使用方法
4. 掌握织物分析方法

【任务实施】

1. 任务要求

（1）织物分析实训室课前须准备移动式织物密度镜、捻度仪、显微镜、圆盘取样器、天平、烘箱、剪刀、钢尺、镊子、颜色衬垫纸、打火机以及有关化学药品和实验仪器等。分析工具和分析训练用织物样品应齐全。

（2）每位学生自备织物分析镜、织物分析针、方格纸和笔。

（3）每位学生要了解并实际操作练习织物分析的各种方法，学会使用各种工具仪器。

2. 任务实施内容和方法

（1）观察各种织物，识别其正反面。

（2）根据布边及经纬纱确定织物的经纬向。

（3）使用织物分析镜、密度镜测定织物的经纬纱密度。

（4）使用退捻法和捻度仪测定经纬纱的捻度和捻向。

（5）徒手法测定织物的经纬纱缩率。

（6）称重法测定经纬纱线线密度。

（7）用圆盘取样器和天平称织物平方米克重。

（8）用拆纱法分析织物组织，绘出组织图。

（9）用织物分析镜观测色经、色纬的排列顺序。

3. 填写织物分析表

【相关知识】

织物分析方法及工具使用

织物样品分析是纺织产品设计、生产、经营中最基础的一个环节，为了生产、创新或仿制产品，就必须掌握织物组织结构和织物的上机技术条件等资料，为此，就要对现有织物样品的织物组织、色纱的排列、纱线的原料及线密度、纱线的捻度及捻向等进行分析和鉴别,并将这些分析结果作为设计、改进或仿制织物的重要依据。因此分析操作需严谨细致,分析结果应快速而准确。织物样品分析是纺织品相关工作人员必须掌握的一项基本技能。

3.1 织物分析准备

3.1.1 分析工具

(1)织物分析镜,又称照布镜(图 3 – 1):织物分析镜由一个框架、一个放大镜和一个底座标尺(在放大镜对面)组成。可以折叠,便于携带。当分析镜全部打开时,透过放大镜就会看到标尺刻度。底座标尺是一个正方形,规格有各种大小,通常边长从 0.25 ~ 3 英寸。最常用的是 1 英寸(2.54cm)标准分析镜。其放大倍数亦各有不同,较常用的为 10 倍。此外,还有许多种类的织物分析镜。

图 3 – 1 织物分析镜

(2)移动式织物密度镜(图 3 – 2):移动式织物密度镜由放大镜、移动螺杆和玻璃刻度尺组成。密度镜配备活动式 5 ~ 20 倍的放大镜头,以满足不同织物密度测量的要求。移动螺杆可以控制放大镜左右移动。放大镜中有红色标志线,与刻度尺上的标志线相对应,刻度尺长度和放大镜最大移动距离均为 5cm。

(3)简易织物经纬密度尺(图 3 – 3):简易织物经纬密度尺为玻璃片制成,可粗略测定织物经纬向纱线密度,具有简易、直观、便于携带等优点。

图 3 – 2 移动式织物密度镜

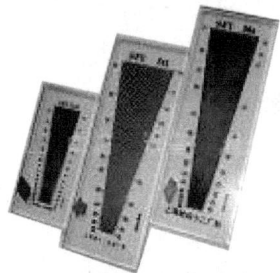

图 3 – 3 简易织物经纬密度尺

（4）织物分析针（图3-4）：织物分析针由一个带有柄的针组成。在分析织物密度时，它作为指针与放大镜配合使用，也可以在分析织物组织时供拆纱、拨纱使用。

图3-4　织物分析针

（5）意匠纸（图3-5）：印有大小格子的纸称为意匠纸，也称方格纸。意匠纸的规格以小格子的横向长度与纵向长度的比值来表示。常用意匠纸的规格有八之八、八之九……八之十六等，绘制纹织物时要用各种规格的意匠纸。绘制其他织物时一般用八之八的意匠纸。意匠纸是织物组织分析和纺织品设计中，绘制组织图的必备用品。

（6）电子天平（图3-6）：用于测定织物平方米克重（织物厚度指标）、纱线线密度等。

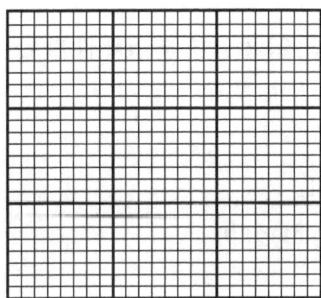

图3-5　意匠纸

图3-6　电子天平

（7）其他用品：剪刀、钢尺、镊子、颜色衬垫纸、打火机、捻度仪、显微镜、烘箱以及有关化学药品和实验仪器等。

3.1.2　织物分析的基本训练内容

（1）取样。

（2）鉴定织物的经、纬纱原料。

（3）确定织物的正反面。

（4）确定织物的经纬向。

（5）测定织物的经纬纱密度。

（6）测定经纬纱的捻向和捻度。

（7）测定织物的经纬纱缩率。

（8）测算经纬纱线线密度。

（9）概算织物克重。

（10）分析织物的组织及色纱的配合。

3.2 织物组织分析操作步骤

3.2.1 取样

与教学过程中课前准备分析样品不同,在生产经营中为保证织物分析结果正确,除客户来样,一般要按规定选取具有代表性的样品进行分析。这是因为织物自织机上取下后,张力消除会产生收缩,使幅宽和长度发生变化,而这种变化会使织物边部和中间的密度产生差异。坯布在染整过程中,也会发生类似情况,因此,一般有如下规定:

(1)取样位置:

①在宽度方向,试样距离布边两侧不小于5cm。

②在长度方向,试样距离布边两侧棉型织物不小于1.5m,毛织物不小于3m,丝织物约3.5~5m,并且试样表面不应有明显的疵点。

(2)取样尺寸:取样大小因织物种类、组织结构而异,织物分析是消耗性试验,分析样品尺寸应在保证分析结果能全面反映织物性质的前提下,力求节约。

简单织物一般取15cm×15cm。

组织循环较大的色织物一般取20cm×20cm或更大。

如果取样确有困难时,试样稍大于5cm×5cm也可进行分析。

3.2.2 鉴定织物的经纬纱原料

纤维鉴别是利用纺织纤维在内部结构、外部形态、化学和物理力学性能上的差异进行的。

鉴别纤维一般是先判定纤维的大类,然后再判定是大类中的哪一品种。

(1)经纬纱原料定性分析:常用的鉴别方法有手感目测法、燃烧法、显微镜法、药品着色法、化学溶解法等。在分析时按先易后难进行,有些原料需用两种以上的方法结合才能加以鉴别。具体方法见《纺织材料实验教程》。

(2)混纺织物原料定量分析:采用溶解法测定纤维混纺比例时,可选择适当的溶剂,使混纺纱线中的一种纤维溶解,称取留下纤维的重量。

$$混纺纱中留下纤维的含量百分率 \ N(\%) = \frac{W_2}{W_1} \times 100$$

式中:W_1——试样干燥重量;

W_2——试样中留下纤维的干燥重量。

混纺纱中另一种纤维含量百分率为$(100 - N)\%$。

3.2.3 确定织物的正反面

分析织物时,首先应确定织物的正反面,一般是根据其外观效应加以判断,常用的判断方法有:

织物正面的织纹、花纹、色泽一般比反面的清晰、美观。

具有条格外观的织物或配色模纹的织物,其正面必然花纹清晰、悦目。

凸条及凹凸织物,正面紧密而细腻,具有条状或图案凸纹,反面较粗糙,有较长的浮长线。

起毛织物中的单面起毛织物,起毛绒的一面为织物正面;双面起毛织物中绒毛密集、光洁、整齐的一面为织物的正面。

观察织物的布边,布边光洁、整齐的一面为织物正面。

双重、双层织物及多层、多重织物,如正反面的经、纬密度不同时,则正面一般具有较大的密度或正面纱线的原料较佳。

纱罗织物以纹路清晰、绞经突出的一面为织物正面。

毛巾织物以毛圈密度大的一面为织物正面。

多数织物的正反面有明显区别,但少数织物正反面极为相近,两面均可应用,对此类织物不必强求区别其正反面。

3.2.4　确定织物的经纬向

织物经、纬向的确定是织物分析的重要部分,它是分析织物密度、纱线线密度和织物组织等项目的先决条件。区别织物经、纬向的主要依据如下:

如来样上有布边,则平行布边的纱为经纱,垂直布边的纱为纬纱。布边形态如图 3 - 7 所示。

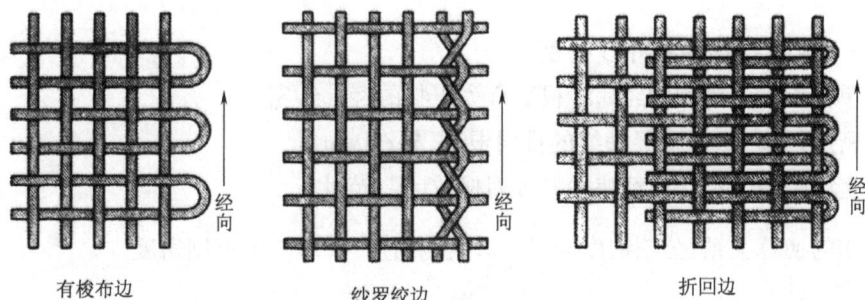

有梭布边　　　　　　　纱罗绞边　　　　　　　折回边

图 3 - 7　布边形态

如样品是坯布,则含有浆分的纱是经纱,不含浆分的纱是纬纱。

一般密度大的为经纱,密度小的为纬纱。

筘痕明显的织物,一般沿筘痕方向为经向。

由股线和单纱交织而成的织物,通常股线为经纱,单纱为纬纱,如图 3 - 8 所示。但在粗纺毛织物中,也有以单纱为经纱、弱捻的股线为纬纱的。

若单纱织物的成纱捻向不同时,一般 Z 捻纱为经纱,S 捻纱为纬纱,如图 3 - 9 所示。

若织物成纱捻度不同时,则捻度大的为经纱,捻度小的为纬纱。

若织物的经纬纱线密度、捻向、捻度均差异不大时,则纱线条干均匀、光泽好的为经纱。

单纱   股线

图 3 - 8 单纱与股线

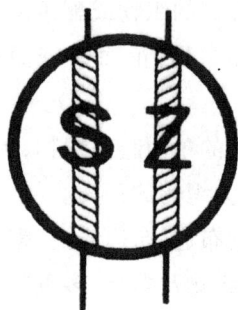

图 3 - 9 S 捻与 Z 捻

在毛巾类织物中,与毛圈纱线排列方向一致的纱为经纱,与毛经纱互相垂直排列的纱为纬纱。

在条子织物中,通常由经纱形成条纹。

若织物的同一系统内具有多种不同的线密度时,则该系统的纱线为经纱。

在纱罗织物中,有扭绞的纱线为经纱,无扭绞的纱线为纬纱。

在不同原料交织的织物中,如果棉、毛或棉、麻交织,则棉为经纱;如果毛、丝、棉交织,则丝、棉为经纱;如果毛、丝交织,则丝为经纱;如果天然纤维与绢丝交织,则天然纤维为经纱;如果天然丝与人造纤维长丝交织,则天然丝为经纱;如果混纺纱与人造纤维长丝交织,则混纺纱为经纱。

3.2.5 测定织物的经纬纱密度

织物单位长度中排列的经纬纱根数称为织物的经纬纱密度。

公制密度是指 10cm 内经纬纱的排列根数(根/10cm)。

英制密度是指 1 英寸内经纬纱的排列根数(根/英寸)。

公英制的换算关系:公制密度 $= \dfrac{10}{2.54} \times$ 英制密度 $= 3.937 \times$ 英制密度

织物密度的大小,会明显地影响织物的外观、手感、厚度、强力、透气性、保暖性和耐磨性等物理力学指标,其测定方法有直接测数法和间接测数法。

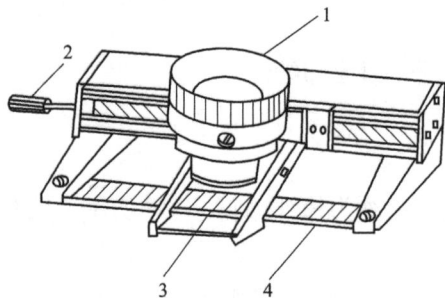

图 3 - 10 织物密度镜结构示意图

1—放大镜 2—转动螺杆 3—刻度线 4—刻度尺

(1)直接测数法。

①织物密度镜测数法:织物密度镜结构如图 3 - 10 所示。密度镜放大镜中有标志线,可随同放大镜移动。测量时将密度镜放在被测织物上面,使刻度尺平行于经纱或纬纱方向,再将放大镜中的标志线与刻度尺上"0"位对齐,并将其位于两根纱线中间作为测量的起点。然后转

动螺杆,移动镜头,开始计数,刻度线通过一根根纱线,直至数完5cm距离内的纱线根数,即得出5cm内纱线的根数。数出的纱线根数乘以2,即为织物的密度值(根/10cm)。织物密度一般应测得3~4个数据,然后取其算术平均值作为测定结果。

②拆纱计数法:有时没有密度分析器或者密度很大、组织不规则时,可直接用拆纱法。在织物上量出一定的长度(如1cm),在两端用颜色做好标记,拆出并计数此长度间的纱线根数,重复数次,来计算织物的经纬密度。

③分析镜测数法:将分析镜放在织物上,把织物上将要计数的第一根纱线与分析镜底座标尺的左边对齐,然后用分析针点着纱线向右计数,一直数到底座标尺的右边。如果用的是1英寸(2.54cm)分析镜,共数到40根,则密度为40根/英寸。经过换算1英寸=2.54cm,织物密度约等于157.5根/10cm。

在测数时应注意:计数纱线根数时,要以两根纱线之间的中央为起点,若数到终点时,落在纱线上超过0.5根不足1根的以0.75根计,不足0.5根的以0.25根计,然后按经纱密度3个观察值、纬纱密度4个观察值求得算术平均值,精确到0.01根,再四舍五入为0.1根。如图3-11所示。

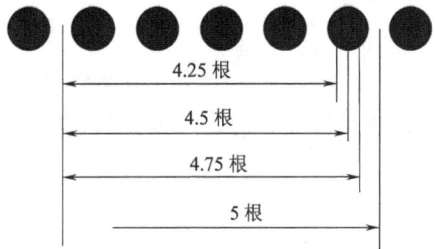

图3-11　纱线计数方法

(2)间接测数法。

①成组计数法:这种方法适用于密度大或者纱线线密度小的规则组织的织物,首先检查一个组织循环内的经纱根数和纬纱根数(图3-12),然后数出10cm中的组织循环个数,再将两个数据相乘,乘积所得数加上不足一个循环的尾数,就是经纬纱密度观察值,然后按经纱密度3个观察值、纬纱密度4个观察值分别求出算术平均数,作为织物的经纬纱密度值。

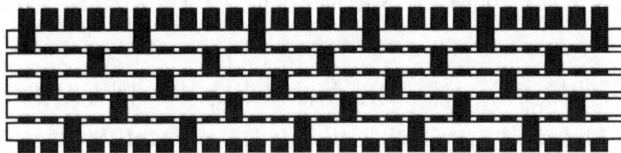

图3-12　每5根纱线一个循环

沿纬向10cm长度内,检查出织物的组织循环经纱根数为R_j,其组织循环个数为n_j,还有若干根剩余经纱,则经纱密度$P_j = R_j \times n_j +$剩余根数(根/10cm)。同理,沿经向10cm长度计数,则纬纱密度$P_w = R_w \times n_w +$剩余根数(根/10cm)。在分析条格织物(如方格色织布)的经纬纱密度时,也可按照彩色条格排列分组计数。

有些织物采用组织循环计数是分析经纬纱密度的唯一方法。例如,细长丝织成的紧密织物,松散的长丝散开后很难确定哪里是第一根纱线,哪里是最后一根纱线,因此无法进行单根计数。如果织物浮长较长,经纱浮在多根纬纱之上或纬纱浮在多根经纱之上,单根计数也较困难。因为多根纱线会聚集在一起,使得有些纱线滑移到其他经纱之下,在织物正面看

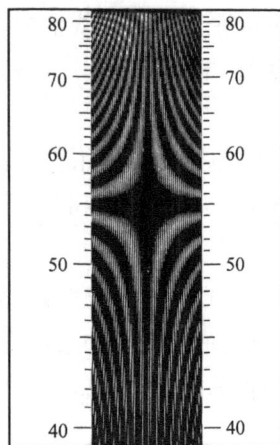

图 3-13　密度尺

不到这些纱线,故在分析经面缎纹织物的经密时,织物反面的经浮点较容易计数。

②密度尺法:密度尺法是将一把宽 3 英寸、长 4 英寸的特制密度塑料尺放在织物上,然后从密度尺上的刻度读出织物的经纬纱密度。密度尺上有许多规则排列间隔的细线组。当密度尺放在织物上时,由于密度尺上的细线与织物的纱线部分重合,因此产生黑白条纹的波纹图形。用密度尺测织物的经纬纱密度时,将密度尺的长边与要测的纱线方向平行,调整密度尺直到出现十字形,十字形的左右两臂所指的刻度值即为密度值,如图 3-13 所示。

密度尺法只适用于那些纱线清晰可辨的织物。高密度缎纹织物中有些纱线会滑移到其他纱线的下面,用密度尺无法准确测出其经纬密度。另外,每把密度尺的测量范围有限,不同密度织物所需密度尺的量程不同,因此需配备数量较多的密度尺,使用时不太方便。

3.2.6　测定经纬纱的捻向和捻度

纱线的捻向影响织物的外观,捻度的大小将影响织物的手感、坚牢度、光泽、厚度以及加工性能。

(1)测定纱线捻向的方法。

①退捻法:测试时,以左手的手指握持住纱线的一端并保持纱线垂直向下,用右手食指、拇指握住纱线另一端进行捻搓解捻,如果纱线变松弛并纤维分散,则称为退捻。左手夹牢纱线的上端,右手在纱线下端顺时针捻搓纱线,如果可使其退捻,则该纱线的捻向为 S 捻(左捻),若纱线变紧,则表示加捻方向与原来捻向相同,为 Z 捻(右捻)。纱线退捻前后如图 3-14 所示。

②悬挂法:如果纱线捻度很小,难于用退捻法测出捻向时,则可以在纱线下端夹上一个夹子,当纱线上端被提起并使纱线自由下垂时,夹子会向某个方向旋转,该方向即为退捻方向。

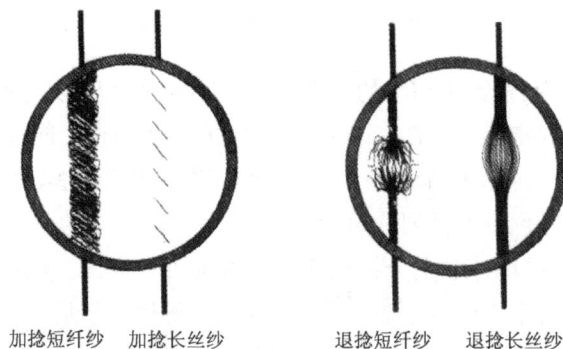

加捻短纤纱　　加捻长丝纱　　　　退捻短纤纱　　退捻长丝纱

图 3-14　纱线退捻前后比较

③观察法:如果样品中的纱线线密度小,捻度较小,或者成纱的纤维甚为脆弱,则不宜用退捻法。这时可以将纱线纵向放在照布镜或低倍数的显微镜下观察,若纤维在纱体表面呈自右下向左上倾斜的为 S 捻,若纤维在纱体表面呈自左下向右上倾斜的为 Z 捻。短纤纱和长丝原料的观察效果略有不同。在分析经过多次加捻的股线或花式线时,应首先仔细观察纱线的结构,然后按照并捻的先后次序,依次将其退解分析。

(2)捻度的测定方法。捻度的表示方法:棉纱为捻回数/10cm,毛纱为捻回数/m。

①直接法(解捻法):此法适用于测量股线捻度。测定时,在织物上捻出所测纱的一端固定于 Y331 型捻度仪的左夹头上(拔纱时左手捏住纱尾,使其不退捻或加捻),再从左至右拔出所测的纱,用右手捏住纱尾,使其不退捻或不加捻,将纱夹紧在右纱夹的斜槽中,并同时使指针对准伸长弧标尺的"0"位。将计数盘上的指针拔至"0"位,然后按解捻的方向摇动手柄,待股线上原有的捻度快退尽时,用针靠紧左夹头刺入股线的单纱之间,并逐渐向右移动,同时转动摇柄,直至捻度退尽为止。记录计数盘上所指示的数字,即为测定长度纱线上的捻回数。至少做 10 次,求出算术平均数,并计算出纱线捻度。

②间接法(倍捻法):对于短纤维单纱,不能用针使捻回退尽,故用倍捻法来测定捻度。倍捻法是利用纱线正向和反向加捻的捻缩基本相等的特性来测定捻度。开始退捻时,伸长指针渐渐自"0"向左移动,当捻回退尽以后,再继续转动摇柄,以便反向加捻,伸长指针渐渐向右移动,回复至伸长弧标尺的"0"位,这时,计数盘上的读数,即为测定纱长度上的捻回数的 2 倍。同样,取 10 次数据的算术平均数。在 Y331 型捻度仪上测定捻度时,试样长度股线为 25cm,单纱为 5cm,也有取股线长度为 10cm 的。

张力杆上张力重锤的位置调整如下:

棉型纱,0.27g;长丝(复丝),0.57g;毛纱,0.17g。

在测定股线捻度时,当捻度退尽后记录总的捻伸量,并按下式计算捻缩率 U(精确到 0.01):

$$U = \frac{L_0 - L_1}{L_0} \times 100\%$$

式中:L_1——试样长,mm;

L_0——试样长 + 捻伸量,mm。

3.2.7　测定织物的经纬纱缩率

织物中经纬纱缩率是织物结构参数的一项重要内容,测定经纬纱缩率的目的是为了计算纱线的线密度、用纱量等。由于纱线在形成织物后,经纬纱在织物中交错屈曲,因此织造时所用纱线长度大于所形成织物的长度,其差值与纱线原长之比的百分率称为缩率,以 $a(\%)$ 表示。$a_j(\%)$、$a_w(\%)$ 分别表示经、纬纱缩率(精确到 0.01)。

$$a_j = \frac{L_{0j} - L_j}{L_{0j}} \times 100\%$$

$$a_w = \frac{L_{0w} - L_w}{L_{0w}} \times 100\%$$

式中:$L_{0j}(L_{0w})$——试样中经(纬)纱伸直后的长度;

$L_j(L_w)$——试样的经(纬)向长度。

经纬纱的缩率大小是工艺设计的重要依据,它对纱线的用量、织物的物理力学性能和外观有很大影响,在测定织物的经纬纱缩率之前,首先应该做好试样的准备,用与织物不同颜色的笔,在织物经纬向精确地划出 5cm 或 10cm 长度,并加以明显记号。测量缩率的方法有以下三种。

(1)徒手测定法:将纱线从织物中轻轻拔出,先用左手握住纱线一端,右手用分析针将纱从织物中逐渐拔出,但让纱线另一端留在织物中,然后右手放下分析针,握住纱的另一端给以适当的张力,使纱线伸直,但不产生伸长,用尺量取两个记号之间的长度。经纬向各以 10 次观察值求出算术平均值,即得 L_{0j}、L_{0w},代入缩率公式,即可求出 a_j、a_w。

这种方法操作简单易行,但拉直纱线的力不易正确控制,张力太大会使纱线产生意外伸长。张力太小则纱线的屈曲不能伸直。因此精确度较差,操作时要细心,并要注意以下几点:

①在拔出纱线或拉直纱线时,不能产生退捻或加捻。对某些捻度较小或强力很差的纱线,尤其要注意避免产生意外伸长。

②分析缩绒或刮绒织物时,应首先剪除或烧除表面的毛绒,然后再仔细地将纱线从织物中拔出。

③粘胶纤维在潮湿状态下极易伸长,操作过程中应避免手汗沾湿纱线。

(2)张力测定法(负荷测定法):在织物中挑出纱线后,可以在捻度机上或单纱强力机上进行测定。首先校正试验仪上两夹头之间的距离,将取下的经(纬)纱按记号固定在两夹头内,在纱线的一端加适当张力,测量并记录两夹钳口间距离,读取伸长值,计算纱线的织缩率。

在操作过程中,需要注意时间对伸长值的影响,外力作用纱线的时间不能太长。否则纱线会发生蠕变,从而影响试验结果的准确性。同时,外力作用于纱线时,不能有冲击现象。

①夹持纱线:用分析针轻轻地从试样中部拔出最外侧的一根纱线,在两端各留下约 1cm 仍交织着。从交织的纱线中拆下纱线的一端,尽可能握住端部,以免退捻,将该头端夹入伸直装置的一个夹钳,使纱线的头端和基准线重合,然后闭合夹钳。从织物中拆下纱线的另一端,用同样方法夹入另一夹钳。

②纱线伸直张力选择:见表 3 – 1。

表 3 – 1　测量从织物中拆下的纱线伸直长度时选择的张力

纱线类型	线密度(tex)	张力(cN)
棉纱、棉型纱	<7	0.75×线密度
	>7	(0.2×线密度)+4
粗梳毛纱、精梳毛纱	15～60	(0.2×线密度)+4
毛型纱、中长型纱	61～300	(0.07×线密度)+4
非变形长丝纱	各种线密度	0.5×线密度

③测量纱线伸直长度:使两只夹钳分开,逐渐达到先定的张力。测量并记录两夹钳口间距离,作为纱线的伸直长度 $L_{0j}(L_{0w})$,即可求出 a_j、a_w。

(3)纱线卷曲测长仪测定法:这种方法在纱线卷曲测长仪上完成,首先将仪器调零,将张力锤上白线调到与仪器两侧的白线在一条水平线上,即为已调到零位置,在布上量取 10cm(或更长),做好记号,将纱从布上拆下,将纱线按记号夹在纱线卷曲测长仪的两个夹头内,在一定的张力作用下,拉直纱线,使得张力重锤上的白线与仪器两侧的白线在同一水平上为止,记录此时纱线伸长的数字,作为 $L_{0j}(L_{0w})$。然后,按缩率计算式,即可算出经纬向缩率。

3.2.8　测算经纬纱线线密度

纱线的线密度是1000m纱线在公定回潮率时的重量克数,测定线密度时可采用比较法和称重法。

(1)比较法:是将纱线放在放大镜下与已知线密度的纱进行比较,此法简单迅速,但其准确性与试验人员的经验有关。

(2)称重法:测定前,必须先检查样品的经纱是否上浆,若上浆则应进行退浆处理。测定时,从 10cm×10cm 织物中取出 10 根经纱和 10 根纬纱分别称其重量,可在扭力天平上称重,经纬纱各测 10 个试验数据,求其平均值,然后用水分快速测量仪或电感式测湿仪测出织物的实际回潮率。在经纬纱缩率已知的条件下,经纬纱线密度可用下式求出。

$$Tt = \frac{G(1-a)(1+W_{\phi})}{1+W}$$

式中:G——10 根经(纬)纱的实际重量,mg;

　　　a——经(纬)纱缩率,%;

　　　W——织物的实际回潮率,%;

　　　W_{ϕ}——该种纱线的公定回潮率,%。

3.2.9　概算织物克重

棉织物克重是指 $1m^2$ 织物的无浆干重。毛织物克重是指公定回潮率下,$1m^2$ 织物的重量克数。它是织物的一项重要技术指标。也是对织物进行经济核算的主要指标。根据织物样品的大小及具体情况,有两种试验方法:

(1)称重法:样品面积一般取 10cm×10cm。在称重前,将退浆的织物放在烘箱中烘干,称其干重。则:

$$G = \frac{G_1 \times 10^4}{L \times b}$$

式中:G——样品每平方米无浆干重,g/m^2;

　　　G_1——样品的无浆干重,g;

　　　L——样品长度,cm;

　　　b——样品宽度,cm。

如果织物不进行烘干,样品的无浆干重也可用下式算出:

$$G_1 = \frac{G_2}{1+W}$$

式中:G_2——样品的实际重量,g;

　　W——样品的实际回潮率,%。

样品的实际重量在工业天平上称重,精确到0.01g。

(2)计算法:如样品面积小,用称重法不够准确时,可根据前面分析所得的经纬纱的线密度、经纬纱密度、经纬纱缩率进行计算。其计算式如下:

$$G = \frac{\dfrac{P_j Tt_j}{1-a_j} + \dfrac{P_w Tt_w}{1-a_w}}{100(1+W_\phi)}$$

式中:W_ϕ——样品的经纬纱公定回潮率,%。

3.2.10　分析织物的组织及色纱的配合

织物组织分析是确定织物外观与花色特征的重要项目之一,其应完成三个方面的分析,首先应准确分析清楚织物的组织规律;其次对色织物试样,要分析出一个完全的色经、色纬的循环排列次序;最后还要辨别清楚不同结构纱线的排列次序。

在对织物组织进行分析的工作中,首先应准备织物样品和绘组织图用的方格纸,常用的分析工具是照布镜、分析针、剪刀及颜色纸等。用颜色纸的目的是为了在分析织物时有适当的背景衬托,少费眼力。在分析深色织物时,可用白色纸做衬托,而在分析浅色织物时,可用黑色纸做衬托。由于织物种类繁多,加之原料、密度、纱线线密度等因素的不同,所以应选择适宜的分析方法,以使分析工作能得到事半功倍的效果。

常用的织物组织分析法有以下几种。

(1)拆纱分析法(图3-15):这种方法对初学者很适用,主要用在普通单层织物、起绒织物、毛巾织物、纱罗织物、多层织物,以及线密度大、密度大、组织复杂的织物。它又可分为不分组拆纱和分组拆纱。

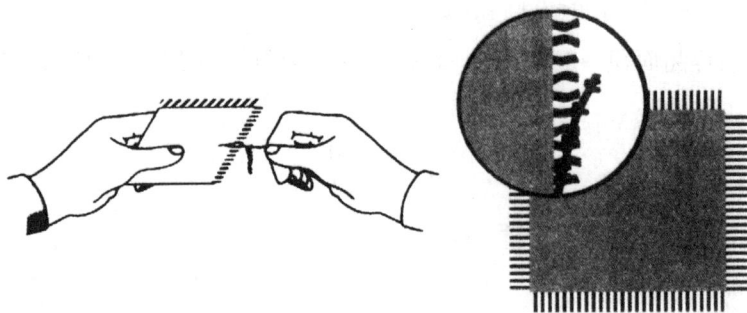

图3-15　拆纱分析法

①不分组拆纱:将试样平放,多数情况下试样正面朝上,经纱处于垂直位置。拆去试样上边和右边的经纱,使上边和右边形成一定宽度的毛边,宽度视具体产品而定。用分析针将第一根经纱拨入毛边区域,用照布镜或放大镜观察这根经纱与各根纬纱的交织情况,其始点是上面第一根纬纱,如图 3－16 所示。将交织情况从上到下填入方格纸右边第一纵列的相应方格中。填黑表示经浮点(经纱在上),空白表示纬浮点(纬纱在上)。一般应至少分析两个纵向循环,目的是为了确保分析结果的正确性,防止发生误差。

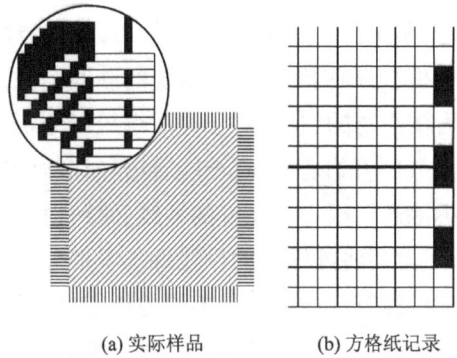

| (a) 实际样品 | (b) 方格纸记录 |

图 3－16　斜纹织物拆纱分析示意图

去除第一根经纱,然后将第二根经纱拨入毛边区域。用同样的方法,将第二根经纱的交织情况记录在第一根经纱左侧纵列相应方格中,所用方格数与第一根经纱相同。

用同样方法分析试样中其他经纱的交织规律,直到横向和纵向都出现两个循环。当某根经纱的交织规律与第一根经纱完全相同时,就完成了第一个循环。当再出现某根经纱的交织规律与第一根经纱完全相同时,就是两个完整循环,至此拆纱结束。但应注意,最后的这根经纱不包括在循环之内。

一般来说,在由纬纱形成的毛边中分析经纱的交织规律较容易,这是因为通常纬密小于经密,但有时也可能经纬纱粗细差异较大,分析纬纱的交织情况比较方便。这时就应该逐根分析纬纱的交织规律。如果分析的顺序是从右到左,填入方格的次序也必须是从右到左。织物组织的分析可以从织物的任何一角开始,沿纵向或横向进行,但记录在方格纸上的交织情况必须与织物上的位置相对应。

图 3－17(a)是一个缎纹组织的实际交织情况,交织点用数字 1～25 进行编号。图 3－17(b)是对应与该缎纹组织、按编号在方格纸上交织后的组织图。填充黑色的方格表示经纱交织在纬纱上(经浮点),空白的方格表示纬纱交织在经纱上(纬浮点)。图 3－17(c)是缎纹组织图。

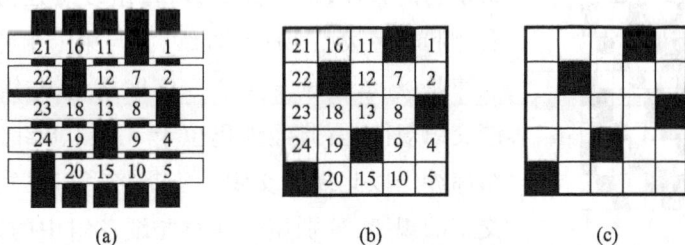

| (a) | (b) | (c) |

图 3－17　纬面缎纹分析示意图

②分组拆纱:对于复杂组织或组织循环较大的织物,采用分组拆纱法是精确可靠的。首先,要确定拆纱系统,为了拆纱后,比较清楚地看清经纬纱的交织状态,宜将密度较大的纱线系统拆去,利用密度较小系统的纱间空隙,可清楚地看出经纬纱的交织规律。其次,为了便于看清织物的组织,对于经面组织以分析反面比较方便,但若是经过刮绒的织物,应先将表面毛绒用火焰烧除,直至能看出经纬纱的交织时为止。最后,要做纱缕并分组,在布样的一边拆除若干根一个系统的纱线,使织物的另一系统纱线露出 10mm 的纱缕。如图 3 – 18(a)所示,然后将纱缕中的纱线每若干根分为一组,并将 1,3,5…奇数组的纱缕和 2,4,6…偶数组的纱缕分别剪成两种不同的长度,如图 3 – 18(b)所示。这样,当被拆纱线置于纱缕中时,可以比较方便地记录每组纱的交织情况,应该注意,当织物的纱缕由股线或捻度极小的长丝构成时,应防止发生散乱,以免分析结果产生误差。

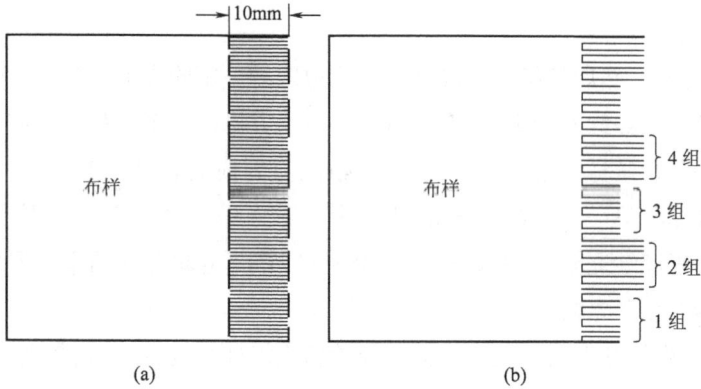

图 3 – 18　纱缕图

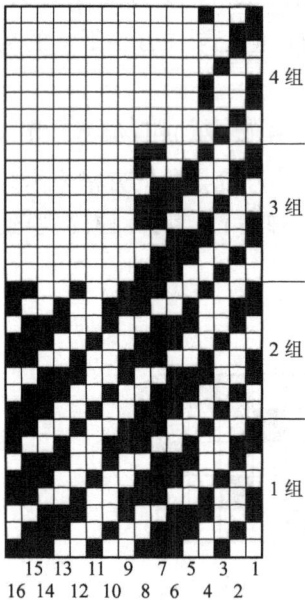

图 3 – 19　分组拆纱记录示意图

当被拆的纱线置于纱缕中时,就可以清楚地看出它与奇数组纱和偶数组纱的交织情况。填绘组织所用的意匠图若一大格其纵横方向均为八个小格,正好与每组纱缕根数相等,则可把每一大格作为一组,亦分成奇、偶数组与纱缕所分奇、偶数组对应,这样,被拆开的纱线在纱缕中的交织规律,就可以非常方便地记录在意匠纸的方格上。例如某织物的布样,拆的是经纱,每组纱缕是由纬纱组成。从右侧起轻轻拨出第一根经纱,它与第一组纬纱的纱缕交织规律是:经纱位于 3、4、7、8 纬纱之上,与第二组纬纱的纱缕交织规律是:此经纱仍位于 3、4、7、8 纬纱之上,与第三组纬纱仍以此规律交织。于是将第一根经纱与各组纬纱交织的规律,分别填绘在意匠纸各组中的第一纵行上,如图 3 – 19 所示。然后再分析第二根经纱与各组纬纱交织的情况,并记录在意匠纸的第二纵行上,以此类推。当分析到 16 根经纱后,就可得出这块布样的组织和经纬纱循环数,其经纬纱的交织规律已有 2 个循环。

(2)局部分析法:有的织物表面仅仅局部有花纹,而地部的组织却十分简单。这时,只需对花部和地部分别进行分析,然后根据花纹的经纬纱根数和地部组织循环数求出一个花纹循环的经纬纱数。而不必一一分析每一个经纬组织点。但应注意地组织与花组织的起点要统一,否则分析结果将会产生错误。

(3)直接观察法:有经验的工艺员或织物设计人员,可采用直接观察法,凭目力观察或借助照布镜将观察织物的经纬交织规律逐次填入方格纸中。分析时,可多填写几根经纬纱的交织规律,以便正确地找出织物的组织循环,这种方法简单易行,主要用于分析密度不大的原组织或简单的小花纹组织织物。

(4)色彩效果分析:在分析织物组织时,还要注意布样的组织与色纱的配合关系,多数色织物的风格效应,不光由经纬交织规律来体现,往往是由组织与色纱配合而得到其外观效应的。因此,在分析这类色纱与组织配合的织物时,必须使组织循环和色纱排列循环配合起来,在织物的组织图上要标出色纱的颜色和组织循环规律。当组织循环数不等于色纱循环数时,往往是色纱循环数大于组织循环数。在绘组织图时,经纱根数应是色经循环数与组织循环数的最小公倍数;纬纱根数应是色纬循环数与组织循环数的最小公倍数。

模纹图的绘制方法与织物组织的分析方法相似,先将试样放平,经线垂直,使试样上段和右侧形成毛边,并使上边段和右边都有一条完整的彩色条纹,将右边第一根经纱拨入毛边,用与织物组织相同的方法进行分析。与组织分析不同的是:不再用填黑方格代表经浮点、空白方格代表纬浮点;而是将浮在上面的经纱和纬纱的颜色填充方格。如果经纱交织在上就用经纱的颜色竖划,如果经纬纱交织在上就用纬纱的颜色横划,如图 3 - 20 所示。这样的表示方法便于检查,至少应分析两个图案循坏。

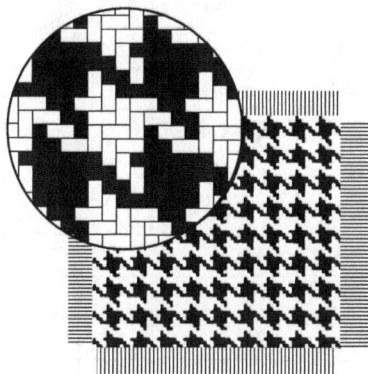

图 3 - 20 模纹分析图(犬牙纹)

3.2.11 绘出织物上机图

根据织物组织、经密及所用原料、线密度等因素,确定每筘齿内的经纱穿入数、穿入方法,绘出组织图、穿筘图、穿综图和纹板图。

3.3 织物分析报告内容

将织物分析实验的原始记录及计算填入表 3 - 2 中。同时贴上织物样品和上机图。

表 3 – 2　织物分析报告

织物名称							织物类型					
原　料		经　纱					纬　纱					
密度（根/10cm）	序号	1	2	3	4	5	6	7	8	9	10	平均
	经纱											
	纬纱											
缩率（%）	纬纱长（cm）	1	2	3	4	5	6	7	8	9	10	平均
	织物长度（cm）											
	经缩											
	纬纱长（cm）	1	2	3	4	5	6	7	8	9	10	平均
	织物长度（cm）											
	纬缩											
纱线线密度	每10根经纱重量（mg）	1	2	3	4	5	6	7	8	9	10	平均
	经纱线密度（tex）			织物实际回潮率（%）					经纱公定回潮率（%）			
	计算：											
	每10根纬纱重量（mg）	1	2	3	4	5	6	7	8	9	10	平均
	纬纱线密度（tex）			织物实际回潮率（%）					纬纱公定回潮率（%）			
	计算：											
纱线捻度	序号	1	2	3	4	5	6	7	8	9	10	总计	平均
	经纱												
	纬纱												
纱线捻向	经纱			纬纱			捻缩率（%）		经纱		纬纱		

织物重量	试样长		试样宽	
	试样无浆干重（g/m²）		试样实际回潮率（%）	
	试样实际重量（g）			

织物组织	地组织		边组织	

色纱排列	经纱排列		纬纱排列	
	颜色		颜色	
	根数		根数	

组织图	试　样

思考与练习

3-1. 举例说明织物分析常用工具及用途。

3-2. 织物分析包括哪些基本内容?

3-3. 简述如何识别织物的正反面。

3-4. 在没有布边的情况下,如何识别织物的经纬方向?

3-5. 哪些织物正反面差异较大,哪些织物正反面基本无差别? 为什么?

3-6. 总结一下你是采用哪些方法分析织物组织的?

任务四　三原组织绘图与织物分析

【任务目标】

1. 掌握平纹组织、斜纹组织及缎纹组织的特征及绘图方法

2. 了解平纹织物、斜纹织物及缎纹织物的典型品种

3. 通过小样分析掌握直接观察法和拆纱分析法

4. 通过分析加深对织物外观特征、组织结构的认识

【任务实施】

1. 任务要求

(1)府绸、平布、泡泡纱等平纹织物分析。

(2)纱卡、劳动布、麦尔登、美丽绸等斜纹织物分析。

(3)经面、纬面缎纹织物分析。

课前先发给每位学生平纹、斜纹、缎纹三种组织的织物样品各一块,让其自己观察每种织物的风格特征,分析其风格特征的形成;然后,教师再讲解织物上机与设计要点、组织图绘制及应用等;学生按照实验报告要求完成三块样品分析任务。

2. 分析工具和织物准备

照布镜、分析针、剪刀、镊子、意匠纸、布样。

3. 任务内容和实施方法

(1)确定织物的正反面。

(2)确定织物的经、纬向。

(3)确定拆纱系统。

(4)确定织物的分析表面。

(5)做纱缨。

(6)分析织物组织。

(7)绘制上机图。

4. 织物分析报告内容

(1)确定织物的经纬密和原料。

(2)绘出三原组织的结构图和上机图。

(3)确定出一个色纱循环中色经、色纬的排列顺序。

【相关知识】

三原组织及其应用

织物组织是织物设计和织造过程中的一项重要技术条件。织物组织对织物结构、外观风格及其物理力学性能有着显著的影响。原组织是各种组织的基础，它包括平纹、斜纹和缎纹三种组织，因而又称为三原组织，一切变化组织和复杂组织均可由原组织变化衍生而来。

在原组织的一个组织循环内，每一根经纱或纬纱上只有一个经组织点，而其余的都是纬组织点；或者只有一个纬组织点，而其余的都是经组织点。如果经组织点多于纬组织点，称为经面组织；纬组织点多于经组织点，称为纬面组织；经组织点等于纬组织点，则称为同面组织。

4.1 平纹组织

4.1.1 平纹组织的特征

平纹组织是所有组织中最简单的一种，其组织参数为：$R_j = R_w = 2$，$S_j = S_w = \pm 1$。平纹织物如图 4-1 所示，图 4-2 为平纹组织图。图 4-2(a)为平纹织物的交织示意图，图 4-2(b)为第 1 根纬纱的横截面图，图 4-2(c)为第 1 根经纱的纵截面图，图 4-2(d)、(e)为组织图。其中 1、2 和一、二分别表示经纱的排列顺序和纬纱的排列顺序。

在平纹组织的组织循环中，共有 4 个组织点，其中两个经组织点，两个纬组织点。因为经组织点数等于纬组织点数，所以织物正反面没有区别，因此平纹组织属于同面组织。平纹组织可用分式 $\frac{1}{1}$ 来表示，其中分子表示经组织点，分母表示纬组织点，读作一上一下平纹。

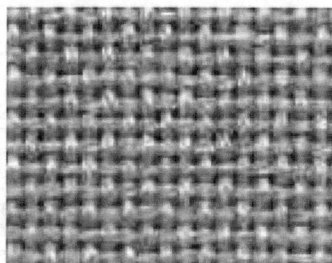

图 4-1 平纹织物

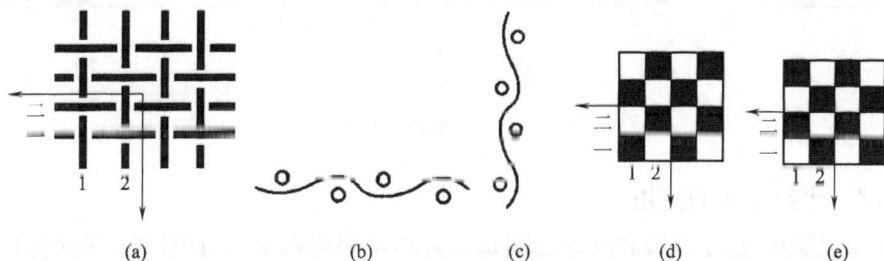

图 4-2 平纹组织图

4.1.2 平纹组织的绘图方法及上机要点

(1)平纹组织绘图方法。一般在绘组织图时，对初学者来说，最好先圈定组织所需的大方格，如图 4-3(a)；标出经纬纱的顺序，如图 4-3(b)、(c)；然后以左下角第 1 根经纱和第

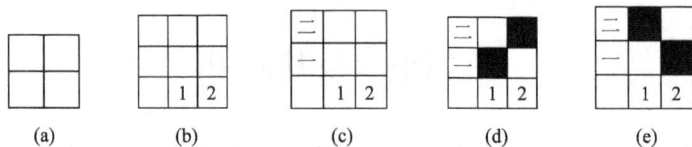

图4-3 平纹组织的绘图过程

1根纬纱相交的方格作为起始点。当平纹组织的起始点为经组织点时,所绘得的平纹组织称为单起平纹,如图4-3(d)所示;当平纹组织的起始点为纬组织点时,所绘得的平纹组织称为双起平纹,如图4-3(e)所示。一般以经组织点作为起始点来绘平纹组织图,当平纹组织与其他组织配合时,要注意考虑组织点的起始位置。

(2)平纹织物的上机要点。平纹组织上机时,如果经密较小,可采用两页综的顺穿法,如图4-4(a)所示;如果织造中等密度的平纹织物,如市布,可采用两页复列式综框飞穿法,如图4-4(b)所示;在织造经密很大的平纹织物时,如细布和府绸,可采用两页四列式综框或四页复列式综框、用双踏盘织造,如图4-4(c)所示。

平纹组织在穿筘时,布身经纱大多采用2~4根穿入一个筘齿,每一筘齿穿入经纱根数越多,越容易形成明显的筘痕。至于边纱的穿筘方法,则视所织品种的具体情况而定。在一般情况下,由单纱织成的平纹织物中,边纱密度大多是布身经纱密度的2倍。

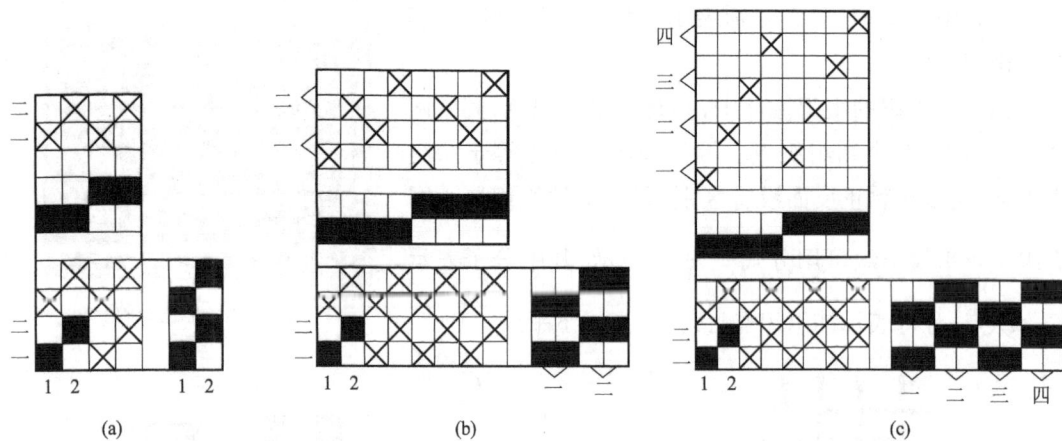

图4-4 平纹组织上机图

4.1.3 平纹组织的应用

在平纹组织中,由于经纱和纬纱之间每次开口都要进行交错,使纱线屈曲增多,经纬纱的交织也最紧密。因此,在同样条件下,平纹织物手感较硬而质地坚牢,在织物中应用也最为广泛。如棉织物中的平布、府绸、泡泡纱、牛津布、帆布等;毛织物中的凡立丁、派力司、法兰绒、花呢等;丝织物中的双绉、电力纺、乔其纱、塔夫绸等;麻织物中的夏布、麻布等;化纤织物中的人造棉平布、涤/棉细纺、涤/棉线绢等均为平纹组织织物。

(1)平布(图4-5):平布的共同特点是采用平纹组织织制,经纬纱的线密度和经纬密度接近或相同,布面平整,比同规格其他织物坚牢耐用,但弹性较差。根据所用经纬纱的粗细,分为粗平布、中平布、细平布三类。

①粗平布又称粗布,经纬纱大多采用线密度较大的纱织制,原料以棉为主。经纬纱线密度一般相同,经纬向紧度比为1:1。粗平布布身厚实粗糙,坚牢耐磨,布面棉结杂质较多。

②中平布又称市布,经纬纱采用中等线密度纱织制

图4-5 平布

的平布,原料常采用纯棉、涤/棉、粘胶纤维等。纬纱的线密度等于或接近于经纱线密度。经向紧度为40%~55%,经纬向紧度比为1:1。中平布布身厚薄适中,布面平整,结构较紧密,质地坚牢。

③细平布又称细布,经纬纱采用线密度较小的纱织制的平布,原料常采用纯棉、涤/棉、粘胶纤维等。其中线密度较小、密度较疏的细平布称为细纺。细平布纬纱的线密度等于或略小于经纱线密度,经纬向紧度比为1:1。细平布质地轻薄细密,布面平整,手感光滑,布面棉结杂质较少。

(2)府绸(图4-6):府绸是一种线密度较小、密度较大的平纹组织织物。最早是指山东省历城、蓬莱等县在封建贵族或官吏府上织制的织物,其手感和外观类似于丝绸,故称府绸。府绸常用原料有纯棉、涤/棉等。经纬纱线密度大多相等或接近,经纬向紧度比约为5:3。经纱屈曲较大而纬纱较平直,织物表面形成了由经纱凸起部分构成的菱形颗粒效应,如图4-6所示。府绸结构紧密,布面光洁,质地轻薄,颗粒清晰,光泽莹润,手感滑爽,具有丝绸感。

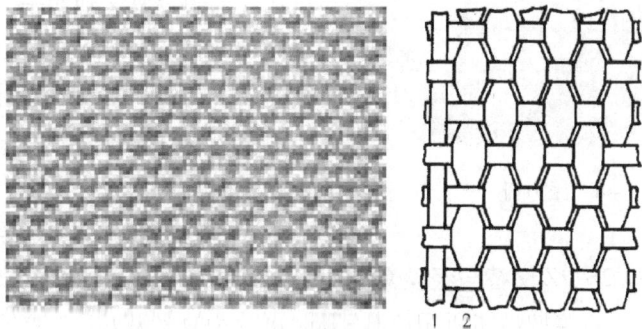

图4-6 府绸组织
1—经纬纱交织点 2—经纱突起部分呈菱形颗粒状

(3)泡泡纱(图4-7):泡泡纱是以平纹组织织制、布面呈凹凸状泡泡的薄型织物。织造泡泡纱的原料采用纯棉或涤/棉纱,泡经密度大于地经,或泡经采用股线、地经采用单纱。织造时,泡经送经量大于地经送经量,再经染整松式加工,泡经处形成美观、凹凸不平的泡泡。泡泡纱外观别致,立体感强,质地轻薄,手感柔软,穿着不贴身,凉爽舒适,洗后不需熨烫。织造泡泡纱时,泡泡牢度要好。泡泡纱主要用于妇女、儿童夏令衣裙面料,以及床罩、窗帘等装饰用品。

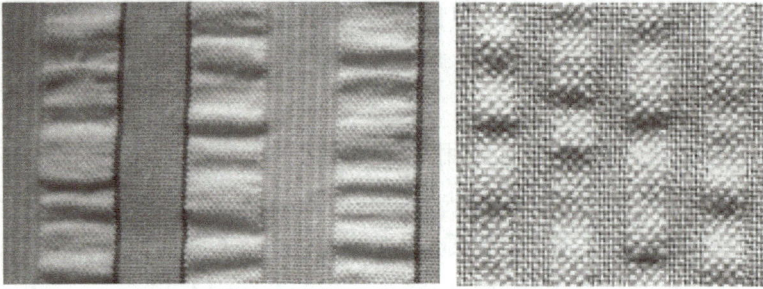

图4-7 泡泡纱

(4)凡立丁:凡立丁是采用平纹组织织成的单色股线的薄型织物,其特点是线密度较小、捻度较大,经纬密度在精纺呢绒中最小。按使用原料分为全毛凡立丁、混纺凡立丁及纯化纤凡立丁,混纺多用粘胶纤维、锦纶或涤纶,也有粘胶纤维、锦纶、涤纶搭配的纯化纤凡立丁。凡立丁除平纹外,还有隐条、隐格、条子、格子等不同品种,呢面光洁均匀、不起毛,织纹清晰,质地轻薄透气,有身骨、不板不皱。多数匹染素净,色泽以米黄、浅灰为多,适宜制作夏季的男女上衣和春、秋季的西装、裙装等。

图4-8 派力司

(5)派力司(图4-8):派力司是用精梳毛纱织制的轻薄品种,一般采用毛条染色的方法,先把部分毛条染色后,再与原色毛条混条纺纱,形成混色纱的平纹织物。这样,呢面散布有均匀的白点,并有纵横交错隐约的雨丝条纹。派力司是精纺呢绒中单位重量最轻的,它与凡立丁的主要区别在于,凡立丁是匹染的单色,而派力司是混色,其经密略比凡立丁大。颜色以中灰、浅灰色为多。派力司具有凡立丁的优点,且质地细洁轻薄,坚牢耐脏,多用于夏令裤料和女装上衣。

(6)双绉:双绉是用平纹组织织制的平经绉纬织物,且纬丝以2S、2Z交替与经丝交织。织物经精练整理后,由于纬丝双向扭力及退捻作用而使织物起绉。双绉按经纬所用原料不同,可分为真丝双绉、人造丝双绉和蚕丝、人造线交织双绉等。按平方米重量的不同,有重磅、中等、轻磅之分;按织后加工情况可分为练白、增白、染色、印花等,以印花为多。双绉织物的手感柔软滑爽,富有弹性,绸面平整轻薄,光泽柔和,抗皱性能好,穿着舒适凉爽。

(7)电力纺:桑蚕丝生织绸类丝织物,以平纹组织织制。最早用手工织机织造,后改用电力织机,故名电力纺。电力纺品种较多,按织物原料不同,有重磅、中等、轻磅之分;按染整加工工艺的不同,有练白、增白、染色、印花之分。电力纺产品常按地名命名,如杭纺(产于杭州)、绍纺(产于绍兴)、湖纺(产于湖州)等。电力纺织物质地紧密细洁,手感柔挺,光泽柔和,穿着滑爽舒适。

(8)乔其纱:乔其纱又称乔其绉,是以强捻绉经、绉纬织制的一种丝织物,乔其纱的名称来自法国。其经纱与纬纱采用 S 捻和 Z 捻两种不同捻向的强捻纱,按 2S、2Z 相间排列,以平纹组织交织,织物的经纬密度很小。坯绸经精练后,由于纱线的退捻作用而收缩起绉,形成绸面布满均匀的绉纹、结构疏松的乔其纱。根据所用的原料可分为真丝乔其纱、人造丝乔其纱、涤丝乔其纱等。乔其纱质地轻薄透明,手感柔爽,富有弹性,外观清淡雅洁,具有良好的透气性和悬垂性,穿着飘逸、舒适。

(9)夏布(图4-9):夏布以半脱胶苎麻为原料,经手工纺织而成,因用作夏季服装和蚊帐而得名。夏布以原色和漂白为主,也有染色和印花的,多为平纹组织。优质的夏布可用于夏季衬衫、裤料,质量差的可用于蚊帐和服装衬里等。

图 4-9 夏布

(10)曲线布(图4-10):曲线布组织采用的是平纹,由于采用特殊的钢筘,使得织物的经纱在布面上呈现曲线的外观效果。

图 4-10 曲线布

4.1.4 特殊效应的平纹织物

从平纹组织的交织结构来看,经纱、纬纱同时显露在织物表面,但在实际应用中,由于织物结构中某些参数的变化或织造工艺参数的改变,可以形成各种特殊效应的平纹织物。

(1)凸条效应的平纹织物(图4-11):经纬纱线密度不同,其织物表面可获得纵向或横向凸条的外观;不同线密度的经纬纱相间排列,其织物表面可获得纵向厚薄条子或格子的外观。

(2)稀密变化平纹织物(图 4 − 12)：经纬纱密度不同,其织物表面可获得疏密变化的外观。

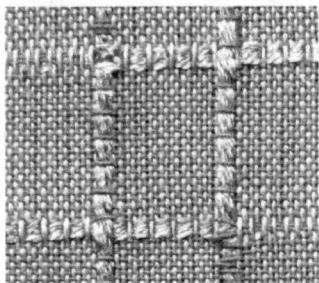
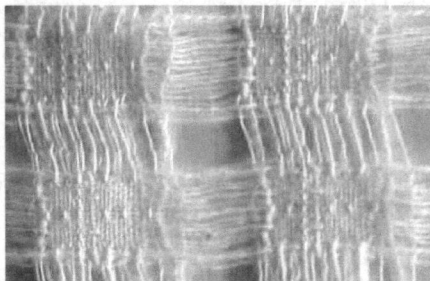

图 4 − 11　凸条效应平纹织物　　　　　图 4 − 12　稀密变化平纹织物

(3)隐条隐格织物：采用不同捻向的经纱相间排列,在平纹织物表面会出现若隐若现的纵向条纹,形成隐条织物。如果经纬纱都采用两种捻向的纱线配合,则形成隐格效应。

(4)起绉平纹织物(图 4 − 13)：采用平纹组织,利用强捻纱、弹力纱织成织物,经后整理加工可以形成起绉效应的织物。

(5)烂花织物(图 4 − 14)：烂花织物经纬纱常用涤/棉包芯纱,采用平纹组织,在设计的花型处做印酸处理,由于涤纶、棉两种原料的耐酸性不同,经整理后,印酸处的棉纤维烂掉,只剩下涤纶长丝,此处织物形成轻薄透明感,而没有印酸处仍保持原状。

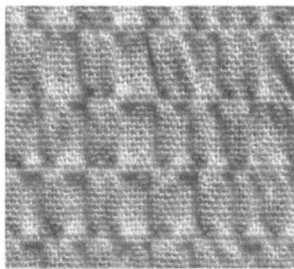

图 4 − 13　起绉平纹织物　　　　　　　图 4 − 14　烂花织物

此外,利用各种色经色纬进行各种各样的排列配合,可以得到绚丽多彩的色织物产品,如图 4 − 15 所示。

朝阳格　　　　　　　　　　格林格　　　　　　　　　　苏格兰格

图 4 − 15　彩格织物模拟图

4.2 斜纹组织

4.2.1 斜纹组织的特征

在斜纹组织的组织图中,有连续的经组织点或纬组织点构成的斜线,使织物表面呈现出一条条斜向的纹路,如图 4 – 16 所示。斜纹组织的参数为:$R_j = R_w \geq 3$,$S_j = S_w = \pm 1$,构成斜纹组织的一个组织循环至少要有 3 根经纱或 3 根纬纱。

斜纹组织一般用分式表示,分子表示在一个组织循环中每根纱线上的经组织点数,分母表示在一个组织循环中每根纱线上的纬组织点数,分子分母之和等于组织循环纱线数 R。在原组织斜纹的分式中,分子或分母必有一个等于 1。分子大于分母时,在组织图中经组织点占多数,称之为经面斜纹,如图 4 – 17(a)、(c)、(d)所示;当分子小于分母时,在组织图中纬组织点占多数,称之为纬面斜纹,如图 4 – 17(b)所示。

图 4 – 16 斜纹织物

图 4 – 17(a)、(b)、(c)中任何一个单独组织点飞数均是:$S_j = +1$,$S_w = +1$,其斜纹方向指向右上方,故称为右斜纹,在表示斜纹组织分式的右侧画一个向右上方倾斜的箭头表示斜纹方向,如图 4 – 17(c)为"$\dfrac{3}{1} \nearrow$",读作三上一下右斜纹。而图 4 – 17(d)中的单独组织点飞数是:$S_j = -1$,$S_w = +1$,其斜纹方向指向左上方,称为左斜纹,在表示斜纹组织分式的右侧画一个向左上方倾斜的箭头表示斜纹方向,如图 4 – 17(d)为"$\dfrac{3}{1} \nwarrow$",读作三上一下左斜纹。

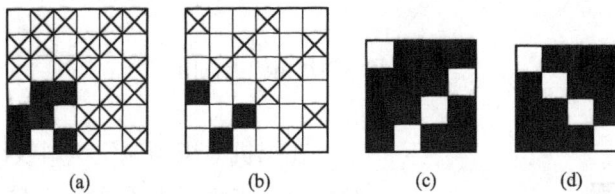

(a) (b) (c) (d)

图 4 – 17 斜纹组织图

4.2.2 斜纹组织的绘图方法及上机要点

(1)斜纹组织的绘图方法。斜纹组织的绘图方法比较简单,按照表示斜纹组织的分式,求出组织循环纱线数 R,即 $R =$ 分子 + 分母,圈定大方格,如图 4 – 18(a)所示,标出经纬纱的顺序,如图 4 – 18(b)、(c);然后按分式在第一根经纱上填绘经组织点,再按飞数逐根填绘即可。即按照斜纹方向,以第一根经纱的经组织点为依据,如果为右斜纹,则向上移一格($S_j = +1$)填绘下一根经纱的组织点;如果为左斜纹,则向下移一格($S_j = -1$)填绘下一根经纱的组织点,以下各根经纱的绘法以此类推,直至达到一个组织循环为止。绘图过程如图 4 – 18 所

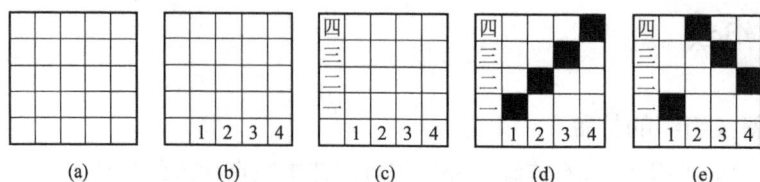

图 4-18 $\frac{1}{3}$ 右斜纹、$\frac{1}{3}$ 左斜纹组织图的绘图过程

示,图 4-18(d)为 $\frac{1}{3}$ 右斜纹组织图,图 4-18(e)为 $\frac{1}{3}$ 左斜纹组织图。

(2)斜纹组织的上机要点。织制斜纹织物时,可采用顺穿法,所用综页数等于其组织循环经纱数。图 4-19(a)所示为 $\frac{2}{1}$ 斜纹顺穿法的上机图。当织物的经密较大时,为了降低综丝密度以减少经纱受到的摩擦,多数采用飞穿法穿综,每一筘齿穿入经纱 3~4 根,如图 4-19(b)所示。

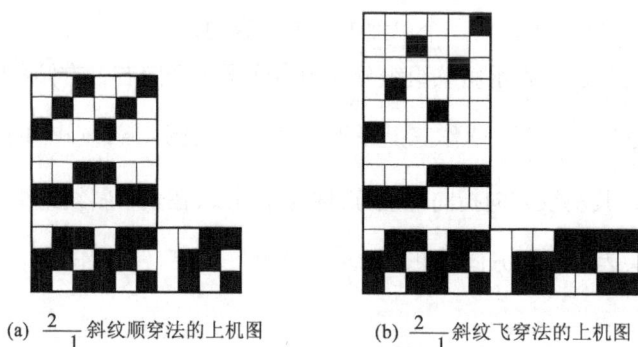

(a) $\frac{2}{1}$ 斜纹顺穿法的上机图   (b) $\frac{2}{1}$ 斜纹飞穿法的上机图

图 4-19 斜纹组织上机图

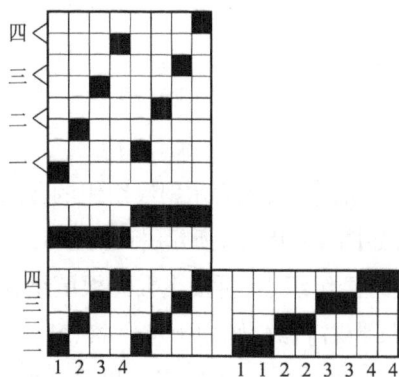

图 4-20 斜纹组织上机图(反织)

在织机上织制原组织斜纹织物时,有正织和反织之分。正织时易在布面上发现百脚、跳花、纬缩等织疵,便于及时纠正;缺点是开口装置耗电多,不易发现断经,拆坏布容易损伤经纱等;反织时能节约用电,易发现断经,拆坏布方便,但不易检查百脚、跳花、经缩浪纹等疵点。因此正反织各有优缺点,采用哪一种由实际需要来决定。当采用反织的织造方法时,必须注意斜纹的方向,如欲用反织法织 $\frac{3}{1}$↗纱卡其时,则应按 $\frac{1}{3}$↗上机,其上机图如图 4-20 所示。

4.2.3　斜纹组织的应用

在斜纹组织中,由于其组织循环纱线数比平纹多,而组织中每根经纱或纬纱只有一个交织点,因此在经纬纱线密度、密度相同的条件下,斜纹织物的耐磨性、坚牢度不及平纹织物,但手感比较柔软。

斜纹组织的经纬交织数相对来说比平纹组织少,在纱线线密度相同的情况下,不交织的地方,纱线容易靠拢,因此,斜纹织物的纱线可密性比平纹大。斜纹织物表面的斜纹线倾斜角度随经纱与纬纱密度的比值而变化,当经纬纱线密度相等时,提高经纱密度,则斜纹线倾斜角度变大。

斜纹织物表面的织纹是否清晰,不仅受纱线线密度和织物密度的影响,还与纱线捻向有密切的关系。斜纹织物一般要求斜纹线纹路清晰,所以必须根据纱线的捻向合理地选择斜纹线的方向。

当织物受到光的照射时,浮在织物表面的纱线中的纤维就会反光,各根纤维的反光部分排列成带状,称为"反光带"。反光带的方向与纱线的捻向垂直,因此,织物中 Z(S)捻的纱线,其反光带的方向向左(右)倾斜。在斜纹织物中,当反光带的方向与斜纹的斜向一致时,斜纹线就清晰。对于经面斜纹来说,织物表面的斜纹线由经纱构成;同面斜纹由于经密大于纬密,织物表面的斜纹线也由经纱构成。因此,设计斜向时主要考虑经纱捻向对织物外观的影响。当经纱为 S 捻时,织物应为右斜纹,反之为左斜纹,如图 4 – 21(a)所示。而对于纬面

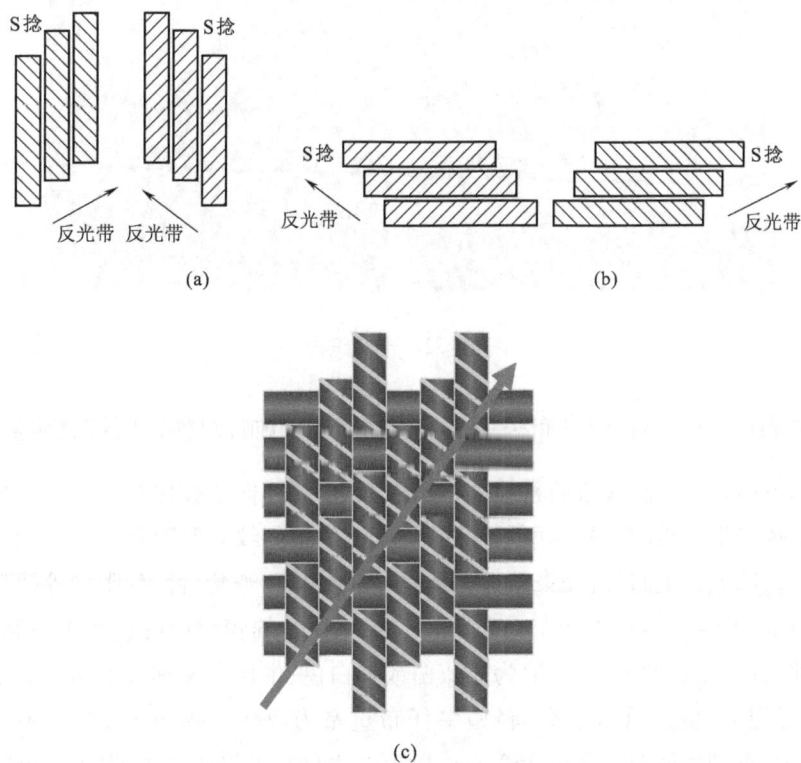

(a)　　　　　　　　　　　　　(b)

(c)

图 4 – 21　斜纹线倾斜方向与纱线捻向的关系

斜纹来说,织物表面的斜纹线是由纬纱构成的,与经面斜纹恰好相反,当纬纱为 S 捻时,织物应为左斜纹,反之为右斜纹,如图 4 –21(b)所示。经纱捻向对经面斜纹的外观影响见图 4 –21(c)。

斜纹组织的应用很广泛,一般多为经面斜纹。如棉织物中的牛仔布,常采用 $\frac{3}{1}$ 斜纹或 $\frac{2}{1}$ 斜纹;斜纹布一般为 $\frac{2}{1}$↗,单面纱卡其为 $\frac{3}{1}$↖,单面线卡其为 $\frac{3}{1}$↗;精纺毛织物中单面华达呢为 $\frac{3}{1}$↗或 $\frac{2}{1}$↗;丝织物中的里子绸为 $\frac{3}{1}$↗。下面介绍斜纹织物的几个典型品种。

(1)卡其(图 4 –22):卡其是采用 $\frac{2}{2}$ 斜纹、$\frac{3}{1}$ 斜纹、急斜纹组织织制的织物。采用 $\frac{2}{2}$ 斜纹组织织制的织物正反面纹路均匀清晰,故称为双面卡;采用 $\frac{3}{1}$ 斜纹组织织制的织物正面纹路清晰,反面纹路模糊,故称单面卡;采用急斜纹组织,较长的经浮长连贯起来像缎纹一样,故称缎纹卡。卡其织物结构较华达呢质地更紧密,手感厚实,挺括耐穿,但不耐磨。根据所用纱线不同,分为纱卡、半线卡和线卡;根据组织结构不同,分为单面卡、双面卡、人字卡、缎纹卡等。

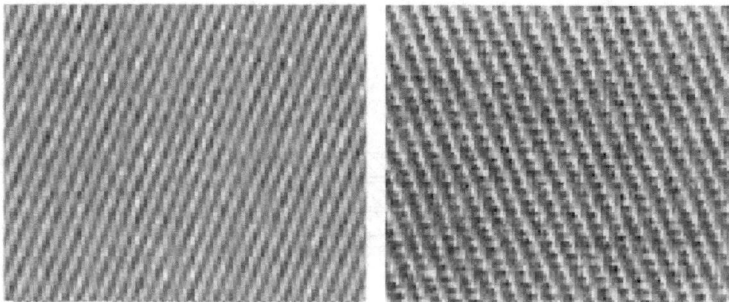

图 4 –22 卡其织物

(2)斜纹布(图 4 –23):斜纹布采用 $\frac{2}{1}$ 斜纹组织织制,织物正面纹路明显,反面纹路模糊,故又称单面斜纹。斜纹布通常经纬线密度接近,经纬向紧度比约为 3:2。斜纹布布身紧密厚实,手感较平布柔软。根据所用纱线不同,分为细斜纹布和粗斜纹布。斜纹坯布多用于橡胶鞋基布、球鞋夹里布等;经染整加工后,可用于服装、被套、台布、阳伞等面料。

(3)牛仔布(图 4 –24):牛仔布是采用斜纹组织织制的较粗厚的色织棉织物,经纱颜色深,一般为靛蓝色,纬纱颜色浅,一般为浅灰白或本白色,牛仔布又称靛蓝劳动布、坚固呢等。一般可分为轻型、中型和重型三类,轻型牛仔布重量为 200～340g/m²,中型牛仔布重量为 400～450g/m²,重型牛仔布重量为 450g/m² 以上。牛仔布多采用线密度较大的纱制织,经密大于纬密,多采用经面斜纹,因此织物正面多呈经纱颜色,反面多呈纬纱颜色。

图4－23　斜纹织物　　　　　　　图4－24　牛仔布

（4）麦尔登：麦尔登是一种品质较好的粗纺毛织物，布面细洁平整、身骨挺实、富有弹性，有细密的绒毛覆盖织物底纹，耐磨性好。麦尔登一般采用62.5～83.3tex毛纱，$\frac{3}{2}$或$\frac{3}{1}$斜纹组织，呢坯经过重缩绒整理或两次缩绒而成。以匹染素色为主，适宜做冬令套装、上装、裤子、长短大衣及鞋帽面料。

（5）美丽绸：美丽绸又称美丽绫，是纯粘胶丝平经平纬丝织物。采用$\frac{3}{1}$斜纹或山形斜纹组织织制。织物纹路细密清晰，手感平挺光滑，色泽鲜艳光亮。它是一种高级的服装里子绸，缩水率较大。

4.3　缎纹组织

4.3.1　缎纹组织的特征

缎纹组织是原组织中最复杂的一种组织，其特点在于相邻两根经纱上的单独组织点相距较远，而且所有的单独组织点分布有一定规律。缎纹组织的单独组织点，在织物中由其两侧的经（或纬）浮长线所遮盖，在织物表面都呈现经（或纬）浮长线，如图4－25所示，因此布面平滑匀整、富有光泽、质地柔软。

图4－25　缎纹组织

织物组织分析与应用

缎纹组织的参数：$R \geq 5$（6 除外），$1 < S < R-1$，且 R 与 S 互为质数。

在缎纹组织的一个组织循环中，任何一根经纱或纬纱上仅有一个经组织点或纬组织点，而这些单独组织点彼此相隔较远，分布均匀，为了达到此目的，组织循环纱线数 R 至少是 5。如果 $R=6$，则找不到合适的飞数构成缎纹组织。而当 $S=1$ 或 $S=R-1$ 时，绘作的组织图为斜纹组织，如图 4-26（a）所示。其次，如果 R 与 S 之间有公约数，则在一个组织循环内的一些纱线上有几个交织点，而另一些纱线上则完全没有交织点，如图 4-26（b）所示。

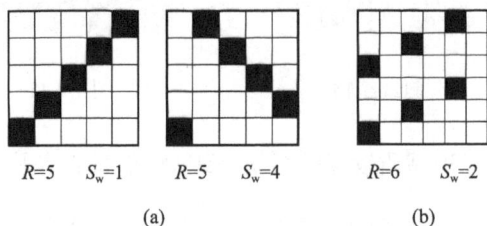

$R=5 \quad S_w=1 \qquad R=5 \quad S_w=4 \qquad\qquad R=6 \quad S_w=2$

(a) (b)

图 4-26 不能构成缎纹组织的图解

缎纹组织也有经面缎纹与纬面缎纹之分，如图 4-27 所示，图 4-27（a）为经面缎纹的结构图和组织图，图 4-27（b）为纬面缎纹的结构图和组织图。缎纹组织也可用分式来表示，分子表示组织循环纱线数 R，分母表示飞数 S。一般规定，若为经面缎纹，S 指的是经向飞数；若为纬面缎纹，S 指的是纬向飞数。图 4-28（a）为 $\frac{5}{2}$ 经面缎纹，读作 5 枚 2 飞经面缎纹，其 $R=5$，$S_j=3$；图 4-28（b）为 $\frac{5}{2}$ 纬面缎纹，读作 5 枚 2 飞纬面缎纹，其 $R=5$，$S_w=2$。

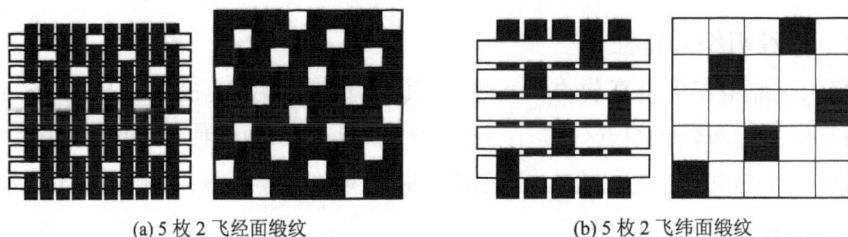

(a) 5 枚 2 飞经面缎纹 (b) 5 枚 2 飞纬面缎纹

图 4-27 经面缎纹和纬面缎纹组织

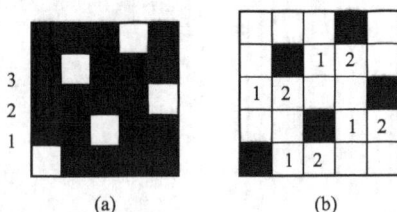

(a) (b)

图 4-28 缎纹组织图

4.3.2　缎纹组织的绘图方法及上机要点

（1）缎纹组织的绘图方法。绘作缎纹组织时，先圈定组织所需的大方格，标出经纬纱顺序，如图 4 - 29（a）所示；以方格纸上圈定的 $R_j = R_w = R$ 大方格的左下角为起点。如果绘经面缎纹，起点为纬组织点，然后自起始点向右移一根经纱（一纵行）向上数 S_j 个小格，就得到第二个单独组织点；然后再向右移一根经纱，向上数 S_j 个小格，就得到第三个单独组织点，以此类推，直至达到一个组织循环为止，如图 4 - 29（b）所示。如果绘纬面缎纹，则起点为经组织点，然后自起始点向上移一根纬纱（一横行），向右数 S_w 个小格，就得到第二个单独组织点；然后再向上移一根纬纱，向右数 S_w 个小格，就得到第三个单独组织点，以此类推，直至达到一个组织循环为止，如图 4 - 29（c）所示。在其他条件不变的情况下，缎纹组织循环越大，浮线越长，织物越柔软、平滑和光亮，但其坚牢度越低。

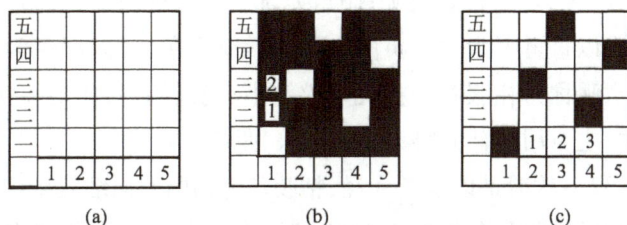

图 4 - 29　5 枚 2 飞经面缎纹、5 枚 3 飞纬面缎纹组织图的绘图过程

（2）缎纹组织的上机要点。在织制缎纹织物时，多数采用顺穿法，每一筘齿穿入 2 ~ 4 根。在织机上织制缎纹织物时，也有正织和反织之分。一般来说，正织有利于发现织疵，提高产品质量，但是经面缎纹多采用反织，以减少织机提升负荷。

4.3.3　缎纹组织的应用

由于缎纹组织的交织点相距较远，单独组织点被两侧的浮长线所覆盖，浮长线长而且多，因此织物正反面有明显差别，正面看不出交织点，平滑匀整。织物的质地柔软，富有光泽，悬垂性较好，但耐磨性不良，易擦伤起毛。

缎纹组织常应用于棉、毛、丝织物设计中。棉织物中有直贡缎、横贡缎，并常用缎纹组织与其他组织配合制成各种织物，如缎条府绸、缎条手帕、缎条床单等。精纺毛织物中有直贡呢、横贡呢、驼丝锦等。丝织物中应用最多，有素缎、各种地组织起缎花、经缎地上起纬花或纬缎地上起经花等织物，如绉缎、软缎、织锦缎等。缎纹组织除用于衣料外，还常用于被面、装饰品等。

为了突出经面缎纹的效应，经纱密度应比纬纱密度大，一般情况下，经纬密度之比为3∶2；同样，为了突出纬面缎纹的效应，经纬密度之比为 3∶5。为了保证缎纹织物光亮柔软，常采用无捻或捻度较小的纱线。经面缎纹的经纱，只要能承受织造时所受的机械力的作用，应力求降低其捻度。适当降低纬面缎纹的纬纱捻度，不会过多地影响织造的顺利进行。纱线的捻向也对织物外观效应有一定影响。经面缎纹的经纱或纬面缎纹的纬纱，捻向若与缎纹组织点的纹路方向一致，则织物表面光泽明亮，如横贡缎。反之，则缎纹表面呈现的纹路、光泽有所削弱,如直贡呢等。下面介绍缎纹组织的几个典型品种。

(1)贡缎:贡缎有横贡缎和直贡缎之分。横贡缎是采用纬面缎纹组织织制的纯棉织物,织物表面主要以纬浮长覆盖,具有丝绸中缎类的风格。经纬纱线密度相同或经纱线密度略大于纬纱线密度,经纬向紧度比大约为2∶3。横贡缎表面光洁细密,手感柔软,富有光泽。经印染加工,再经轧光或电光整理,外观更是光亮美丽,如图4-30所示。

直贡缎是采用经面缎纹组织织制的纯棉织物,织物表面主要以经浮长覆盖,具有丝绸中缎类的风格。经纬纱常用10~42tex(14~60英支)单纱,经纬向紧度比大约为3∶2。直贡缎质地紧密厚实,手感柔软,布面光洁,富有光泽。

(2)贡呢(图4-31):贡呢又称礼服呢,是精纺呢绒中经纬密度最大而又较厚重的中厚型品种。贡呢采用各种缎纹组织。由于浮线长,呢面显得特别光亮,表面呈现细斜纹,由左下向右上倾斜,倾角为75°以上,称直贡呢;倾角为50°左右,称斜贡呢;倾角为15°左右,称横贡呢,通常所说的贡呢以直贡呢为主。贡呢大多为匹染素色,且以深色为主,如藏青、灰色、黑色,其中乌黑色的贡呢称为礼服呢。贡呢织纹清晰、光泽明亮,质地厚实,穿着贴身舒适,但耐磨性不及华达呢,主要用作鞋面料、礼服、大衣、西装上衣等。

(3)软缎(图4-32):软缎是以蚕丝为经、粘胶丝为纬的经面缎纹生织绸,是缎类织品中最简单的一种,因两种纤维的染色性能有差异,匹染后经纬异色。软缎有素、化之分。素软缎采用8枚经面缎纹组织,花软缎则在8枚经面缎纹地上起纬花。花型图案以自然花卉为多。若经纬纱均用粘胶丝,则称为人造丝软缎。软缎质地柔软,缎面光泽明亮。主要用作妇女的服装面料及服装镶边、儿童服装和帽料等。

图4-30　横贡缎织物　　　　图4-31　贡呢　　　　图4-32　软缎

4.4　三原组织织物分析举例

下面以三块试样为例,分别进行织物组织的分析。织物试样如图4-33所示。

第一块试样为色织格子布,确定好经纬向后,因为经纬密不是太大,用照布镜可以直接观察到其组织为一上一下的平纹,如图4-34(a)所示。然后再确定一个色纱循环中的色经排列和色纬排列。首先观察经纱,从前一个黄色条子到下一个黄色条子作为一个色经循环;然后观察纬纱,仍然把前一个黄色条子到下一个黄色条子作为一个色纬循环,注意色纱循环的起点并不是固定的。

(a) 平纹　　　　　　　　(b) 斜纹　　　　　　　　(c) 缎纹

图 4－33　平纹、斜纹、缎纹试样图

色经排列:14 黄 22 白 14 深绿 22 白 14 浅绿 22 白 14 紫 22 白 14 深绿 22 白

色纬排列:8 黄 15 白 8 深绿 15 白 8 深绿 15 白 8 紫 15 白 8 深绿 15 白

第二块试样也是色织格子布,从布面的纹路来看,能确定是斜纹组织,但如果要准确地说出是何种斜纹组织,最好采用拨拆法来确定。确定好织物的

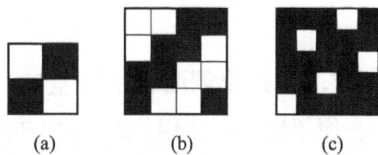

(a)　　　　(b)　　　　(c)

图 4－34　三块试样的组织分析图

经纬向后,发现其经密大于纬密,所以要拆经纱。首先拆出 1cm 左右的纱缕,然后拨出第一根经纱,使其滞留在纱缕中,用照布镜观察其与纬纱的交织情况,结果是二浮二沉、二浮二沉……用意匠纸记录下来;拨掉第一根经纱,再拨拆第二根经纱,使其滞留在纱缕中,观察到的结果仍然是二浮二沉、二浮二沉……再用意匠纸记录下来。从意匠纸上这两根经纱的浮沉规律来看,相应的组织点向上飞一格,即经向飞数为1,所以可断定该试样的组织为二上二下右斜纹,如图 4－34(b)所示。

然后来确定其一个色纱循环中的色经排列和色纬排列顺序,如下所示:

色经排列:25 绿 3 咖 6 绿 3 红 6 绿 3 咖 25 绿 14 咖 3 白 7 咖 3 红 63 咖 3 红 8 咖 3 白 14 咖

色纬排列:26 绿 3 咖 8 绿 3 红 8 绿 3 咖 26 绿 14 咖 3 白 8 咖 3 红 63 咖 3 红 8 咖 3 白 14 咖

第三块试样为印花布,经纱、纬纱均为白色,确定好经纬向后,发现经密大于纬密,该试样密度大,纱线细,用照布镜不能直接观察出织物的组织结构。从布面上看,正面有斜向纹路,而反面却无斜向纹路,所以可断定其不是斜纹组织,而是缎纹组织,仍然采用拨拆法来确定其织物组织。首先拆出 1cm 左右的纱缕,然后拨出第一根经纱,使其滞留在纱缕中,用照布镜观察其与纬纱的交织情况,结果是四浮一沉、四浮一沉……用意匠纸记录下来,由此可说明是 5 枚经面缎纹;然后拨拆第二根经纱,使其滞留在纱缕中,观察到的结果仍然是四浮一沉、四浮一沉……再用意匠纸记录下来。从意匠纸上这两根经纱的浮沉规律来看,左边一根经纱上的纬组织点向上飞3格到达右边一根经纱上相应的纬组织点。注意在意匠纸上记录的方向应该与拨拆的方向相同,如果事先知道该试样是原组织缎纹,那么这时就可以确定该缎纹的经向飞数为3,所以可断定该试样的组织为 $\dfrac{5}{3}$ 经面缎纹,如图 4-34(c)所示。

4.5 三原组织性质分析比较

原组织的基本特性是:组织循环经纱数等于组织循环纬纱数,即 $R_j = R_w = R$;在一个组织循环内,每一根经纱或纬纱上只有一个经(纬)组织点,其他均为纬(经)组织点;组织点飞数是常数,即 $S = $ 常数。

平纹、斜纹、缎纹三种原组织,除具有上述共同特征外,由于它们之间存在着组织结构的差异(即 R 与 S 不同),这就产生了各自不同的特性,现分述如下。

4.5.1 织物表面特征的差异

在原组织的 个组织循环中,共有 R^2 个组织点,如果经组织点为 R 个,则纬组织点应为 $(R^2 - R)$ 个。原组织正反面的差异,可用经、纬组织点之比来衡量,其公式为:

$$\frac{R^2 - R}{R} = R - 1$$

则三种原组织的情况分别为:

(1)平纹组织:$R = 2$,$R - 1 = 1$。即平纹组织是以一个经组织点和一个纬组织点间隔排列的,所以正反面没有差异,织物表面光泽较暗。

(2)斜纹组织:以 3 枚斜纹为例,$R = 3$,则 $R - 1 = 2$,即在织物的一面,一个组织循环内的一根纱线上有一个经组织点,两个纬组织点,则在织物的另一面必为一个纬组织点和两个经组织点,因此织物正反面有差异。由于斜纹组织中有浮长线出现,使斜纹织物表面的光泽比平纹亮。

(3)缎纹组织:以 5 枚缎纹为例,$R = 5$,则 $R - 1 = 4$,由此可见,其正反面的差异更加显著。又因为缎纹组织的飞数 $1 < S < R - 1$,且 R 与 S 互为质数,使得组织点分布均匀,且单独组织点被两旁的浮长线所覆盖,因此织物表面光泽最好。

4.5.2 织物相对强度的差异

在纱线线密度、经纬密度和工艺条件相同的情况下,如果组织结构不同,三种原组织织物的强力也就不同。

(1)平纹组织:平纹组织一上一下进行交织,当织物承受外力作用时,一般由经纬两个系统的纱线同时承受,因此其强力较好,手感结实。

(2)斜纹组织:斜纹组织的结构中出现了经纬浮长的差异,因此在承受外力作用时,某一系统的纱线所承受的外力要比另一系统的大,故强力较差,但手感较柔软。

(3)缎纹组织:缎纹组织的结构中浮长线比平纹、斜纹都长,在织物的一面几乎全被某一系统的浮长线所覆盖,因此当织物承受外力作用时,几乎全被某一系统的纱线所承担,故强力最差,但手感最柔软。

4.5.3 织物紧密度(可密性)的差异

在制织三原组织织物时,如果经纬纱原料、经纬纱线密度、经纬纱密度以及工艺条件均相同,则因其经纬交织结构的不同会使各织物的紧密度有所差异。在单位长度内,平纹交织次数最多,斜纹次之,缎纹最少。换句话说,如果经纬纱原料、纱线线密度及工艺条件均相同,要获得相同的紧密度,必须配以三种不同的经纬密度。图 4-35 为三原组织紧密程度比较图(经、纬等支持面织物的纬向剖面图)。从中可以看出,在可以排列 10 根经纱的位置内,平纹组织可织入经纱 5 根,$\frac{1}{2}$ 斜纹可织入经纱 6 根,而 5 枚缎纹组织可织入经纱 8 根。由此可见,缎纹的可密性最大,斜纹次之,平纹最小。

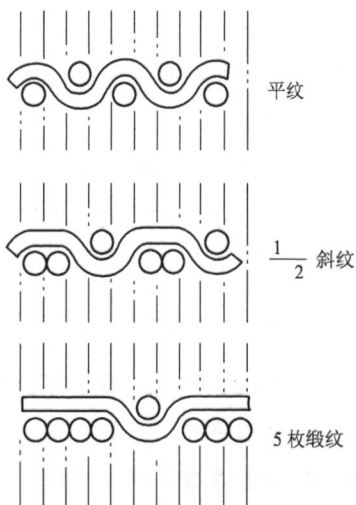

图 4-35 三原组织紧密程度比较图

4.5.4 织物平均浮长的差异

在织物组织中,凡某根经纱上有连续的经组织点,则该根经纱必连续浮于几根纬纱之上;凡某根纬纱上有连续的纬组织点,则该根纬纱必连续浮于几根经纱之上,这种连续浮在另一系统纱线上的纱线长度,称为纱线的浮长。浮长的长短用组织点数来表示。

织物组织的平均浮长是指组织循环数与一根纱线在组织循环内交错次数的比值。经纬纱交织时,纱线由浮到沉或由沉到浮,形成一次交错。交错次数用 t 表示,在一个组织循环内,某根经纱的交错次数用 t_j 表示;某根纬纱的交错次数用 t_w 表示。因此,平均浮长可以表示为:

$$F_j = \frac{R_w}{t_j}$$

$$F_w = \frac{R_j}{t_w}$$

式中:F_j,F_w——经纱、纬纱的平均浮长;

t_j,t_w——经纱、纬纱的交织次数。

对于经纬纱线密度相同、密度相同的织物,可以用平均浮长的长短来比较不同组织的松紧程度。

对原组织来说,由于 $t_j = t_w = 2$,因此 F 与 R 成正比。即组织循环 R 越大,平均浮长 F 越大,织物越松软。经纬纱线密度相同、密度相同的三原组织织物,缎纹织物最松软,斜纹织物次之,平纹织物最硬挺。

思考与练习

4-1. 构成三原组织的条件是什么?

4-2. 画出平纹组织采用 4 页综顺穿法和飞穿法的上机图,并说明采用不同穿综方法的原因。

4-3. 请比较平布与府绸织物在结构上的异同点。

4-4. 斜纹织物的斜向应如何确定才能保证纹路清晰?

4-5. 下列斜纹织物若是经面组织,试确定其斜纹方向:全线织物,全纱织物,半线织物。

4-6. 绘制 $\dfrac{1}{3}\nearrow$, $\dfrac{2}{1}\nwarrow$ 的上机图。

4-7. 原组织缎纹应满足哪些条件?

4-8. 请对原组织平纹、斜纹及缎纹的组织结构及织物特点进行比较。

4-9. 绘制 8 枚 3 飞经、纬面缎纹组织的上机图。

4-10. 绘制 10 枚缎纹所有可能的组织图。

4-11. 用分式表示法写出下列织物的组织:府绸、细平布、乔其纱、夏布、单面纱卡、单面线卡、华达呢、派力司、横贡缎、直贡缎。

4-12. 为什么有些斜纹组织和缎纹组织的织物要用反织法?

4-13. 比较平纹、$\dfrac{2}{1}$ 斜纹和 5 枚缎纹组织的平均浮长,并根据平均浮长大小的不同,说明三原组织的松紧差异。

任务五　织物小样试织

【任务目标】

1. 了解多臂小样织机结构及基本工作原理
2. 掌握小样试织的基本步骤
3. 学会穿综、穿筘、设置纹板等上机操作方法
4. 应用多臂小样织机进行简单组织织物小样试织

【任务实施】

1. 任务要求

织物小样试织在试织实训室进行,要求学生将自己设计的简单组织织物在小样织机上织造出来。学生两个人一组,每人钉植一副纹板,并且试织长 10cm 的织物。

2. 试织设备、工具及原材料准备

小样织机、绕纱框架、色纱(股线)、小样织机配套工具。

3. 试织步骤

(1)根据任务目标,自行设计出平纹、斜纹、缎纹三种简单组织的组织图、穿综图和纹板图,绘出相应的纹板图。要求每人绘出两种穿综方法和相应的纹板图。

(2)用绕纱框架、色纱进行整经(400 根左右),将经纱按上机图中所确定的穿综方法依次穿入综框,穿综方法根据织物组织、经纱密度、原料种类等的不同而定,一般可选顺穿、飞穿、分区穿、山形穿、照图穿法等。

(3)穿筘:根据织物组织循环经纱数、经纱的线密度以及织物外观的特殊要求,确定每个筘齿中穿入的经纱数,一般筘齿穿入经纱数应为织物组织循环经纱数的约数或倍数。

(4)制作纹板(或电子纹板设定):根据上机图上的纹板图设置纹钉。在计算机上启动纹板设置程序,画出纹板图。

(5)卷纬:将纬管卷取少量纬纱,置入梭子中备用。

(6)上机试织:整理经纱,检查穿综、穿筘和纹板图是否正确,然后根据纬纱的种类和排列依次织入相应的纬纱。最后观察所织出织物的外观效应,是否符合设计要求。

(7)常见问题:在小样试织过程中会出现各种各样的问题,如烂边、筘路、穿错、经缩等织物质量问题,同时也会出现如开口不清、综提错、机件运转不灵活等机器故障问题。教师要指导学生分析织物疵点及机器故障的形成原因,让他们自己动手解决问题。

4. 织物试织报告内容

（1）实验过程。

（2）织物上机图。

（3）织物贴样。

（4）问题分析。

【相关知识】

织物小样试织

5.1 小样织机简介

目前国内常用织布小样机有两种,一种是传统的小样织机,采用机械多臂开口,手工投梭,手工打纬,手工卷取、送经。虽然手工操作劳动强度大,但因价格低廉,使用方便灵活,目前仍被国内色织厂、毛织厂、丝织厂和纺织大中专院校广泛应用。由于该机型无送经卷取控制机构,纬密靠手工打纬力量大小控制,易发生纬密不匀,所织小样与大机样布有一定差异,即样布代表性差,难以适应严格确认样布的要求。而且,机型未配备计数装置,对于较大循环的织物出现差错的概率高,对操作者熟练程度有较高要求。近几年出现的电子提综开口小样机的优势是省去了纹板和纹钉,在一定程度上提高了工作效率。

还有一种是全自动剑杆引纬新型小样织机,该机型采用电子气动开口、剑杆引纬、气动导杆机构打纬、电子卷取、电子送经。自动化程度高,与传统半自动打样机相比,不仅提高了出样效率,更为重要的是,其参数控制精度高,稳定性强,彻底解决了织物小样与大货样符合率低的难题。但样布为毛边,且机器价格偏高。随着纺织业技术不断进步,尤其是为了适应产品批量小、花样多、周期快的市场要求,纺织企业设计打样工作愈显重要,专业设计室也日渐增多,纺织业对小样机的性能要求也在不断提高。全自动剑杆引纬新型小样织机正在普及,与之相关的配套设备亦不断涌现。小样织机无论形式如何变化,其功能仍依据织布的开口、引纬、打纬、卷取、送经五大运动原理。

5.1.1 机械提综多臂小样织机

机械提综多臂小样织机由木制纹板、花筒、拉刀、提综钩、电动机等主要提综装置来实现经纱的升降开口运动,纬纱织入、打纬、卷取及送经由手动完成。机械提综多臂小样织机具有机构简单、占地面积小、经济实惠、操作简便等明显优势,是纺织品仿样和创新设计及制作工作中应用最广泛的设备之一。图5-1所示为机械提综多臂小样织机。

该小样织机与生产型织物多臂机机构原理相同,是一种电动开口半自动式小样机,适用于棉、毛、丝、麻等纤维制品的创新设计及产品制作、仿样设计及实物样制作,也可用于新型纤维材料制品的开发及制作。该设备可使用综框页数为16页,能够满足各种单层、

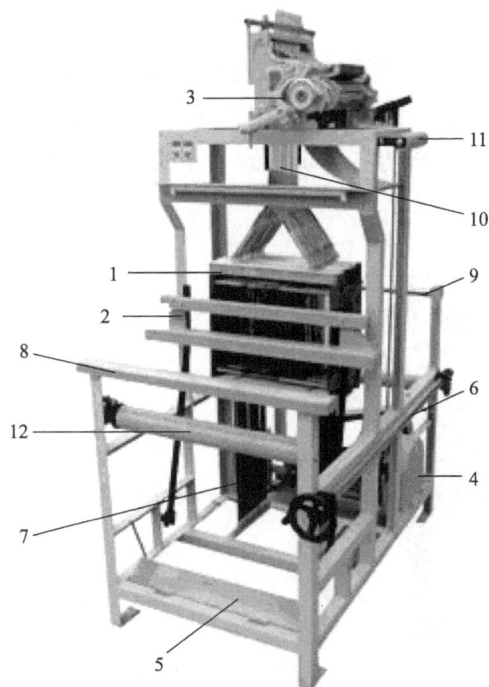

图 5 - 1　机械提综多臂小样织机

1—综框　2—筘座　3—花筒　4—电动机　5—开关踏板
6—蜗杆　7—回综弹簧　8—胸梁　9—后梁
10—提综钩　11—纹板支架　12—卷布棍

影响工作效率。电子提综小样织机则可避免操作过程中因纹钉脱落形成织疵的问题。电子提综小样织机省略了花筒、纹板纹钉。但引纬和打纬仍需手工操作,在控制纬密方面仍有一定限制。图 5 - 2 为电子提综小样织机。

提综系统采用 PLC 控制触摸屏,同时可存储 6 个纹板,并且每个纹板可达 1000 行,并且预留电脑插口,可以实行 PC 和 PLC 通信。

电子提综小样织机技术参数如下:

(1)幅宽:最大 450mm。

(2)选色:人工。

(3)引纬:手动。

(4)综数:16 页。

(5)卷取:手动。

(6)打纬:手动。

(7)提综:电动提综、电子编程、电脑软件编程。

双层、小提花等产品组织的用综要求,产品制作规格可达到中样要求,即幅宽 30cm,长度 100cm。

另外,有些丝织小样机为脚踏式左龙头多臂小样机,主要适用于 16 页综以下用综要求的素地长丝制品的设计及制作和缂丝工艺制品的设计制作;也适用于棉、毛、麻等纤维制品的创新设计及产品制作、仿样设计及产品制作;同时,也可用于新型纤维材料产品的开发及制作。该设备操作简单、无动力消耗、噪声低、震动小,比较符合纺织品设计工作室的环境要求。该设备使用综框页数为 16 页,同样可以满足各种单层、双层、小提花等产品组织的提综要求,产品制作规格可达到中样要求,即幅宽 30cm,长度 100cm。

5.1.2　电子提综小样织机

对于纬向循环较大的设计,机械提综多臂小样织机耗用木制纹板和钉植纹钉较多,

图 5 - 2　电子提综小样织机

5.1.3　全自动剑杆小样织机

全自动剑杆小样织机又称自动打样机,开口、引纬、打纬、卷取、送经全部自动化。自动打样机出样快速、准确,是较为理想的织物小样设备。由于上机工艺参数调节方便,织样与成品的风格更接近,因此广泛适用于棉、毛、丝、麻、化纤等各类织物的小样试织和产品开发。图5-3为SGA598型全自动剑杆小样织机。

图5-3　SGA598型全自动剑杆小样织机

(1)基本参数。

①幅宽:筘幅30cm(12英寸)、50cm(20英寸)、60cm(24英寸)。

②车速:每分钟投纬35~45次,车速可调。

③纬纱选色:8色,电子气动控制选色装置。

④卷取:步进电动机卷取,并可在同一织物中出现多达4种纬密。

⑤送经:积极式电子送经,保证在织造过程中片纱张力均匀。

⑥开口:电脑控制,气动开口,4~20页综。

⑦打纬:可调气动打纬,或伺服电动机驱动凸轮打纬。断纬可自动停机。

⑧气源:气源压力0.45~0.8MPa,最大耗气量380L/min。

⑨电源:额定电压220V,频率50Hz。

⑩外形尺寸:1560mm×1135mm×1200mm。

(2)结构特点。

①引纬:刚性剑杆左侧供纬,右侧引纬。剑杆头能满足5.8~83.3tex全棉、涤/棉、化纤等各类织物的需要,且不易脱纬。

②送经:电动机驱动送经装置,电子式自动调整经纱张力。同一织轴满纱、空纱张力变化率≤10%。

③开口:气动控制开口。多臂开口机构,最多可控制20页综框。综片拆装方便。综框采用模拉拔铝合金型材,硬氧化耐磨处理,滑动副为耐磨材料,不易磨损和变形。

④打纬:可调气动打纬机构,打纬力大,力矩可调,适应细特高密织物。

⑤卷取:电子控制卷取。纬密范围 40～1181 根/10cm(10～300 根/英寸)。纬密在 394 根/10cm 以内时,允许误差 ±2 根;也可以采用摩擦卷取,使织物做得更长,纬密保持一致。

(3)中控台。

①硬件:P4 C2.4G CPU/256M 内存/80G 硬盘/DVD 光驱/15″纯平液晶显示器。

②软件:WINDOWS2000 操作系统,含织物纹板设计软件。

③编程部分:运行程序界面友好,易操作;动作协调连贯,没有误动作;纬密均匀,断纬率低。

④测试部分:输入,在本界面下方,显示了当前各个传感器、接近开关等信号的状态。输出,运行测试程序,双击对应的按钮,对应的输出就会有动作。

⑤操作面板:织样时,根据需要按下面板上的对应按钮,按钮灯亮,就会有相应的动作。

5.2　织物小样产品设计

织物小样试织一般要经过小样产品及工艺设计、经纱准备、纬纱准备、上机、穿经、编制纹板、试织、下机整理几个步骤。具体的织物小样设计工艺单见下页表。小样工艺参数控制如图 5 - 4 所示,小样织机织物结构控制钢箔如图 5 - 5 所示。

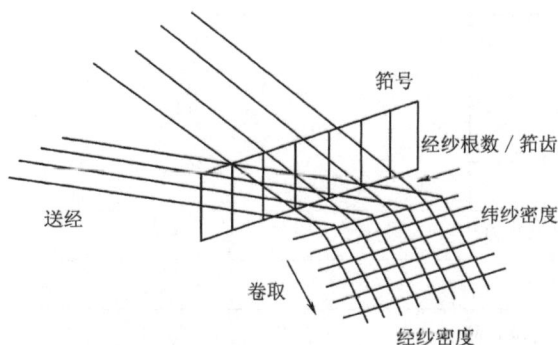

图 5 - 4　小样工艺参数控制示意图

图 5 - 5　小样织机织物结构控制钢箔

(1)设计织物的组织,包括地组织和边组织,绘制组织图以及穿综图、穿箔图、纹板图。计算使用综框页数不超过 16 页。

(2)设计配色,确定经纬色纱的排列。

(3)设计织物的规格。

①纱线的规格:原料、线密度等。

织物小样设计工艺单

产品名称：　　　　　　　　　　编号：　　　　　　　　　　日期：

				纹板图
小样成品规格	纱线	经纱(tex)		
		纬纱(tex)		
	密度	经密(根/10cm)		
		纬密(根/10cm)		
	紧度	经向紧度(%)		
		纬向紧度(%)		
	幅宽(cm)			
	长度(cm)			
	织物组织			
小样织造规格	筘号(齿/10cm)			
	筘幅(cm)			
	穿筘数			
	总经根数			
	经纱缩率(%)			
	纬纱缩率(%)			

经纱排列及穿综、穿筘

名称	色纱排列	织物组织	穿综、穿筘方式
左边			
布身			
零花			
右边			

纬纱排列

纬向一个循环	

织物小样样品

②织物的密度(经密、纬密)：通常选用的纱较粗、较松、刚性较大,密度可小些;选用的纱较细、较紧、刚性小,密度可大些。

③幅宽:10～15cm。

(4)工艺参数的计算。

①筘号:筘号有公制和英制两种表示方法,公制筘号为10cm长度内的筘齿数;英制筘号为2英寸长度内的筘齿数。

$$N_{公} = \frac{P_j \times (1 - a_w)}{每筘齿穿入经纱数}$$

式中, a_w 一般为 $3\% \sim 7\%$, 每筘齿穿入经纱数简称筘入。

修正方法: 参照所计算的 $N_{公}$, 在现有筘号中选择近似 $N'_{公}$ 并代入

$$P'_j = \frac{N'_{公} \times 筘入}{1 - a_w}$$

测算: 若 P'_j 在合理的范围内, $N'_{公}$ 可行; 若 P'_j 超出合理范围, 需重新调整筘入, 再重新测算, 直至可行。

②总经根数 Z:

$$Z = \frac{P'_j \times 幅宽}{10} + 边经根数 \times \left(1 - \frac{地经纱筘入}{边经纱筘入}\right)$$
$$= 地经根数 + 边经根数$$

式中, Z 应修正为筘入的整数倍。

(5)填写小样规格、工艺单。包括纱线的原料、纱线的线密度、经纬纱密度、织物的幅宽、筘号、总经根数(地经根数和边经根数)、上机图、配色模纹等。

例: 经纱为股线 $18\text{tex} \times 2$ (如果不经浆纱, 小样经向应选择股线, 以免断经), 纬纱为单纱 36tex, 组织为 $\frac{3}{1}$ 破斜纹, 幅宽为 15cm, $P_j \times P_w = 284.5 \times 251.5$。

选 $a_w = 5.2\%$, 边经 24 根

$$N_{公} = \frac{284.5 \times (1 - 5.2\%)}{3} = 89.9, N' 选 91 号$$

$$P'_j = \frac{91 \times 3}{1 - 5.2\%} = 288$$

$$Z = \frac{P'_j \times L}{10} + 边经根数 \left(1 - \frac{地经纱筘入}{边经纱筘入}\right) = \frac{288 \times 15}{10} + 24 \times \left(1 - \frac{3}{3}\right)$$
$$= 432 根$$

填写工艺表如下:

原　料	密度 (根/10cm)	幅宽 (cm)	筘号 (齿/10cm)	总经 根数	上机图	配色模纹图
18tex×2 股线	288×251.5	15	91	432	略	略

(6)布边要求。

①布边的宽度: 在生产中, 布边宽度为布幅宽度的 $0.5\% \sim 1.5\%$, 在小样中为 12×2 根、16×2 根或 18×2 根等。边经根数为边筘入数的整数倍。

②边组织的要求:边组织和地组织的织缩率要相近,交织次数也要相近。两侧布边都要织上,无松散、脱落的现象。

③布边用综:布边尽量不要加边综,常用的边组织有平纹、$\frac{2}{2}$斜纹、$\frac{2}{2}$方平、$\frac{2}{2}$重平。

④边经密度:依地经的密度确定,当 $P_{j地}$ 较大时,$P_{j边} = P_{j地}$;当 $P_{j地}$ 较小时,$P_{j边} > P_{j地}$;当 $P_{j地}$ 很大时,$P_{j边} < P_{j地}$。

5.3 经纱准备

5.3.1 络纱

没有生产型络筒机的单位应配备简易络筒机。目的是为染色或浆纱的需要,筒纱与绞纱卷绕转换,以便于使用。简易络筒机形式多样,可以是单锭,也可以是多锭。简易络筒机如图5-6所示。

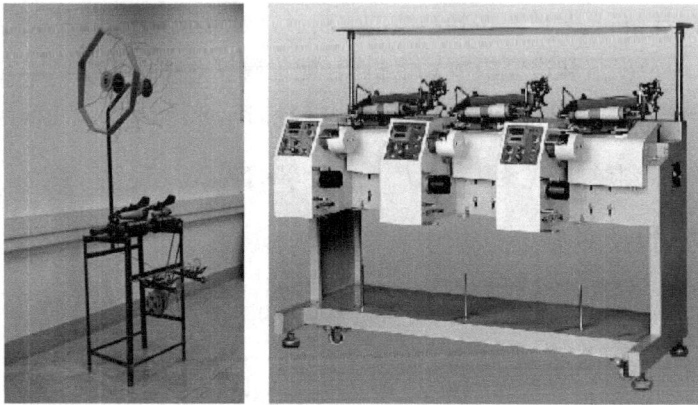

图5-6 简易络筒机

5.3.2 浆纱

经纱采用股线时可直接使用,不必上浆。但更多生产情况是采用单纱原料,尤其是细特棉纱。小样试织时用纱量较少,以手工浆纱比较多见。所用浆料视具体纱线原料而定。一般棉纱普遍采用淀粉浆料,首先将经纱络成绞纱,待浆液配好后,一同放入较大容器中,期间不断用手捏压,使浆液均匀渗透到纱线内部,在挤出多余浆液后,需另外干燥。此方法简便易行,缺点是纱线上浆均匀度不够好。

单纱浆纱机设备可将单根纱线自动上浆、烘干、卷绕成满足后道工序生产的筒子纱,简化了生产工艺,扩大了浆纱的范围,减少了浆料和原料的消耗,其广泛适用于毛纺、麻纺、棉纺、化纤、色织、工业制线等行业。单纱浆纱机如图5-7所示。

图 5 - 7　单纱浆纱机

5.3.3　整经

纺织企业中,普通小样织机一般采用较为传统的方法,如手动摇纱整经(图 5 - 8)或定长分绞板手动整经(图 5 - 9),其中,A 至 B 为整经长度,1、5、2、6、3、7、4、8 表示可整四种颜色的纱。全自动剑杆小样织机则需配套使用单纱整经机(图 5 - 10)。

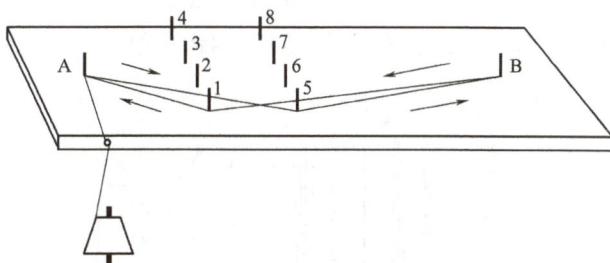

图 5 - 8　手动摇纱整经　　　　　　　图 5 - 9　定长分绞板手动整经

(a)　　　　　　　　　　　　　　　　(b)

图 5 - 10　单纱整经机

5.4　纬纱准备

纬纱准备就是在纡管上卷绕纱线,再放入梭子内,作为经纬纱交织时的纬纱。具体操作过程:把筒纱放在卷纬器下边,并把纡管插入卷纬器的锭子上,接着用左手引出纱线,在纬管上先绕几圈,然后左手控制纱线卷绕张力,右手摇动卷纬器手柄,进行卷纬操作。梭子和纡管如图 5 – 11 所示。

该工序应采取的措施包括:

(1)控制纬纱卷绕张力。张力太小时,卷绕不紧密,织造时易出现纬纱脱圈现象,造成布面织疵;张力过大,影响纬纱正常退绕,容易出现断头。

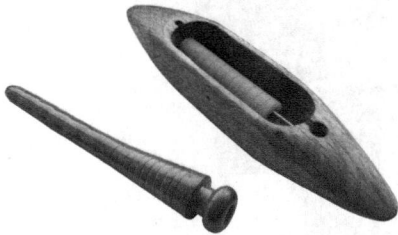

图 5 – 11　梭子和纡管

(2)控制卷装容量。纬管卷装过大时,因试样织机开口小,影响投纬操作,同时过多的纬纱,会造成不必要的浪费;纬管卷装过小时,需在织造过程中换管,浪费时间。

全自动小样织机一般使用筒纱,要求成形良好,退绕顺利,放置位置准确,以保障正常织造。

5.5　上机

上机包括经纱穿综、穿筘及纹板制作安装。常用工具有穿综钩和穿筘刀(插筘刀)(图 5 – 12),穿综钩有单钩、双钩、四钩几种。

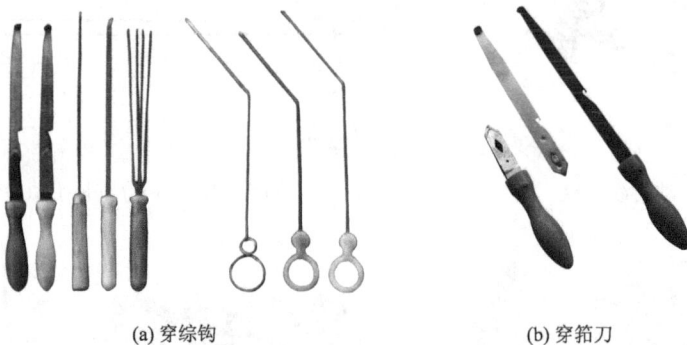

(a) 穿综钩　　　　　　　(b) 穿筘刀

图 5 – 12　穿综钩和插筘刀

5.5.1　穿综

首先查看穿综图,确定所用综框页数,估算各页综框综丝数目,综丝过多时,可将其均分到两侧;若综丝数不足,则需打开综框添加综丝,或者调整穿综图,增加综框页数。将整经完毕的经纱两端连接处剪开,用铁梳将经纱梳理通顺,一端固定在机后,另一端悬于综框后方。

为便于穿综操作,可取下胸梁和筘座等。操作者坐在放于机内的方凳上,左手分理部分边端纱,依穿综钩情况按顺序取若干根经纱,同时右手握持穿综钩,并插入相应的综丝眼内,左右手配合钩住经纱后拉至机前,经纱自左向右依次穿入综丝,如此循环直至经纱全部穿完。穿综操作如图5-13所示。

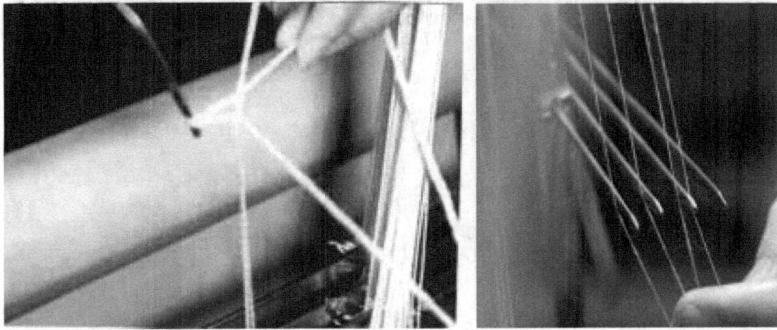

图5-13　穿综操作图

5.5.2　穿筘

穿筘操作前,要确定起始点,以保证经纱穿在钢筘中间部位。选好穿筘刀的行进方向,把钢筘托架挂在机前横梁上,再把选好的钢筘放在托架上,穿筘刀插入钢筘齿缝间。根据设计的每筘齿穿入数,左手五指分开,每个指缝间夹入要穿入的经纱,然后右手持穿筘刀,紧贴筘齿边向上轻轻插入相邻的筘齿内,左手将指缝间的经纱挂在穿筘刀上的钩纱处,右手慢慢贴筘齿向下拉穿筘刀,伴随着穿筘刀的"咔嚓"声,经纱自动插入筘齿内,以此类推,直至全部经纱穿完为止。穿筘操作要细心,每穿完一个完全组织循环都要及时检查,并及时纠错。穿综、穿筘工作完成后,钢筘装入筘座,紧固好筘帽,把小样机的卷布辊、胸梁归位。钢筘及穿筘操作如图5-14所示。

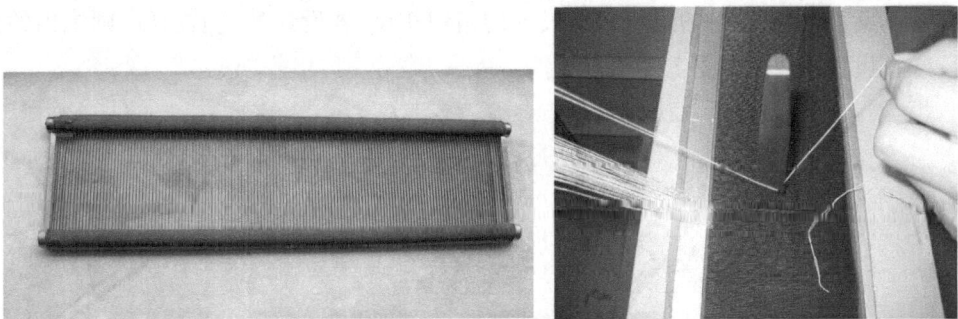

图5-14　钢筘及穿筘操作图

5.5.3　纹板制作安装

(1)钉植纹钉:小样机的花筒(图5-15)在机前右侧,是按逆时针方向回转的。因此,它的纹钉植法应按图5-16完成。

图 5 – 15　小样机花筒

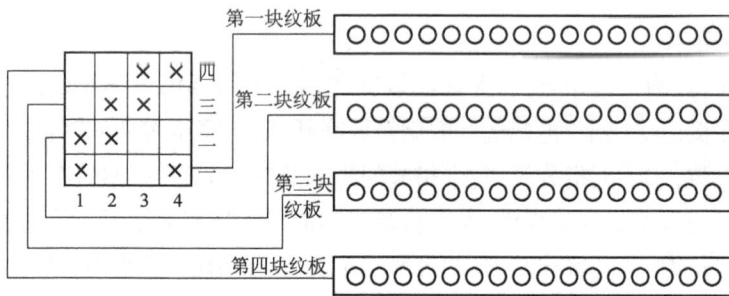

图 5 – 16　纹钉植法

　　将纹钉放在纹钉扳手的孔内,根据纹板图依次拧入纹板对应的孔眼中。若纹钉植错,使起始位置相反,则织出织物的组织与所设计的组织相反,若设计的是右斜纹,则织出的是左斜纹。纹钉扳手及使用如图 5 – 17 所示。

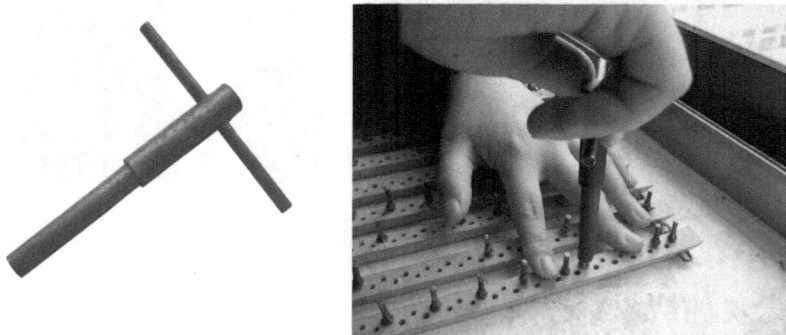

图 5 – 17　纹钉扳手及使用

电子提综小样织机需要输入设计的纹板图（图 5 – 18）。

（2）纹板连接：纹板连接时应注意两块纹板间左右间距相等。在用圆环连接纹板块时，连接环的大小要相同，以确保各块纹板间的左右间距相等。若纹板间左右间距不等，会使纹板不能正常进入花筒沟槽，出现纹板堆积，导致运转不平稳，进而造成错织和织疵。

（3）安装纹板：花筒木制纹板数至少要求 8 块以上，达不到的应通过增加循环使其达到或超过 8 块，方可安装到花筒上。

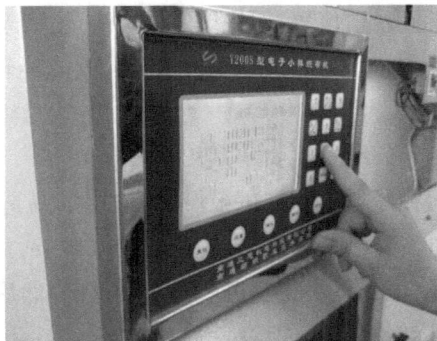

图 5 – 18　输入纹板图

5.6　织造操作

再次检查穿综、穿筘和纹板图是否正确，使经纱梳理平整并调整适合的经纱张力。然后根据纬纱的种类和色彩排列依次织入相应的纬纱。最后观察所织出织物的外观效应，是否符合设计要求。

5.6.1　经纱上机整理

把穿好的经纱均匀地从机后拉至机前，用织布用铁梳从综框处向机前依次梳理经纱片（总经根数在 200 根左右时，可将经纱分为 2 束，总经根数在 300 ~ 400 根左右时，可分为 4 束），并用手指将经纱捋齐，整个经纱片手感张力均匀后，将经纱连接到卷布辊上。再用同样的方法开始梳理机后经纱。整理经纱如图 5 – 19 所示。

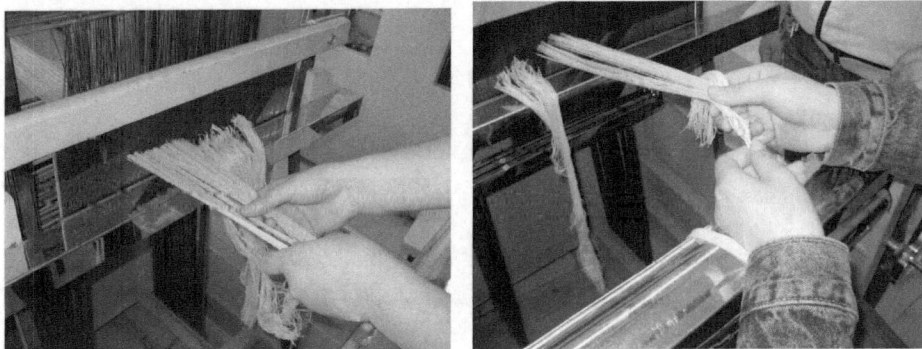

图 5 – 19　整理经纱

5.6.2　调整经纱张力

把送经手轮上的把手拔出来且旋转 90°，左手按住下手轮不动，右手转动手轮，把经纱张力调到合适位置,即机上经纱片中的大部分经纱张力相同时为止,然后把手轮上的把手旋转到原来位置并插入把手槽内。调整送经辊经纱张力如图 5 - 20 所示。

5.6.3 边撑的解决办法

由于普通小样机未设置"边撑",易造成布面不平整且往中间集中,通常的方法是在机上经纱片张力调好后,先织入数纬缕纱,通过脚踏开关,在织物 2 次开口过程中,分别织入一根铁条,其长度不得超过布幅宽度 3cm,然后再织数纬缕纱,使铁条撑开布面即可,将纹链转到第一块纹板后,便可进行织造操作。铁条边撑如图 5 - 21 所示。

图 5 - 20　调整送经辊

图 5 - 21　铁条边撑

5.6.4 投纬

脚踏开关形成第一梭口,从左往右投入第一纬,脚踏开关形成第二梭口,从右往左投入第二纬,以此类推,进行织制操作。投纬操作如图 5 - 22 所示。投纬时,纬纱不能拉得太紧,否则易造成烂边、豁边、边经断头增多等。小样织物质量的关键在于布边是否平整,布边不紧、不松、不皱,布面才会平整。

5.6.5 打纬

纬纱在梭口中要保持平直,打纬用力要均匀,不能时大时小。小样织制中,尽量连续操作。打纬操作如图 5 - 23 所示。

图 5 - 22　投纬操作

图 5 - 23　打纬操作

5.7　常见问题及处理方法

5.7.1　松紧边

在织物的两侧,有 0.5~1.5cm 的数根经纱构成的布边组织。它一方面可增加织物边部的强度,防止织物沿宽度方向过分收缩;另一方面可保持织物平整并起到装饰的作用。很多学生织制的小样,都会出现松边或紧边的现象。这不但会影响小样的外观,若这种现象出现在先锋试样中,还会影响织造效率,在染整加工中,还会由于机械作用,使织物发生撕裂和卷边,从而影响布面质量和加工效率。因此,在设计小样的布边时,应注意选择合理的布边组织,尽量使布边组织与地组织缩率相近,防止发生卷边现象。并且要尽量利用地组织的综框,力求组织简单,必要时再另设边组织。

常见的布边组织有平纹组织、纬重平组织、经重平组织、方平组织、变化重平组织、斜纹组织等。平纹组织和纬重平组织布边一般应用于纬密较小的平纹织物;经重平组织布边一般应用于纬密较大的各种织物;方平组织布边适合于各种非同面组织、单面斜纹组织织物或各种双层织物及变化组织和联合组织织物之中;斜纹组织布边适合于正反面浮长相等或接近且密度中等的斜纹织物中(或采用反身斜纹布边组织)。若纬密较大的织物采用平纹组织做布边组织,那么必然会由于边组织与地组织缩率不一致,造成松边现象,又称荷叶边或木耳边(图 5 - 24)。

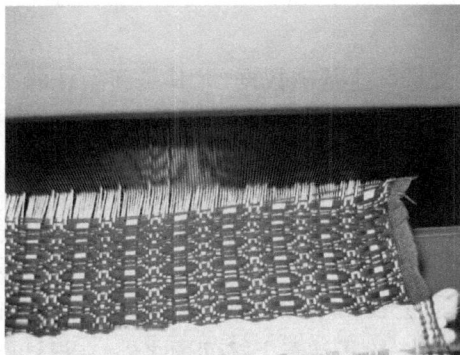

图 5 - 24　荷叶边

5.7.2　锁边

当采用方平组织做布边时,要注意锁边问题。左右两侧的组织应错过一纬,并注意投纬方向,以保证锁边良好。

5.7.3　纹板编制

从图 5 - 25 中可以看出,由于地组织的完全纬纱数为 5,与方平组织的完全纬纱数 4 不同,因此,应按两者的最小公倍数 20 纬来编制纹板,则最少需要 20 块纹板。

5.7.4　正确织造

如果操作不熟练,经常会发生穿综错误、穿筘错误或空筘错误,这样织出的小样在经向会出现疵点,影响小样的外观。在穿综过程中,每完成一个穿综循环,都应检查一遍,再进行下一个循环的操作。若织出一段儿小样后,仍存在上述问题,则要重新改正。

在织造过程中,注意保持织口清晰,防止发生"三跳"疵点。当产生纹板提错或织错现象时,为了保证布面织纹正确,应及时退出纬纱,重新寻找织口(图 5 – 26),找到正确的织口,再投入纬纱,进行织造。

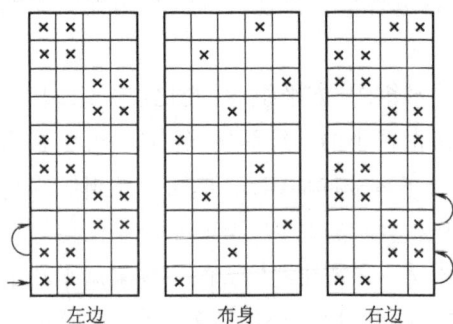

图 5 – 25　织造 5 枚 2 飞缎纹,方平组织做布边

图 5 – 26　寻找织口

5.7.5　整理织造参数

在小样试织过程中,要测量一些基础数据,尤其是新品种的小样试织,这些数据更为重要。小样织出一段后,要测量筘幅、坯布幅宽,将经纱量取 10cm,并做上记号,等小样织完,在下机之前,量取该 10cm 经纱织出的小样织物长度。也可以等小样下机后,放置一段时间,再测量其下机后的坯布幅宽,通过计算后,可以得到较为准确的织缩率。虽然小样试织过程中,布幅较窄,经纱上机张力大,经纱织缩率偏小,纬纱织缩率偏大,但这些参数可为先锋试样提供一定的参考,并且可通过先锋试样加以修正,以使批量生产的工艺更加准确。

总之,在小样的织造过程中,除了注意上述问题之外,在设计时还应注意使用流行色,多使用不同花型、花式和组织的配合,突出产品的风格特点。

思考与练习

5 – 1.　通过小样试织,有什么体会与建议?

5 – 2.　评判小样试织结果与设计意图是否一致。

任务六　变化组织分析与小样试织

【任务目标】

1. 了解变化组织的变化方法、结构特征
2. 掌握平纹、斜纹、缎纹变化组织上机图的绘制
3. 熟练分析各种变化组织织物
4. 平纹、斜纹、缎纹变化组织小样试织

【任务实施】

1. 任务要求

(1)分析平纹变化组织、斜纹变化组织、缎纹变化组织织物,了解它们的应用、结构特征、风格特征及组织图的绘制。在掌握和巩固基本分析方法的前提下,学会一些简化的分析方法。

(2)要求绘出三种变化组织的组织图、穿筘图、穿综图和纹板图。

(3)两人一组,每人钉植一副纹板,并相互检查。

(4)每人各织长 10cm 的织物。

2. 仪器、工具及材料准备

照布镜,分析针,意匠纸,笔,平纹、斜纹、缎纹变化组织织物若干块,小样织机,绕纱框架,色纱,小样织机配套工具一套。

3. 实施内容及步骤

(1)对所发平纹、斜纹、缎纹变化组织织物完成以下分析:

①分别贴正布样(通过正确判断织物的正反面、经纬向)。

②分析织物经纬纱结构、纱线线密度、色纱排列、经纬密度等。

③分析织物组织、画出组织图。

(2)进行平纹、斜纹、缎纹变化组织织物试织:

①根据以上分析结果,确定试织织物的规格。

②绘制上机图。

③计算上机筘号、上机所用的经纱根数。

④进行整经、卷纬。

⑤根据上机图,钉植纹板。

⑥根据上机图,进行穿综、穿筘。

⑦理纱,上机织造。

⑧下机,完成织物样卡的制作。

4. 织物分析与试织报告内容

(1)织物分析报告。

(2)织物试织。

(3)织物贴样。

(4)问题分析总结。

【相关知识】

变化组织及其应用

变化组织是以原组织为基础再加以变化而得到的各种不同的组织。变化的方法有改变组织的组织点浮长、飞数、斜纹线的方向,从而也就改变了组织循环的大小。

变化组织可分为三类:平纹变化组织,包括重平组织、方平组织等;斜纹变化组织,包括加强斜纹、复合斜纹、角度斜纹、曲线斜纹、山形斜纹、破斜纹、菱形斜纹、锯齿形斜纹、芦席斜纹、阴影斜纹、夹花斜纹等;缎纹变化组织,包括加强缎纹、变则缎纹、重缎纹、阴影缎纹等。

6.1 平纹变化组织

平纹变化组织是在平纹组织的基础上,沿经(或纬)一个方向延长组织点或同时沿经纬两个方向延长组织点变化而来的。

6.1.1 重平组织

重平组织是以平纹组织为基础,沿一个方向(经向或纬向)延长组织点(即连续用同一种组织点)的方法形成的。

重平组织有经重平组织和纬重平组织两类。

(1)经重平组织(图6-1):在平纹组织的基础上,沿着经纱方向上下各延长组织点所得到的组织称为经重平组织。通常上下延长的组织点数相等,如图6-2所示。

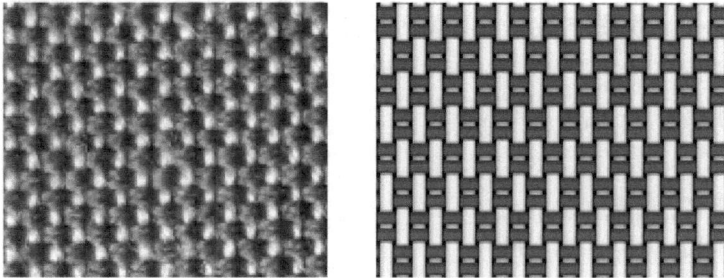

图6-1 经重平织物与组织模拟图

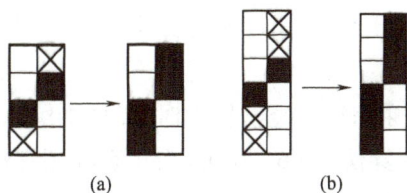

图 6-2　经重平组织

图 6-2(a)是由平纹组织向上、下各延长一个组织点而形成的。沿经纱方向看，经纱与纬纱的交织情况是连续两个经组织点和两个纬组织点，所以称为二上二下经重平组织。用分式表示，可写作 $\frac{2}{2}$ 经重平。图 6-2(b)则是由平纹组织向上、下各延长两个组织点而形成的，称为三上三下经重平组织，即 $\frac{3}{3}$ 经重平。

由图 6-2 中可以看出，经重平组织的组织循环经纱数 $R_j=2$；组织循环纬纱数 $R_w=$ 分子 + 分母（分式表示式中的分子与分母之和）。

从组织图中可以看出，经重平组织的组织循环经纱数并不等于组织循环纬纱数。在其完全组织的每根经纱上呈现经浮长线，这使得织物较为松软。为了不使织物过于松散，经浮长线一般不超过 5 个组织点。

画经重平组织时，首先要确定组织循环经纬纱数 R_j 与 R_w，然后勾画图的范围，在第一根经纱上按分式所示的交织规律填绘组织点，然后在第二根经纱上填绘相反的组织点即成，如图 6-2 所示。

经重平织物通常经密较大，故宜用飞穿法穿综，也可以用 4 页综顺穿。每筘齿穿入数为 2~4 入。上机图如图 6-3 所示。

经重平组织的织物外观与平纹织物不同。经重平织物的外观呈现横向凸条纹。通常用较细的经纱、较大的经密以及较粗的纬纱、较小的纬密来织制，以使条纹更加突出且呈经面效应，经重平织物可用作服装及装饰织物。经重平组织也常用作布边组织及毛巾织物的地组织。

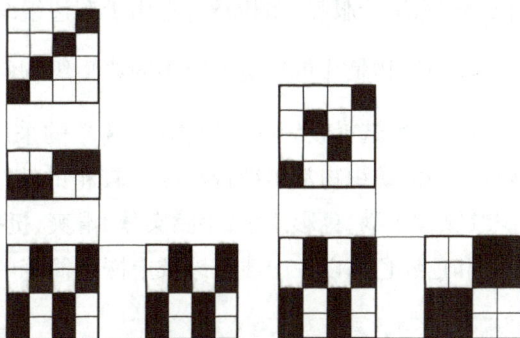

图 6-3　经重平组织的上机图

(2)纬重平组织(图 6-4)：在平纹组织的基础上，沿着纬纱方向左右各沿长组织点数所得到的组织，称为纬重平组织。通常左、右所延长的组织点数相等，如图 6-5 所示。

图 6-4　纬重平织物与组织模拟图

織物组织分析与应用

纬重平组织的构图方法与经重平组织类似,其 R_j = 分子 + 分母(分式表示式中分子与分母之和),$R_w = 2$。

纬重平组织,当经密不大时,可采用 2 页综的照图穿综法。经密较大时,需增加综框页数,可采用顺穿法或飞穿法。图 6-6(a)为 2 页综照图穿法,图 6-6(b)为 4 页综顺穿法。穿筘时,一般可采用每筘齿穿入数为 2~4 入。

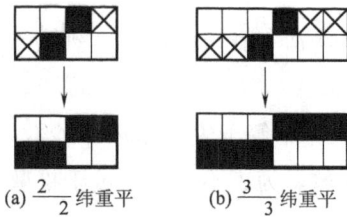

(a) $\frac{2}{2}$ 纬重平　　(b) $\frac{3}{3}$ 纬重平

图 6-5　纬重平组织

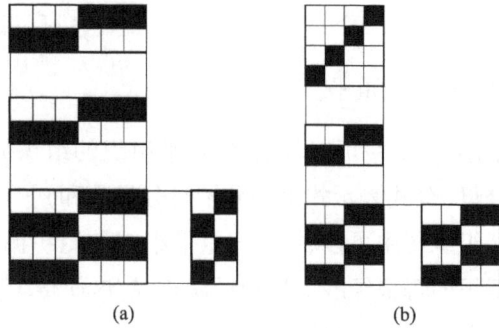

(a)　　　　　(b)

图 6-6　纬重平组织的上机图

纬重平组织由于组织循环经纱数大于组织循环纬纱数。纬组织点连续在织物表面形成纵向凸条,除用于服装类织物外,常用于布边组织。

牛津纺织物是纬重平组织应用的典型织物(图 6-7),采用 $\frac{2}{2}$ 纬重平组织。牛津纺起源于英国,一般选择较细的精梳棉纱,高档的采用优质长绒棉细特纱线,也有的采用涤棉混纺纱线。牛津纺织物常用细特经纱与较粗的纬纱以纬重平组织交织而成,具有纱线条干均匀,织纹颗粒丰满,色彩淡雅,手感柔软、滑爽、挺括,透气性好等特点。花色有素色、漂白、色经白纬和色经色纬以及中浅色地纹上嵌以简练的条格等,主要用作衬衫面料。

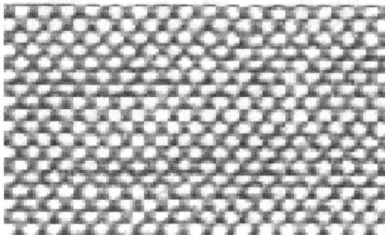

图 6-7　牛津纺织物

图 6-8　变化重平组织

(3)变化重平组织(图 6-8):浮长线长短不等的重平组织称为变化重平组织。

图 6-9 中为几种变化经重平组织。它们分别是 $\frac{2}{1}$ 变化经重平、$\frac{3}{2}$ 变化经重平和 $\frac{3\ 1\ 2}{2\ 4\ 1}$ 变化经重平组织。由图中可以看出,变化经重平组织的组织循环经纱数等于基础组织(平纹)的组织循环经纱数,即 $R_j = 2$,组织循环纬纱数 R_w = 分子 + 分母。

84

图 6 – 10 为几种变化纬重平组织。它们的表示方法及组织循环经纬纱数计算与变化经重平组织相对应，即 $R_\mathrm{j} = $ 分子 + 分母，$R_\mathrm{w} = 2$。图 6 – 10(a) 为 $\frac{2}{1}$ 变化纬重平组织，(b) 为 $\frac{3}{2}$ 变化纬重平组织，(c) 为 $\frac{3\ 1\ 2}{2\ 4\ 1}$ 变化纬重平组织。

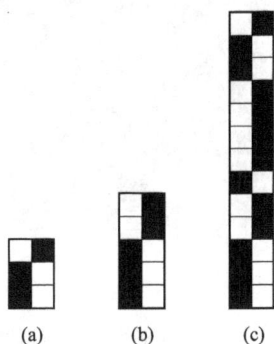

图 6 – 9　变化经重平组织

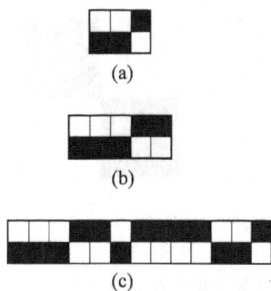

图 6 – 10　变化纬重平组织

变化重平组织的上机与重平组织相似。

$\frac{3}{1}$ 变化经重平组织与 $\frac{2}{1}$ 变化经重平组织常用作毛巾织物的地组织与起毛组织。

$\frac{2}{1}$ 变化纬重平组织常用作麻纱织物的组织，变化重平组织也常用于服装用毛织物的组织，如花呢、女衣呢等。

麻纱是变化纬重平组织的典型织物。它是布面纵向呈现宽狭不等细条纹的轻薄棉织物，因手感挺爽如麻而得名。麻纱具有条纹清晰、薄爽透气、穿着舒适等特点，适宜做夏季男女衬衫，妇女、儿童的衣裤、裙料，还可做窗帘等装饰织物。普通麻纱多用 $\frac{2}{1}$ 变化纬重平组织，也可以用其他变化重平组织制成各种变化麻纱织物。

6.1.2　方平组织

(1)普通方平组织(图 6 – 11)：在平纹组织的基础上，沿着经向和纬向同时延长组织点，使浮长线组成方块形，这样所得的组织称为方平组织，如图 6 – 12 所示。图 6 – 13 为 $\frac{3}{3}$ 方

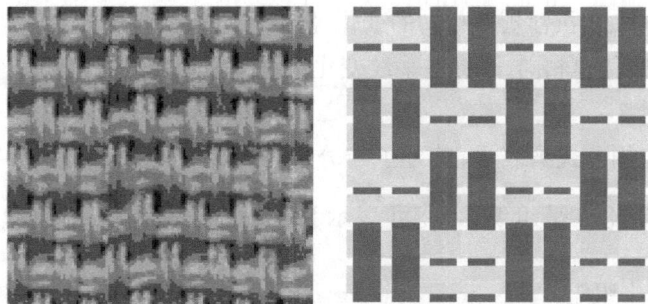

图 6 – 11　方平组织织物与组织模拟图

织物组织分析与应用

平组织的模拟图。

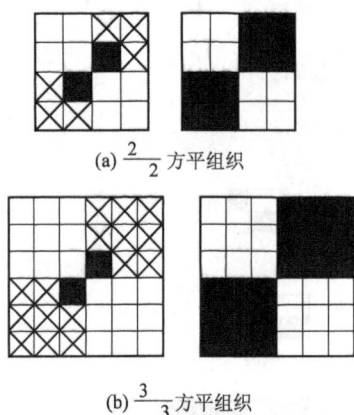

(a) $\frac{2}{2}$ 方平组织

(b) $\frac{3}{3}$ 方平组织

图 6 - 12　两种方平组织

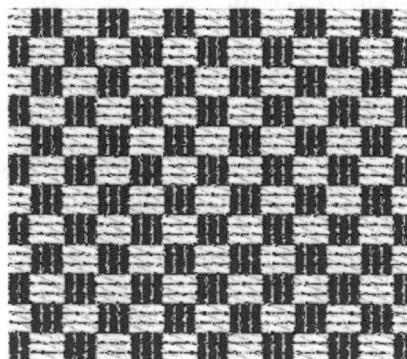

图 6 - 13　$\frac{3}{3}$方平组织的模拟图

方平组织的组织循环经纱数等于组织循环纬纱数,且必是 ≥4 的偶数,即 $R_j = R_w$ = 分子 + 分母≥4。

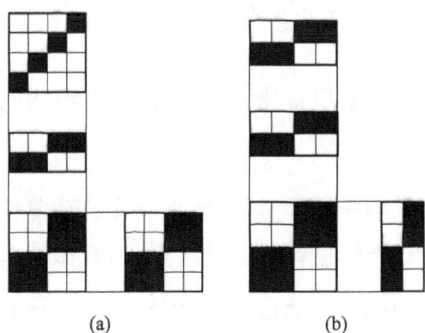

(a)　　　(b)

图 6 - 14　方平组织的上机图

方平组织的穿综、穿筘与重平组织相同。方平组织常采用顺穿法穿综,如图 6 - 14(a)所示,或采用 2 页综照图穿法,如图 6 - 14(b)所示,也可以用 2 页综复列飞穿。每筘穿入数可等于组织循环经纱数或为其一半。有时为了防止同规律的 2 根经纱穿入同一筘齿后,发生相互移位缠绞现象,可以将它们分别穿在不同的两个筘齿中。

方平组织的织物,其外观比较平整,呈现大小相同的方块形花纹。因为经纬浮长线较长,排列有规律,所以织物表面光泽较好,其棉型织物除用作服装外,还可以用于桌布、餐巾等日用织物以及银幕用布。在毛织物中,采用方平组织的精纺花呢主要有板司呢,其组织为 $\frac{2}{2}$ 方平或 $\frac{3}{3}$ 方平等。其中 $\frac{2}{2}$ 方平组织常用作各种织物的布边组织。

(2)变化方平组织:由沉浮规律相同的变化经、纬重平组织所构成,且组织循环中序号相同的经、纬纱的沉浮规律也相同,这样的平纹变化组织称为变化方平组织。变化方平组织模拟图如图 6 - 15 所示。

变化方平组织也用分式来表示,其分子与分母各可以有一个或几个数字。如图 6 - 16(a)可表示为 $\frac{3}{2}$ 变化方平组织,(b)可表示为 $\frac{1\ 3}{2\ 1}$ 变化方平组织,(c)可表示为 $\frac{1\ 2\ 1}{1\ 1\ 2}$变化方平组织。

图 6-15　变化方平组织模拟图

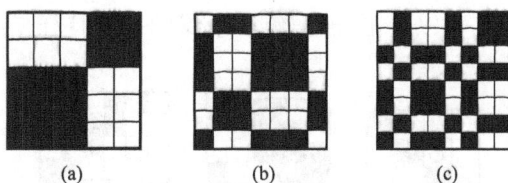

(a)　　　　　　　　(b)　　　　　　　　(c)

图 6-16　变化方平组织

变化方平组织的绘作方法如下：

①按所给分式确定组织循环经纬纱数，$R_j = R_w =$ 分子与分母各数值之和。

②按分式所给的沉浮规律填绘第一根经纱上的组织点。

③按同样的沉浮规律填绘第一根纬纱上的组织点。

④凡第一根纬纱上有经组织点的那些经纱均按第一根经纱的沉浮规律填绘。

⑤其余各根经纱均按相反的沉浮规律填绘，即得出变化方平的组织图。

图 6-17 为复杂变化方平组织，其织物的外观效应类似麻织物，故这类组织常用于仿麻织物。因为麻织物纱线条干不均匀，所以此类组织不要求有很强的规律性，绘图时不能完全按照前面所讲的变化方平组织图的画法来绘制，而应当根据织物的具体要求及上机条件来确定。

变化方平组织由于经纬浮长线的变化而引起光线反射的不同，因而可以形成各种图案的隐格效应。电影银幕布（图 6-18）就是利用其特点，形成漫反射。采用变化方平组织的棉、麻织物常用于家具与装饰用织物。采用这类组织的毛织物有女衣呢、仿麻呢、花呢等。

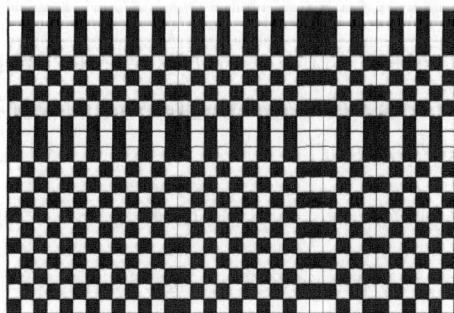

图 6-17　复杂变化方平组织

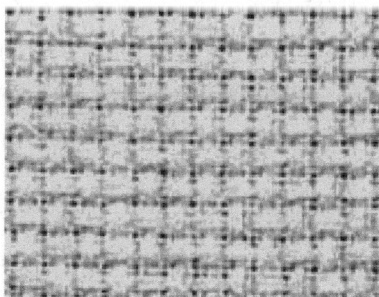

图 6-18　银幕布

6.2　斜纹变化组织

斜纹变化组织是在原组织斜纹的基础上变化而来的。采取延长组织点,改变组织点飞数的数值或方向(即改变斜纹线的方向),增加斜纹线条数等方法,或同时采用几种变化方法,可以得到各种各样的斜纹变化组织。斜纹变化组织花型多变,无论是在服装用织物还是装饰用织物等方面都有广泛的用途。

6.2.1　加强斜纹

加强斜纹是斜纹变化组织中最简单的一种,是在原组织斜纹的单个组织点旁延长组织点而成的,如图 6 – 19 所示,可以看出,加强斜纹组织的基本特征是组织循环中的每根纱线上不存在单个组织点。

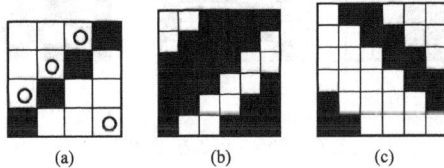

图 6 – 19　加强斜纹组织

加强斜纹也可用分式表示,分式中各数字与符号的意义与原组织斜纹相同,分子表示一个组织循环中,每根经纱上的经组织点数,分母表示纬组织点数,斜纹线的方向则用箭头表示,如图 6 – 19(a)即为 $\frac{2}{2}\nearrow$,读作二上二下右斜纹;(b)为 $\frac{4}{2}\nearrow$,读作四上二下右斜纹;(c)为 $\frac{2}{4}\nwarrow$,读作二上四下左斜纹。

加强斜纹组织的组织循环经纱数等于组织循环纬纱数,等于分式中分子与分母之和,且必≥4,即 $R_j = R_w \geq 4$,飞数 $S = \pm 1$。

加强斜纹也有经、纬面之分。如果织物正面为经组织点占优势,即分子大于分母,则称为经面加强斜纹,如图 6 – 19(b)所示;如果织物正面为纬组织点占优势,即分母大于分子,则为纬面加强斜纹,如图 6 – 19(c)所示;如果经纬组织点相等,则称为双面加强斜纹,如图 6 – 19(a)所示。

加强斜纹的构图方法,与原组织中的斜纹组织相同。其构图方法是:首先根据给出的分式表示式确定组织循环经纬纱数,然后在第一根经纱上按照分式填绘组织点,再根据给出的斜纹方向填绘第二根经纱上的组织点,直至填完全部经纱。

加强斜纹织物的上机,以 $\frac{2}{2}\nearrow$ 双面加强斜纹为例。当织制的织物经密不大时,可采用 4 页综顺穿法,如图 6 – 20(a)所示。当织制的织物的经密较大时,通常采用 4 页综复列式综框或 8 页综飞穿法,如图 6 – 20(b)所示。每筘穿入数一般为 2 ~ 4 人。

加强斜纹组织中,应用最多的是$\frac{2}{2}$加强斜纹。这种组织浮长不长,织物紧度比平纹大,布身紧密厚实,适用于中厚型织物,在棉、毛、丝织物中均有广泛的应用。如在棉织物中有起绒格布、哔叽、华达呢和双面卡其等;在精纺毛织物中有哔叽、华达呢、啥味呢等;在粗纺毛织物中有麦尔登、海军呢、制服呢、海力斯等;在丝织物中有真丝绫、闪色绫、斜纹绸等。

$\frac{2}{2}$加强斜纹组织还常用作其他组织的基础组织,也可以用作斜纹织物的布边组织。

以下是几种采用$\frac{2}{2}$加强斜纹的典型织物的结构与风格特征比较。

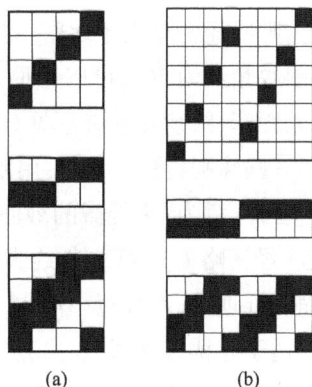

(a)　　　　(b)

图6-20　加强斜纹组织的上机

(1)华达呢、毛哔叽、啥味呢。

①华达呢(图6-21):又名"轧别丁",是用精梳毛纱织制的、有一定的防水功能的紧密斜纹毛织物。因早先英国的同类产品大多用作雨衣,着眼于它的拒水性,所以称Gabardine。华达呢是经向紧密结构,其经密约为纬密的2倍,故经向强力较高,坚牢耐穿。华达呢织物组织有三种:除$\frac{2}{2}$斜纹外,还可用$\frac{2}{1}$斜纹、缎背组织。华达呢呢面光洁平整,正面斜纹纹路清晰而细密,微微凸起,因经向密度较大,其斜纹倾斜角约为63°,斜纹陡而平直,间距窄。质地厚实紧密,手感结实挺括,光泽自然柔和,色泽以素色、匹染为主。主要用作外衣衣料,也用作风衣、制服和便装,经防水处理后可用作防雨大衣。

②毛哔叽(图6-22):原意是"一种天然羊毛颜色的斜纹毛织物",这个名称沿用至今,但实际产品与原来的含义已有所不同了。哔叽是素色的斜纹精纺毛织物,常用$\frac{2}{2}$斜纹组织,经密略大于纬密,斜纹倾斜角约50°左右,织纹宽而平坦,斜纹方向自织物左下角向右上角倾斜,正反两面纹路相似,方向相反。呢面光洁平整,斜纹清晰,光泽自然柔和,质地紧密适中,手感润滑,有身骨,弹性好,悬垂性好。色泽以藏青为主,也有浅色及漂白的。适用于春秋季各类制服、套装、裙装、军装、鞋帽等。

图6-21　华达呢

图6-22　毛哔叽

　　毛哔叽和华达呢的区别是:在手感风格上,哔叽丰糯柔软,华达呢结实挺括;在经纬密比例上,哔叽经密略大于纬密,华达呢经密约为纬密的 2 倍;在呢面纹路上,哔叽纹路清晰平整,斜纹角约为 50°,可以看见纬纱,华达呢纹路清晰而挺立,其斜纹角约为 63°,斜纹陡而平直,间距窄,纬纱几乎看不见。

　　③啥味呢(图 6-23):用精梳毛纱织制的混色、有绒面的中厚型斜纹织物。啥味呢名字出自音译,意为"有轻微的绒面整理",以区别于光洁整理,又称精纺法兰绒。其经密与纬密相近(经密略大),斜纹角约为 50°。呢面平整,光泽自然,手感柔软丰满,弹性好,有身骨。经缩绒处理后,毛绒短小均匀,外观具有均匀的混色夹花风格,色泽以深、中、浅的混色灰为主。适于春秋男女西服、夹克、风衣等。

　　啥味呢与哔叽比较接近,它们的区别在于:哔叽是单一素色,啥味呢是混色夹花的;哔叽呢面光洁,啥味呢经缩绒处理,呢面有绒毛。

　　(2)棉哔叽、华达呢和双面卡其:三类织物组织相同,纱线线密度也可相同,但经向紧度不同,纬向紧度差别不大。

　　①棉哔叽:原属于毛织物的传统产品,后由毛织物移植为棉织物的品种。哔叽的经纬向紧度较小,且其比值接近于 1,因此织物较松软,经纱和纬纱在布面上显露的程度大致相同,多用于服装和被面等。哔叽的斜纹纹路宽阔而平坦,斜纹倾斜角为 45°~50°。具有中国传统特色的红地彩花被面为棉哔叽典型品种。另外,哔叽的斜纹纹路宽阔,有利于起绒,因此,常用来生产起绒格子棉织物(图 6-24)。

　　②华达呢:与哔叽一样,原属于毛织物的传统产品,后由毛织物移植为棉织物的品种。华达呢由于经向紧度及经纬向紧度比都比哔叽大,而比卡其小,所以布身紧密、厚实、挺而不硬,耐磨而不易折裂,适于春秋冬季男女服装。其纹路较哔叽细密而突出,斜纹倾斜角为 60°~65°。

　　③双面卡其(图 6-25):与哔叽、华达呢相比,双面卡其的经向紧度及经纬向紧度比最为细密而突出,倾斜角也最大,织物过于坚硬,抗折磨性差,在衣服领口、袖口等处容易磨损、折裂。由于织物过厚,染色时染料不易浸入纱线内部,布面在使用过程中容易发生磨白现象。适于做制服、工作服、风衣及其他外衣裤等。

　　这三类织物均有纱织物、半线织物和全线织物。

| 图 6-23　啥味呢 | 图 6-24　起绒格子棉织物 | 图 6-25　双面卡其 |

6.2.2　复合斜纹

在一个组织循环中,具有两条或两条以上粗细不同、由经(或纬)纱构成的斜纹线组成的组织,称为复合斜纹组织,其模拟图如图 6-26 所示。

复合斜纹组织可用分式表示,同样用箭头表示斜纹的方向,如图 6-27(a)为 $\dfrac{2\quad 1}{1\quad 1}\nearrow$ 复合斜纹;(b)为 $\dfrac{3\quad 2}{2\quad 1}\nearrow$ 复合斜纹;(c)为 $\dfrac{1\quad 2}{3\quad 2}\nearrow$ 复合斜纹;(d)为 $\dfrac{3\quad 1}{3\quad 1}\nwarrow$ 复合斜纹。

复合斜纹不但有左斜与右斜之分,同样还有经面、纬面与双面之分。

复合斜纹的组织循环经纬纱数相等,$R_j = R_w =$ 分子 + 分母 $\geqslant 5$。

图 6-26　复合斜纹模拟图

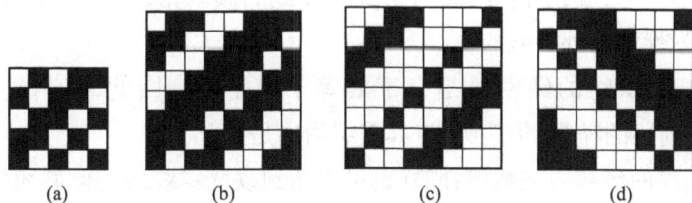

图 6-27　复合斜纹组织

复合斜纹组织图的绘制,首先根据所给分式中分子、分母各数之和确定组织循环经纬纱数,再根据分式所规定的沉浮规律绘第一根经纱上的组织点。然后按飞数等于 1(右斜)或等于 -1(左斜)依次填绘其余各根经纱的组织点,直至完成一个组织循环。以图 6-27(a)为例,$R_j = R_w = 2+1+1+1 = 5$,然后在第一根经纱上按照 $\dfrac{2\quad 1}{1\quad 1}$ 的规律填绘组织点,其余的经纱按右斜方向以 $S_j = 1$(右斜)填绘。

复合斜纹织物的上机,一般采用顺穿法。每筘穿入数随织物经密不同而不同,一般采用每筘 2～4 入。

复合斜纹常用于毛彩格粗花呢及仿毛花呢等织物,也常被用作其他组织的基础组织。

6.2.3　角度斜纹

通常把斜纹纹路与纬纱之间的夹角称为斜纹线的倾斜角,以 θ 表示。在斜纹组织中,当经向飞数 S_j 与纬向飞数 S_w 为 ±1 时,在用方格纸表示的组织图上,斜纹线的倾斜角 $\theta = 45°$,但所织成的织物,其斜纹线的倾斜角往往不是 45°,这与经纬纱的密度比有关,如图 6-28 所示。

当经纬密度相同时,即 $P_j = P_w$,$\theta = 45°$,如图 6-28(a)所示。当经纬密度不同时,角度

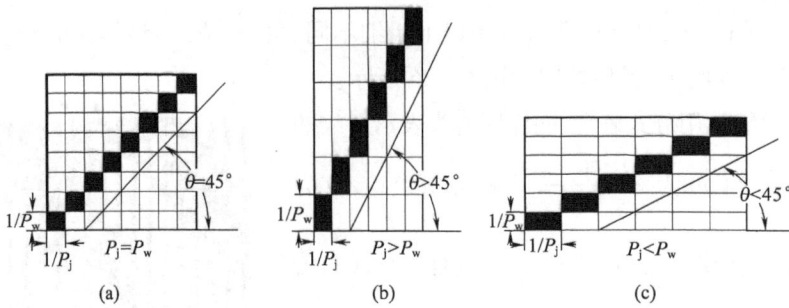

图 6 – 28　经纬密度比与斜纹线倾斜角度的关系

也随着发生变化,当 $P_j > P_w$ 时,则 $\theta > 45°$,如图 6 – 28(b)所示;当 $P_j < P_w$ 时,则 $\theta < 45°$,如图 6 – 28(c)所示。

由图 6 – 28 可以得出:$\tan\theta = \dfrac{P_j}{P_w}$,也就是说,要改变斜纹线的倾斜角,可选用不同的经纬纱密度来达到。增大 P_j 与 P_w 的比值,可增大斜纹线的倾斜角,但比值不宜太大,太大会影响织物的物理力学性能与外观效应。

一般来说,斜纹织物的经密总是大于或等于纬密的。因此,其斜纹线的倾斜角总是 ≥45°的。例如前述的哔叽、华达呢、卡其等织物均是如此。

另外,改变斜纹的经纬向飞数值,同样也可以达到改变斜纹线的倾斜角的目的。通常由经纬向飞数变化可得到斜纹线倾斜角不同的各种斜纹组织,如图 6 – 29 所示。

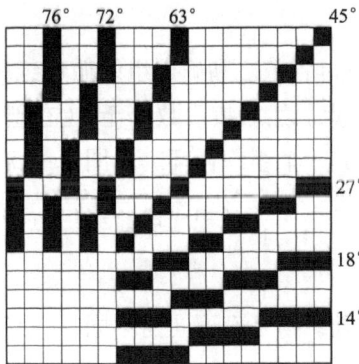

图 6 – 29　经纬向飞数值与斜纹线
倾斜角度的关系

(1)正则斜纹组织:$S_j = S_w = ±1$ 的斜纹组织,称为正则斜纹组织,其斜纹线倾斜角 $\theta = 45°$,经纬密相等的原组织斜纹、加强斜纹和复合斜纹等都是正则斜纹组织。

(2)急斜纹组织:在经纬纱密度不变的条件下,若增加经向飞数,即把飞数 S_j 由 1 增加到 2 或 3,则可作出倾斜角大于 45°的斜纹,这种斜纹称为急斜纹组织。如图 6 – 29 中,$S_j = 2$ 时,$\theta = 63°$;$S_j = 3$ 时,$\theta = 72°$;$S_j = 4$ 时,$\theta = 76°$。

(3)缓斜纹组织:在经纬纱密度不变的条件下,若增加纬向的飞数,即 S_w 增加到 2 或 3,则可以作出小于 45°的斜纹线,这种斜纹称为缓斜纹组织。如图 6 – 29 中,$S_w = 2$ 时,$\theta = 27°$;$S_w = 3$ 时,$\theta = 18°$;$S_w = 4$ 时,$\theta = 14°$。

由此可见,斜纹线的倾斜角与 S_j 成正比,与 S_w 成反比,即 $\tan\theta = \dfrac{S_j}{S_w}$。

如果同时考虑经纬纱的密度与经纬纱的飞数对织物表面斜纹线的影响,则有:

$$\tan\theta = \frac{P_j S_j}{P_w S_w}$$

急斜纹组织的织物,如再配以较大的经密,则斜纹线的倾斜角就会更大;缓斜纹组织的织物,如再配以较大的纬密,则斜纹线的倾斜角就会更小。

6.2.4 曲线斜纹

如使经(或纬)向的飞数不断地改变,则必然使斜纹线的倾斜角连续地变化,从而可获得斜纹纹路呈曲线状的斜纹组织,称为曲线组织。当飞数增加时,斜纹线的倾斜角增大;反之,则斜纹线的倾斜角减小。曲线斜纹模拟图如图6-30所示。

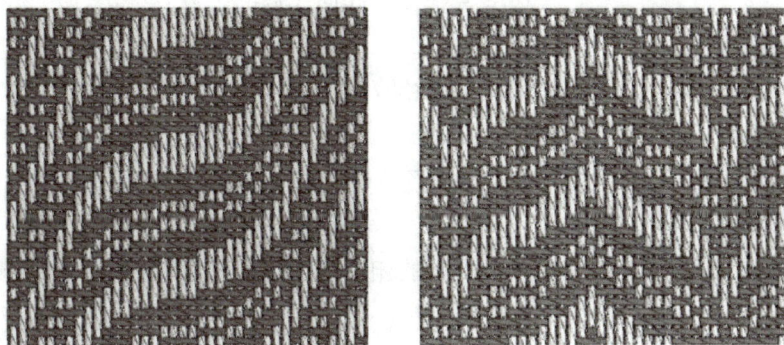

图6-30 曲线斜纹模拟图

曲线斜纹组织也有经向和纬向的区别。如变化经向飞数 S_j 的数值,则构成经曲线斜纹,如图6-31所示;变化纬向飞数 S_w 的数值,则构成纬曲线斜纹,如图6-32所示。

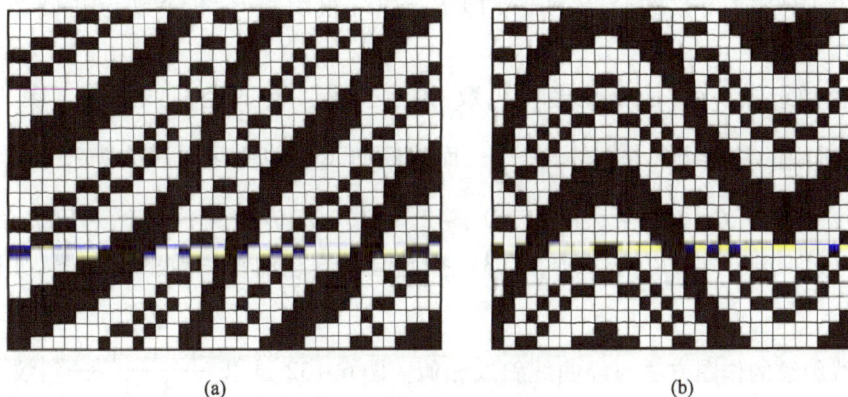

(a)　　　　　　　　　　　　(b)

图6-31 经曲线斜纹

设计绘作曲线斜纹组织时,可按以下步骤与方法进行:

(1)选定基础组织。通常采用原组织斜纹、加强斜纹或复合斜纹作为基础组织。

图 6 - 32　纬曲线斜纹

（2）确定飞数。飞数的数值原则上是可以任意选定的，但必须符合如下条件：

①选用的各飞数值之和应等于零，即 $\sum S_j = 0$，或等于基础组织的组织循环纱线数的整倍数。

②最大的飞数必须小于基础组织中的最长的浮线长度，以保证曲线的连续。

（3）确定组织循环的大小。

①经曲线斜纹：R_j = 变化的经向飞数的个数，R_w = 基础组织的组织循环纬纱数。

②纬曲线斜纹：R_j = 基础组织的组织循环经纱数，R_w = 变化的纬向飞数的个数。

（4）填绘组织图。

①在第一根纱线（经曲线斜纹为第一根经纱，纬曲线斜纹为第一根纬纱）上，按照基础组织规律填绘组织点。

②按照确定的第一个飞数，确定第二根经纱（纬纱）上组织点的起始点，然后按基础组织规律填绘组织点。

③依次确定其余各根经纱（纬纱）上的组织起始点，然后按基础组织规律填绘组织点。

④查看最后一个飞数是否能保证组织的循环。

图 6 - 31（a）是以 $\dfrac{4\ \ 1\ \ 1}{3\ \ 1\ \ 3}$ 复合斜纹为基础组织，按下列经向飞数的变化顺序绘制的曲线斜纹，S_j =0、1、0、1、0、1、0、1、1、0、1、1、1、1、2、1、2、2、2、1、2、1、1、1、1、0、1、1、2、1、2、1、1、0、1、1。这些飞数的总和 $\sum S_j = 39$，正好为基础组织组织循环纱纱数的 3 倍，故可形成循环。变化的经向飞数的个数为 38，即 $R_j = 38$，组织循环纬纱数与基础组织相同，即 $R_w = 13$。

如果基础组织不变，而变化经向飞数，则可获得不同的经曲线斜纹。现仍采用图 6 - 31（a）所用的基础组织 $\dfrac{4\ \ 1\ \ 1}{3\ \ 1\ \ 3}$，而将经向飞数的变化顺序改为：$S_j$ =2、2、2、1、1、1、1、0、1、0、- 1、0、- 1、- 1、- 1、- 1、- 1、- 2、- 2、- 2、- 1、- 1、- 1、- 1、0、- 1、0、1、0、1、1、1、1，即 $\sum S_j = 0$，$R_j = 32$，$R_w = 13$。按此绘制的经曲线斜纹的组织图，如图 6 - 31（b）所示。

纬曲线斜纹的作图方法与经曲线斜纹相似。图 6 - 32 是以 $\dfrac{4\ \ 1\ \ 1}{3\ \ 1\ \ 3}$ 斜纹为基础组织，按下列纬向飞数变化而成的纬曲线斜纹，S_w =2、2、2、1、1、1、0、1、0、0、1、0、0、0、1、0、0、1、0、1、1、1、2、2、2、2。$\sum S_w = 26$，$R_j = 13$，$R_w = 28$。

织制经曲线斜纹织物可采用照图穿法穿综；织制纬曲线斜纹织物则可采用顺穿法穿综。经纬曲线斜纹所用的综框片数均等于基础组织的综片数。

由曲线斜纹加以变化,可以获得各种花型图案。因而曲线斜纹多用于棉、毛的服装用及装饰用织物中,如粗花呢、大衣呢等。

6.2.5　山形斜纹

山形斜纹是以斜纹组织作为基础组织,然后变化斜纹线的方向,使斜纹的方向一半向左斜,一半向右斜,使斜纹线连续成山峰状,这样的斜纹组织称为山形斜纹组织。山形斜纹模拟图如图 6 – 33 所示。

山形斜纹的"山峰"若指向经纱方向,则为经山形斜纹,如图 6 – 34(a)、(b)。若山峰指向纬纱方向,则为纬山形斜纹,如图 6 – 34(c)。由这些图形可以看出,山形斜纹的特点是以作为峰顶(或谷底)

图 6 – 33　山形斜纹模拟图

的一根纱线(经山形为经纱,纬山形为纬纱)为轴线,呈两侧对称状。即它是以斜纹方向改变前的第 1 根或第 K_j(或 K_w)根纱线作为对称轴,在它的左右位置的经纱,其组织点沉浮规律相同。

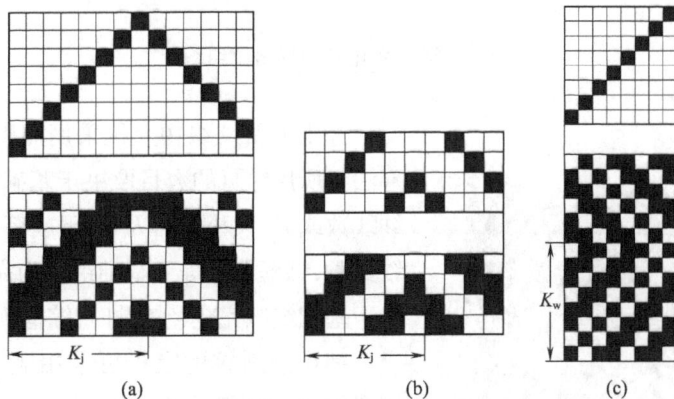

图 6 – 34　山形斜纹组织

设计绘制曲线斜纹组织时,可按以下步骤与方法进行:

(1)选定基础组织。常用的基础组织有原组织斜纹、加强斜纹和复合斜纹。

(2)确定斜纹线方向改变前的纱线根数 K_j(或 K_w)。以图 6 – 34(a)为例,其基础组织为 $\frac{3}{2}\frac{1}{2}$ 斜纹,$K_j = 8$。

(3)确定组织循环经纬纱线数。

①经山形斜纹组织:$R_j = 2K_j - 2$,$R_w =$ 基础组织的组织循环纬纱数。

②纬山形斜纹组织:$R_j =$ 基础组织的组织循环经纱数,$R_w = 2K_w - 2$。

本例中，$R_j = 2 \times 8 - 2 = 14$，$R_w = 8$。

（4）填绘组织图。对于经山形斜纹组织，从第一根到第 K_j 根经纱按顺序填绘基础组织；从第 $K_j + 1$ 根经纱开始，按与基础组织相反的斜纹方向，逐根填绘组织点，直到完成一个循环。

绘制纬山形斜纹组织的方法与经山形斜纹相似。

图 6 - 34（b）为以 $\dfrac{2}{2}$ 斜纹作为基础组织，$K_j = 6$ 的经山形斜纹。

图 6 - 34（c）为以 $\dfrac{1\ \ 2\ \ 2}{1\ \ 1\ \ 1}$ 斜纹为基础组织，$K_w = 8$ 的纬山形斜纹。

在经山形斜纹中，不同方向的斜纹线长度相同，即 K_j 值不变。如果在一个组织循环中改变 K_j 值，使斜纹线长短不同，就得到了变化经山形斜纹组织，如图 6 - 35 所示。

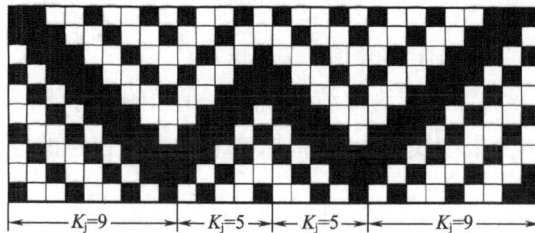

图 6 - 35　变化经山形斜纹组织

图 6 - 36　人字呢

经山形斜纹织物上机采用照图穿法，又称山形穿法。所用综页的数目取决于基础组织的组织循环纱线数或 K_j 大小。当 K_j 大于或等于基础组织的经纱数时，综框页数等于基础组织的完全经纱数；当 K_j 小于基础组织完全经纱数时，综框页数则等于 K_j。

纬山形斜纹的上机可采用顺穿法。综框页数等于组织循环经纱数。

经山形斜纹组织应用较广泛，常用于棉织物中的人字呢（图 6 - 36）、床单布，毛织物中的花呢、大衣呢、女式呢等中采用。

6. 2. 6　破斜纹

破斜纹组织与山形斜纹一样也是由左斜纹和右斜纹组合而成的，它和山形斜纹的不同点在于左右斜纹的交界处有一条明显的分界线，在分界线两边的纱线，其经纬组织点相反，即在改变斜纹线方向的位置，组织点不相连续，而呈现间断状态，故称破斜纹。图 6 - 37 为破斜纹组织与模拟图。图 6 - 38 为几种破斜纹的组织图。

左右斜纹呈破断状的分界线，一般称为断界。断界的存在是破斜纹组织的重要特征。

断界

图6－37 破斜纹组织与模拟图

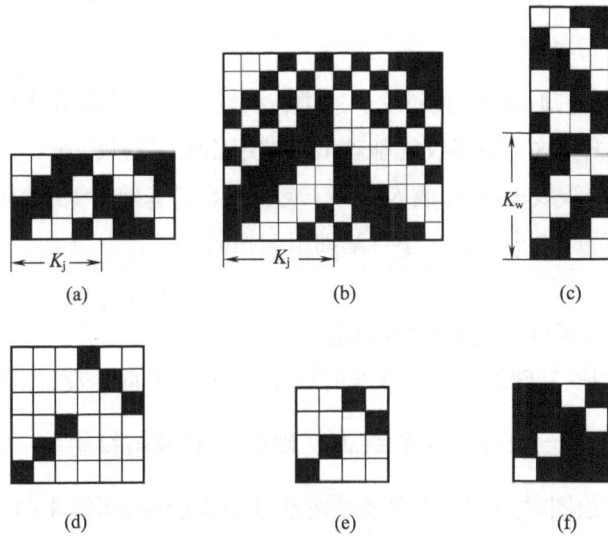

(a)　　　　　　(b)　　　　　　(c)

(d)　　　　　　(e)　　　　　　(f)

图6－38 破斜纹组织

以断界所指的方向不同而有经破斜纹和纬破斜纹之分。断界沿经纱方向的称经破斜纹组织;断界沿纬纱方向的称纬破斜纹组织。

破斜纹组织还可以按所采用的基础组织不同,而分为两类。

(1)以双面斜纹为基础组织的破斜纹。这类破斜纹组织的设计绘作方法如下:

①选用基础组织。常采用加强斜纹组织或复合斜纹组织。

②确定 K_j 或 K_w。即确定斜纹断界前的经纱(经破斜纹)根数 K_j 或纬纱(纬破斜纹)根数 K_w,K_j、K_w 的大小应根据织物外观要求来选定。

③确定组织循环的大小。经破斜纹:$R_j = 2K_j$,R_w = 基础组织的组织循环纬纱数。

纬破斜纹:R_j = 基础组织的组织循环经纱数,$R_w = 2K_w$。

④填绘组织图。作图时,断界两侧的斜纹线不仅方向要改变,而且组织点须完全相

反,即把经组织点改成纬组织点,纬组织点改成经组织点。这种绘图方法,称为"底片翻转法"。

a. 从第一根纱到第 K_j(或 K_w)根纱,按基础组织描绘组织点。

b. 从第(K_j+1)或(K_w+1)根纱线到 $2K_j$ 或 $2K_w$ 根纱线按照"底片翻转法"绘制,直至完成一个组织循环。

图 6-38(a)是以 $\frac{2}{2}$ ↗斜纹为基础组织、$K_j=4$ 绘制的破斜纹组织,其中 $R_j=8$,$R_w=4$。

图 6-38(b)是以 $\frac{3\ \ 1\ \ 1}{1\ \ 1\ \ 3}$ ↗斜纹为基础组织、$K_j=6$ 绘制的破斜纹组织,其中 $R_j=12$,$R_w=10$。

图 6-38(c)是以 $\frac{2}{2}$ 斜纹为基础组织,$K_w=6$ 绘制的纬破斜纹组织,其中 $R_j=4$,$R_w=12$。

(2)以原组织为基础组织的破斜纹。这类破斜纹组织的绘制方法如下:

①选用基础组织。这类破斜纹的基础组织常用原组织斜纹。

②确定断界前的纱线根数 K_j 或 K_w。K_j(或 K_w)等于基础组织组织循环纱线数的一半。

③确定组织循环的大小。其大小与基础组织相同。

④填绘组织图。

a. 断界前的几根经纱按基础组织绘制。

b. 在断界后,调换基础组织其余纱线的顺序,使斜纹方向相反,即可构成。

图 6-38(d)是以 $\frac{1}{5}$ 原组织斜纹为基础绘制的破斜纹组织。据此基础组织,可知 $K_j=3$,$R_j=R_w=6$。绘图时,第 1~3 根经纱按基础组织绘制,而第 4~6 根经纱,则需将基础组织中的第 4、5、6 根经纱的顺序倒过来,即按第 6、5、4 根的顺序绘制,斜纹的方向也就反过来了。这类破斜纹组织,虽然断界两侧的斜纹方向也相反,但断界两侧的组织点不成"底片翻转",所以断界不明显。

图 6-38(e)以 $\frac{1}{3}$ 斜纹为基础组织,图 6-38(f)以 $\frac{3}{1}$ 斜纹为基础组织。在工厂中一般称图 6-38(e)的组织为 $\frac{1}{3}$ 破斜纹,图 6-38(f)的组织为 $\frac{3}{1}$ 破斜纹,是最常用的所谓的"4 枚破斜纹"。又因为这两种组织有缎纹组织的外观效应,也称为 4 枚不规则缎纹。

与变化经山形斜纹类似,如果在一个组织循环中改变 K_j 值,使斜纹线长短不同,就可得到变化破斜纹组织。

织制经破斜纹织物时,一般采用照图穿法;织制纬破斜纹织物时,一般采用顺穿法。

破斜纹织物由于断界明显,织物表面可呈现较清晰的人字形效应,因此比山形斜纹应用普遍。一般用于棉织物中的线呢、床单布,毛织物中的人字呢等。也常被用于织制毯类等织物。其中 $\frac{3}{1}$ 或 $\frac{1}{3}$ 破斜纹,由于其交织点安排合理,可使织物紧密而又柔软,因而在棉、毛等各类织物中应用较为广泛,棉织物中的牛仔布,毛织物中的精粗纺花呢、大衣呢、各式毛毯中均有应用。

以下是采用破斜纹组织的两种典型织物。

海力蒙(图6-39):使用精纺毛纱织制的人字形条状花纹的毛织物,名称来自音译,原意是这种花样像"鲱鱼骨头",是精纺花呢的一种。海力蒙常用 $\frac{2}{2}$ 斜纹组织做基础组织的经破斜纹,浅经深纬,相邻的两条斜纹条子宽狭相同,方向相反,在断界处,组织点相互"切破",形成纤细的沟纹。海力蒙结构紧密,稳重大方,呢面有光洁的,也有轻绒面的。适用于各类西装、西裤。

图6-39　海力蒙

驼丝锦:为细洁而紧密的中厚型素色高档毛织物,名称来自音译,原意是母鹿的皮,用以比喻品质的精美。驼丝锦以4枚破斜纹(4枚不规则缎纹)组织织制,表面呈不连续的条状斜纹,斜纹间凹处狭细,背面似平纹。呢面平整,织纹细致,光泽滋润,手感柔滑、紧密,弹性好。色泽以黑色为主,也有深藏青、白色、紫红等。常用作礼服、套装等。

6.2.7　菱形斜纹

菱形斜纹是山形斜纹的进一步变化。由经山形斜纹与纬山形斜纹,或经破斜纹与纬破斜纹组合,在组织循环中使斜纹线构成菱形图案的斜纹组织,称为菱形斜纹。如图6-40、图6-41所示。

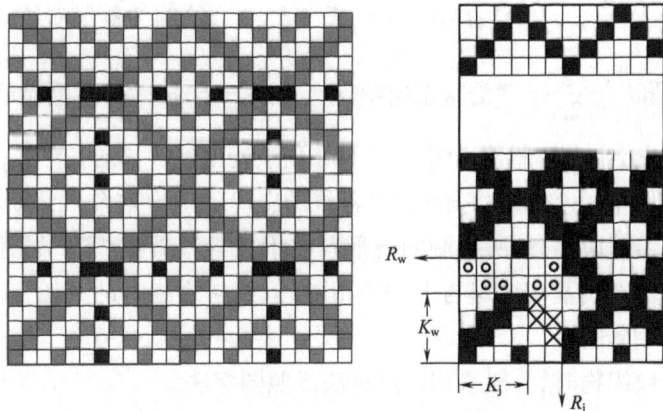

图6-40　菱形斜纹组织(一)

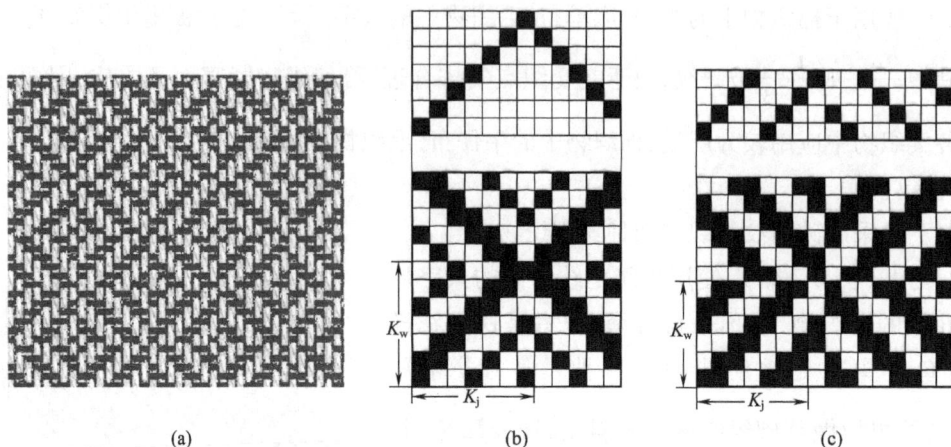

(a)　　　　　　　　　(b)　　　　　　　　　(c)

图 6-41　菱形斜纹组织(二)

菱形斜纹组织的设计绘制方法如下：

（1）选定基础组织。原组织斜纹、加强斜纹和复合斜纹均可用作菱形斜纹的基础组织。

（2）确定 K_j 和 K_w。K_j 和 K_w 可以相同，也可以不相同，可以等于也可以不等于基础组织组织循环纱线数。

（3）确定组织循环的大小。

按山形斜纹绘制菱形斜纹，则 $R_j = 2K_j - 2$，$R_w = 2K_w - 2$。

按破斜纹绘制菱形斜纹，则 $R_j = 2K_j$，$R_w = 2K_w$。

（4）填绘组织图。

①在 K_j、K_w 范围内，按基础组织画出菱形斜纹的基础部分。

②画出经(纬)山形斜纹，或者画出经(纬)破斜纹，这样，就完成了所求菱形斜纹的一半。

③再根据山形斜纹的对称原理或破斜纹的"底片翻转"关系，画出菱形斜纹的另一半图形。

图 6-41(a)是以 $\dfrac{2}{2}\nearrow$ 为基础组织，$K_j = K_w = 4$，绘制的菱形斜纹。

图 6-41(b)是以 $\dfrac{2\quad1}{2\quad2}\nearrow$ 为基础组织，$K_j = K_w = 7$，绘制的菱形斜纹。

图 6-41(c)是以 $\dfrac{1\quad2}{2\quad1}\nearrow$ 为基础组织，$K_j = 8$，$K_w = 6$，按破斜纹绘制的菱形斜纹。

用山形斜纹画法绘制菱形斜纹组织时，容易在顶点处出现过长的长浮线，应尽量避免。用破斜纹画法绘制菱形斜纹组织，既可避免过长浮线的出现，又可使各斜纹线断界清晰、明显。

绘制菱形斜纹组织应注意，所绘制的菱形斜纹不仅与基础组织有关，还与 K_j、K_w 有关，也与绘制方法有关。即使基础组织与 K_j、K_w 相同，但如果绘制时的起始点不同，那么，形成的菱形图案也是不相同的。

在织制菱形斜纹织物时，一般采用山形穿法或照图穿法。

按照菱形斜纹组织的绘图原理，改变其基础组织，可以得到各种变化菱形斜纹，使花型更加美观。如图 6-42 所示。

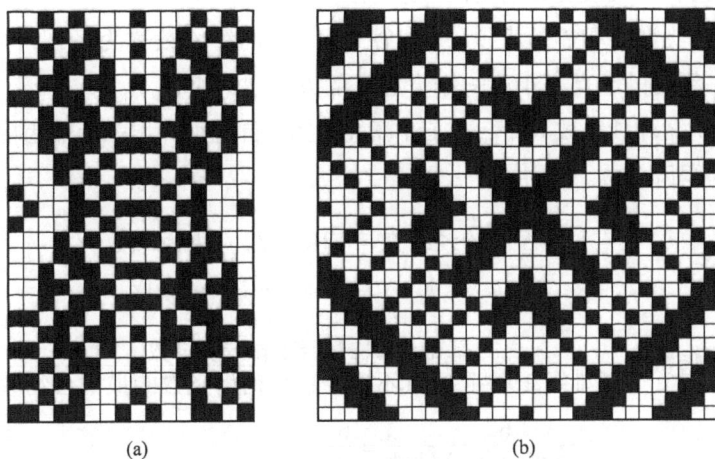

(a)　　　　　　　　　　　　　(b)

图 6-42　菱形斜纹组织(三)

　　菱形斜纹组织花型对称,变化繁多,花纹细致美观,适用于各类服装及装饰织物,如棉织物中的床单布,毛织物中的各种花呢等。

6.2.8　锯齿形斜纹

　　锯齿形斜纹也是由山形斜纹进一步变化而来的。山形斜纹各山峰之顶位于同一水平线上(或沿直线),如将山形斜纹加以变化,使各山峰的峰顶在一条斜纹线上,各山形连成锯齿状,这样的斜纹组织即为锯齿形斜纹组织。

　　锯齿形斜纹组织以峰顶指向不同,可分为经锯齿形斜纹(图 6-43)与纬锯齿形斜纹。在组织图上,每一齿顶高(或低)于前一齿顶的方格数称为锯齿飞数。

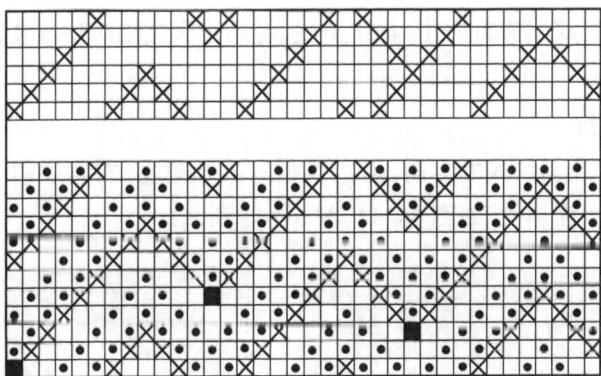

图 6-43　经锯齿形斜纹组织

　　现以图 6-43 的经锯齿形斜纹组织为例,来说明其组织图的设计绘制方法。

　　(1)选用基础组织。可选用原组织斜纹、加强斜纹和复合斜纹作为基础组织,本例是以 $\frac{2\quad1}{1\quad2}$ 斜纹为基础组织。

（2）确定锯齿斜纹线改变方向前的经纱根数 K_j，设 $K_j = 9$。

（3）确定锯齿飞数。相邻两齿顶（或齿谷）间相差的纬纱数称为经锯齿飞数，设经锯齿飞数 =4（即每一锯齿的起点高于前一锯齿起点的方格数为4）。

（4）确定组织循环纱线数 R_j、R_w。在计算 R_j 之前，首先须算出一个锯齿内的经纱数与一个组织循环内的锯齿个数。

$$一个锯齿内的经纱数 = (2K_j - 2) - 锯齿飞数$$
$$= (2 \times 9 - 2) - 4 = 12$$

$$锯齿数 = \frac{基础组织的组织循环纱线数}{基础组织的组织循环纱线数与锯齿飞数的最大公约数}$$
$$= \frac{6}{6 与 4 的最大公约数} = \frac{6}{2} = 3$$

则：

$$组织循环经纱数 R_j = 锯齿数 \times 每一个锯齿内的经纱根数$$
$$= 3 \times 12 = 36$$

$$组织循环纬纱数 R_w = 基础组织的组织循环纬纱数 = 6$$

（5）绘制组织图。在方格纸上画出组织图的范围及每个锯齿的范围，并按照锯齿飞数画出每个锯齿第一根经纱的起点，如图6-43符号■所示。在已确定的组织循环范围内，从第一根到第 K_j 根经纱按顺序填绘基础组织。从第（$K_j + 1$）根经纱开始，按与基础组织相反的斜纹线填绘组织点，直至一个锯齿画完。同理，绘制其他各锯齿。

纬锯齿形斜纹的作图方法与经锯齿形斜纹类似，织制经锯齿形斜纹时，一般采用照图穿法；织制纬锯齿形斜纹时，可用顺穿法。

锯齿形斜纹组织，纹路曲折变化，花纹美观，可用于服装用织物及装饰用织物。

6.2.9 芦席斜纹

芦席斜纹亦是变化斜纹线的方向，由数目相等的几条左、右斜纹组合而成，其外形好像编织的芦席，所以称芦席斜纹，如图6-44、图6-45所示。

图6-44 芦席斜纹织物

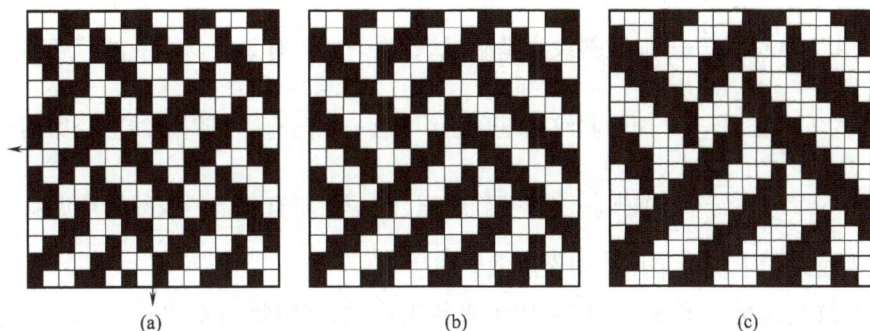

图 6 – 45　芦席斜纹组织

芦席斜纹的设计绘制方法如下,以图 6 – 46 为例(以 $\dfrac{2}{2}$ 斜纹为基础组织图,同一方向的平行斜纹线为 3 条)。

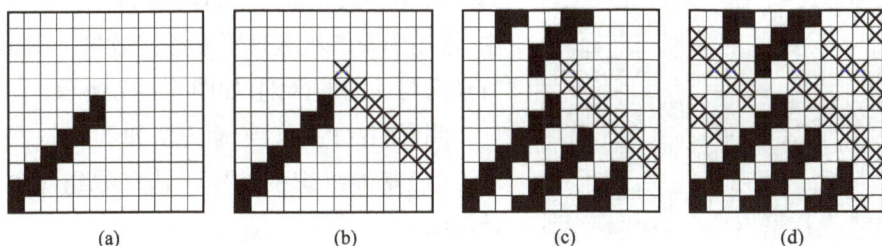

图 6 – 46　芦席斜纹组织的绘作步骤图

(1)选定基础组织。通常以双面加强斜纹作为基础组织,本例以 $\dfrac{2}{2}$ 斜纹为基础组织。

(2)确定同一方向平行斜纹线的条数。通常为 2 条、3 条或 4 条。

(3)确定组织循环的大小。$R_j = R_w =$ 基础组织的组织循环纱线数 × 同一方向平行斜纹线的条数。

如本例中,同一方向的平行斜纹线的条数为 3 条,则 $R_j = R_w = 4 \times 3 = 12$。

(4)填绘组织图。

①把组织循环沿经向分为相等的左、右两部分。

②从左半部的左下角开始,按基础组织的连续经组织点描绘出第一条右斜纹,直到左半部的最后一根经纱为止,如图 6 – 46(a)所示。

③在右半部,从第一根斜纹线的顶端向上移动基础组织的连续组织点数(本例中为 2),以此作为起点,向下画相反的斜纹线,如图 6 – 46(b)所示。

④按基础组织的沉浮规律,画出其余几条右斜纹,其长度与第一条右斜纹相同,且不与左斜纹连续,如图 6 – 46(c)所示。

⑤同理,画出其余几条左斜纹,其起始组织点位于前一左斜纹线向右上方移动两根纬纱

织物组织分析与应用

的距离,如图6-46(d)所示。

图6-45(a)是以$\frac{2}{2}$加强斜纹为基础组织,同一方向有2条斜纹线的芦席斜纹组织。

图6-45(b)是以$\frac{2}{2}$加强斜纹为基础组织,同一方向有4条斜纹线的芦席斜纹组织。

图6-45(c)是以$\frac{2}{2}$加强斜纹为基础组织,同一方向有3条斜纹线的芦席斜纹组织。

芦席斜纹织物上机时采用照图穿法或顺穿法。

芦席斜纹花纹精致美观。一般可用于服装织物,如棉织物的女线呢、床单布,毛织物中的各类花呢等。

6.2.10 阴影斜纹

阴影斜纹组织是一种由纬面斜纹过渡到经面斜纹或由经面斜纹过渡到纬面斜纹的斜纹组织。这种组织的织物表面呈现由明到暗或由暗到明的光影层次感,故称阴影斜纹。在提花织物中,常用阴影斜纹表现影光层次效果。阴影斜纹也有经向与纬向的区别,如图6-47所示。

图6-47 阴影斜纹模拟图

阴影斜纹的设计绘制方法如下。

(1)基础组织的选定。选择原组织斜纹为基础组织。

(2)组织循环纱线数的确定。在确定组织循环纱线数之前,需求出由纬(经)面过渡到经(纬)面所需要的基础组织数,即过渡循环数。过渡循环数=基础组织的组织循环纱线数-1,由此得阴影斜纹的组织循环为:

①经向阴影斜纹:R_j=基础组织的组织循环纱线数×(基础组织的组织循环纱线数-1),R_w=基础组织的组织循环纱线数。

②纬面阴影斜纹:R_j=基础组织的组织循环纱线数,R_w=基础组织的组织循环纱线数×(基础组织的组织循环纱线数-1)。

(3)在每个过渡循环中画基础组织,然后依次在每个循环内,在斜纹经或(纬)组织点旁边,增加一个组织点,如在第二个过渡循环中,在原有的组织点旁边增加一个组织点;在第三个过渡循环中,则在原有的组织点旁边连续增加两个组织点,直到绘完一个组织循环。

图6-48(a)是以$\frac{2}{4}\nearrow$为基础组织的经向阴影斜纹组织,图6-48(b)是纬向阴影斜纹,图6-48(c)是由纬面斜纹逐渐过渡到经面斜纹再过渡到纬面斜纹得到的经向阴影斜纹组织。

阴影斜纹常用于各类提花织物中,以获得花纹的影光效应。

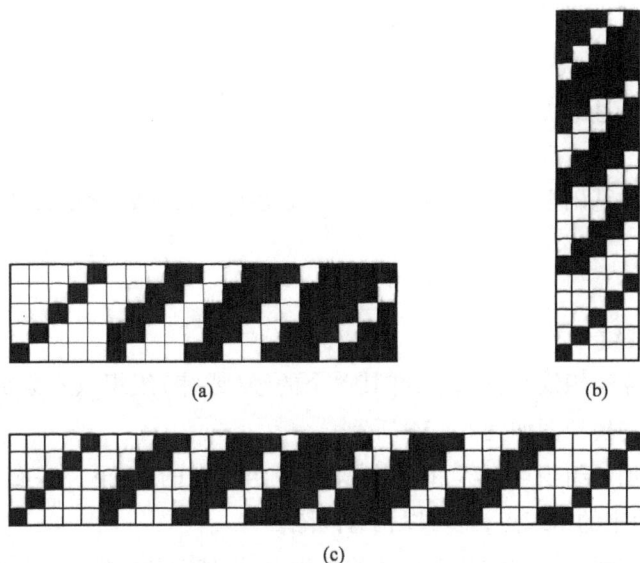

图 6 - 48　经向与纬向阴影斜纹组织

6.2.11　夹花斜纹

夹花斜纹在斜纹组织中配以方平、重平或其他小花纹组织,使外观活泼、优美,增加了花色品种。夹花斜纹的基础组织常为加强斜纹组织。夹花斜纹模拟图如图 6 - 49 所示。

在设计绘制夹花斜纹时,可先绘一主体斜纹线,然后在其中空白处设法填入其他适当的组织。但在填绘时必须注意,在主体斜纹线与各种填绘的组织点之间,不能互相接触,以免花纹混淆不清,即至少空一个纬组织点。另外还必须注意,每一个组织循环内的第一根经纱与最末一根经纱,第一根纬纱与最末一根纬纱的衔接,要保证组织的连续。

图 6 - 50(a)是以 $\frac{3}{9}$↗斜纹组织与 $\frac{3}{3}$方平组织相配合的夹花斜纹。

图 6 - 50(b)是以 $\frac{3}{5}$↗斜纹组织为主体斜纹线,其中配入小花纹组织而成的夹花斜纹。

图 6 - 49　夹花斜纹模拟图

图 6 - 50　夹花斜纹组织

105

夹花斜纹组织可应用于各种花呢、女线呢等织物。

6.3 缎纹变化组织

在原组织缎纹的基础上,运用增加组织点、改变组织点飞数等方法,可以获得各种缎纹变化组织。

6.3.1 加强缎纹

加强缎纹是以原组织缎纹为基础,在其单个的经(或纬)组织点旁添加单个或多个组织点而成。加强缎纹的模拟图如图 6 – 51 所示。

加强缎纹所添加的组织点,既可以在原来单个组织点的上、下、左、右,也可以在其对角方向,可以紧挨着原来的组织点,也可以稍有间隔。

加强缎纹可以在保持缎纹的基本特性的基础上,增加织物的牢度,也可以获得新的织物外观与风格。

图 6 – 52(a)、(b)为 8 枚 5 飞纬面加强缎纹,图 6 – 52(a)为在原来单个经组织点 ■ 的右侧添加了一个经组织点而成;而 6 – 52(b)为在原来单个的组织点 ■ 的左上方添加了一个经组织点而成。这种形式的加强缎纹一般用于刮绒织物,增加组织点后再经过刮绒,可防止纬纱移动,同时能增加织物牢度。

图 6 – 51　加强缎纹模拟图

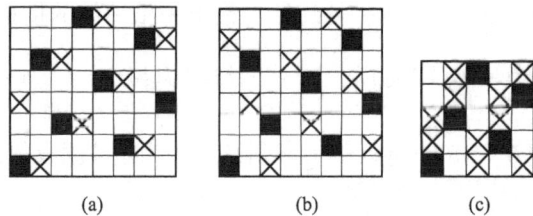

(a)　　　　(b)　　　　(c)

图 6 – 52　加强缎纹

加强缎纹在毛织物中往往用来获得新的组织与外观风格。图 6 – 52(c)为 5 枚 3 飞加强缎纹,这是在原来单个经组织点 ■ 的上方添加了两个经组织点而成,也可以把它看做 $\dfrac{3}{2}\nearrow$ 急斜纹组织,常用在棉和毛直贡呢上。许多急斜纹组织往往可以看做是加强缎纹组织。图 6 – 53 为 11 枚 7 飞的纬面加强缎纹,是在原来单个的组织点 ■ 的右上方添加三个组织点而成。在毛织物中,采用这个组织,再配以较大的经纱密度,就可以获得正面外观如斜纹(华达呢),而反面呈现出经面缎纹的外观,故称缎背华达呢。这是一种紧密厚重的精纺毛织物,手感丰厚,外观挺括,弹性好。

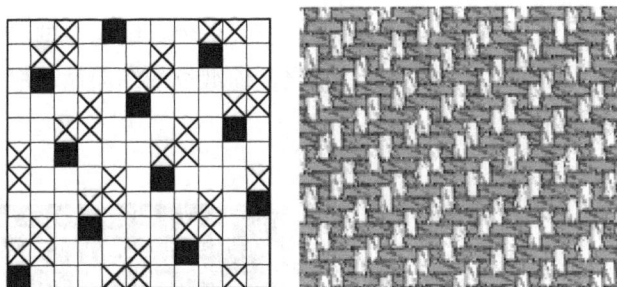

图 6-53　缎背华达呢

6.3.2　变则缎纹

在原组织缎纹中,飞数是一个常数,这种缎纹组织也称为正则缎纹。如果在一个组织循环中,飞数是个变数,则构成的缎纹称为变则缎纹。

在原组织缎纹中曾指出 R 和 S 必须互为质数,即当 R 和 S 有公约数时,不能作出缎纹组织。如当 $R=6$ 时,可作为飞数的有 2、3、4 三个数,而这三个数和 6 都有公约数,所以 $R=6$ 不能构成正则缎纹。但由于设计及织造时的具体情况,有时必须采用 6 枚缎纹时,则在一个组织循环中,飞数就只能是变数,如图 6-54(a)、(b)所示,其飞数是 4、3、2、2、3、4,分别是 6 枚变则纬面缎纹和 6 枚变则经面缎纹。

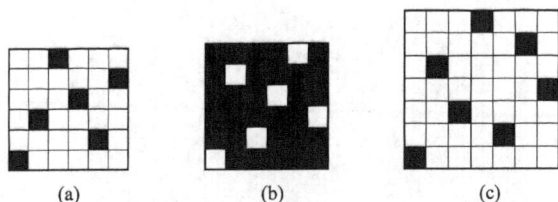

图 6-54　变则缎纹

4 枚缎纹亦是这种情况,飞数只能是变数。5 枚及 7 枚以上,均可形成正则缎纹,但也可以形成变则缎纹。图 6-54(c)为 7 枚变则缎纹,对于正则 7 枚缎纹,不管用什么飞数值,所构成的缎纹组织,其组织点分布都不太理想,都带有斜纹倾向,如想得到组织点分布较为均匀的 7 枚缎纹,采用变则缎纹较好。

变则缎纹在各类织物中均有应用。如 4 枚变则缎纹除用于棉织物牛仔布、毛织物外,还可以用作构成绉组织的基础组织;6 枚变则缎纹由于组织大小适中,单个组织点分布均匀,便于遮蔽,可使织物的交织更紧密、丰厚,常用于顺毛大衣呢及立绒大衣呢等织物中。

4 枚与 6 枚变则缎纹除了单独用于某些织物外,还常与其他组织配合使用,因为它们的组织循环纱线数为偶数,容易与平纹组织配合,可以节省用综数。在复杂组织与大花纹组织中,在表里组织的配合和花地组织的配合上,有时也需要用变则缎纹。

6.3.3　重缎纹

延长缎纹组织的纬(或经)向组织循环根数,也就是延长组织点的经向(或纬向)浮长所得的组织称为重缎纹。图6-55是扩大5枚2飞经面缎纹的纬向循环根数,称为5枚2飞经面重纬缎纹,在手帕织物中应用较广泛。

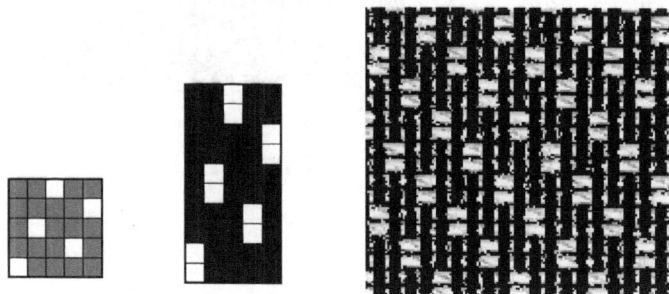

图6-55　经面重纬缎纹

6.3.4　阴影缎纹

阴影缎纹同阴影斜纹一样,是由纬面缎纹逐渐过渡到经面缎纹或由经面缎纹逐渐过渡到纬面缎纹的一种变化组织。它所构成的织物呈现出由明到暗或由暗到明的外观效果。阴影缎纹模拟图如图6-56所示。

图6-56　阴影缎纹模拟图

图6-57是由8枚5飞缎纹组织构成的经向阴影缎纹。绘制阴影缎纹的方法与阴影斜纹相同。8枚缎纹的过渡循环为7,故组织循环经纱数 $R_j = 8 \times 7 = 56$,组织循环纬纱数 $R_w = 8$。

图6-57　8枚阴影缎纹

　　阴影缎纹组织在表现光影效果方面较阴影斜纹更好,常用在毛及丝织的提花织物上。图6-58为阴影缎纹应用的实例。

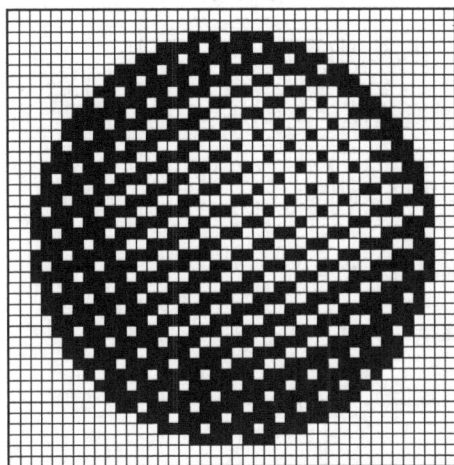

图6-58　阴影缎纹应用实例

思考与练习

6-1. 变化组织是如何得到的? 主要有哪几类变化组织?

6-2. 平纹变化组织的变化方法主要有哪些? 根据变化可以得到哪几类平纹变化组织?

6-3. 试绘作$\frac{3}{2}$及$\frac{3\quad1}{2}$变化经重平组织图。

6-4. 试绘作$\frac{3}{2}$及$\frac{3\quad1}{2}$变化纬重平组织图。

6-5. 试绘作$\frac{3\quad1}{2\quad2}$及$\frac{2\quad1\quad2}{1\quad2\quad1}$变化方平组织图。

6-6. 斜纹变化组织的变化方法主要有哪些? 主要有哪些斜纹变化组织?

6-7. 试绘作$\frac{3}{2}\nearrow$、$\frac{4}{2}\nearrow$、$\frac{4}{4}\nearrow$加强斜纹的组织图。

6-8. 试绘作$\frac{2\quad2}{1\quad3}\nearrow$、$\frac{4\quad2}{1\quad2}\nearrow$、$\frac{3\quad1\quad2}{2\quad2\quad1}\nearrow$、$\frac{4\quad1\quad1}{3\quad1\quad3}\nearrow$复合斜纹组织图。

6-9. 说明影响斜纹织物倾斜角度的因素有哪些?

6-10. 分别绘制下列急斜纹的组织图:

(1)以$\frac{4\quad1\quad1}{1\quad4\quad2}$为基础组织,$S_j=2$。

(2)以$\frac{4\quad3\quad4\quad1}{1\quad1\quad2\quad2}$为基础组织,$S_j=2$。

6-11. 以 $\dfrac{5\quad 4}{2\quad 1}\nearrow$ 为基础组织,$S_w = 2$,作一缓斜纹的组织图。

6-12. 以 $\dfrac{4\quad 1}{2\quad 2}\nearrow$ 为基础组织,自己确定 S_j 值,试作一曲线斜纹组织图。

6-13. 按照下列已知条件,绘制经山形斜纹上机图:

(1) 以 $\dfrac{3\quad 1}{2\quad 2}\nearrow$ 为基础组织,$K_j = 8$。

(2) 以 $\dfrac{3}{2}\nearrow$ 为基础组织,$K_j = 10$。

(3) 以 $\dfrac{2\quad 1}{2\quad 1}\nearrow$ 为基础组织,$K_j = 9$。

6-14. 按照下列已知条件,绘制纬山形斜纹上机图:

(1) 以 $\dfrac{2\quad 2}{1\quad 3}\nearrow$ 为基础组织,$K_w = 8$。

(2) 以 $\dfrac{4}{2}\nearrow$ 为基础组织,$K_w = 12$。

6-15. 按照下列已知条件,绘制破斜纹上机图:

(1) 以 $\dfrac{3\quad 1}{3\quad 1}\nearrow$ 为基础组织,$K_j = 8$。

(2) 以 $\dfrac{3\quad 1}{3\quad 1}\nearrow$ 为基础组织,$K_j = 10$。

(3) 以 $\dfrac{2\quad 2}{1\quad 3}\nearrow$ 为基础组织,$K_w = 8$。

(4) 以 $\dfrac{3\quad 1\quad 1}{1\quad 1\quad 3}\nearrow$ 为基础组织,$K_w = 10$。

6-16. 按照下列已知条件,绘制菱形斜纹上机图:

(1) 以 $\dfrac{2\quad 1}{2\quad 1}\nearrow$ 为基础组织,$K_j = K_w = 7$,按山形斜纹方式绘作。

(2) 以 $\dfrac{2\quad 1}{2\quad 1}\nearrow$ 为基础组织,$K_j = K_w = 7$,按破斜纹方式绘作。

(3) 以 $\dfrac{4}{4}\nearrow$ 为基础组织,$K_j = K_w = 6$,按破斜纹方式绘作。

(4) 以 $\dfrac{2\quad 1}{2\quad 2}\nearrow$ 为基础组织,$K_j = 8$,$K_w = 6$,按山形斜纹方式绘作。

6-17. 试绘作以 $\dfrac{2\quad 1}{1\quad 2}\nearrow$ 为基础组织,$K_j = 9$,锯齿飞数 $=4$ 的锯齿形斜纹组织图。

6-18. 以 $\dfrac{3}{3}$ 斜纹为基础组织,作同一方向斜纹线为两条的芦席斜纹组织图。

6-19. 缎纹变化组织的变化方法主要有哪些? 有哪几类缎纹变化组织?

6-20. 作以 5 枚 2 飞纬面缎纹为基础的阴影缎纹组织图。

任务七　联合组织分析与小样试织

【任务目标】

1. 了解联合组织中各类组织的形成原理、特征及应用
2. 掌握联合组织中各类组织上机图的绘作
3. 熟练分析联合组织形成的各种织物
4. 完成指定的联合组织织物小样试织,并实施创新设计

【任务实施】

1. 任务要求

通过分析各种联合组织织物,了解其应用、结构特征、风格及组织图的绘作。在掌握和巩固基本分析方法的前提下,学会一些简化的分析方法。通过试织联合组织织物,进一步理解其组织变化手法及应用,熟悉其结构、风格特征。

2. 仪器、工具及材料准备

照布镜、分析针、意匠纸、笔,联合组织各种织物分析样品,小样织机、绕纱框架、色纱、小样织机配套工具一套。

3. 实施内容

(1)条格、方格组织织物分析与试织。

(2)透孔、蜂巢组织织物分析与试织。

(3)凸条、网目组织织物分析与试织。

(4)平纹地小提花、配色模纹组织织物分析。

(5)织物创新设计与试织。

4. 实施要点

(1)条格组织分界线清晰,相邻组织点相反。

(2)纵条组织设计与试织时注意经纱织缩率差异。

(3)方格组织设计对角区域组织相同,起始点相同;分界处组织点呈底片翻转关系。

(4)格子织物经纬纱密度变化的控制。

(5)绉组织设计的基本原则,省综设计法设计的绉组织。

(6)透孔织物的形成原理,透孔的位置、穿筘要求,打纬控制。

(7)蜂巢效应形成的原理,判定织物中的凹凸位置。

(8)网目效果形成原理,增加网目效应的方法。

(9)凸条织物的形成原理,增加凸条效应的方法,凸条织物的上机要求。

(10)小提花织物的设计原则,经纬浮长线提花的基本要求。

(11)配色模纹的形成,配色模纹的分析,色纱排列对配色模纹的影响。

(12)创新织物纹样设计与综页数的关系。

5. 织物分析与试织报告内容

(1)织物分析报告。

(2)小样试织报告。

(3)创新设计小样试织报告。

【相关知识】

联合组织及其应用

联合组织包括条格组织、绉组织、透孔组织、蜂巢组织、网目组织、凸条组织、平纹地小提花组织以及色纱与组织的配合——配色模纹组织。

7.1 条格组织

条格组织是用两种或两种以上的组织平行并列配置而形成的。由于采用了各种不同的组织,因此在织物表面呈现出清晰的条形或格子状的外观。条格组织广泛应用于各种不同的织物,如服装用织物、被单、手帕、头巾等。条格组织根据织物表面的外观效果,可分为纵条纹组织、横条纹组织、方格组织和格子组织。其中,以纵条纹组织的应用最为广泛。

以下主要介绍纵条纹组织、方格组织和格子组织。

7.1.1 纵条纹组织(图7-1)

图7-1 纵条纹组织织物

当两种或两种以上的组织左右平行并列时,各个不同的组织各自形成纵条纹,称为纵条纹组织,如图7-2所示。

图7-2(a)为$\frac{2}{2}$右斜纹与$\frac{2}{2}$方平组织配合形成。

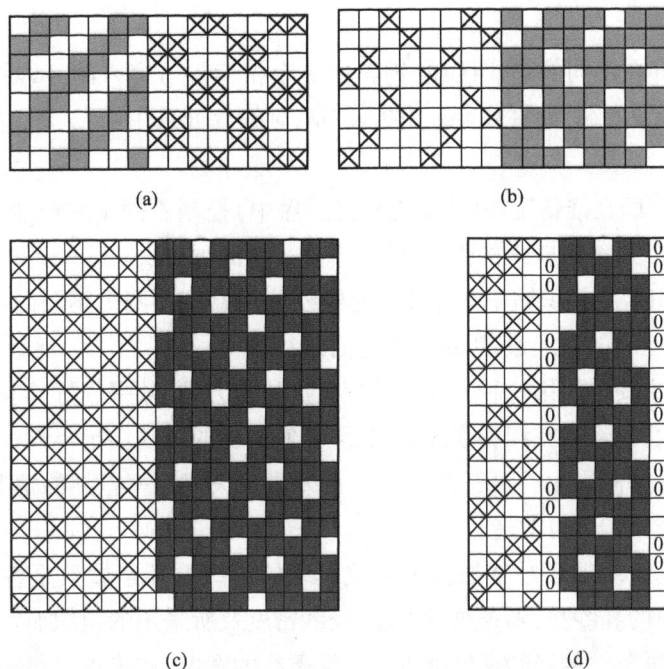

图 7 - 2　纵条纹组织

图 7 -2(b)为$\dfrac{1}{3}$纬破斜纹与$\dfrac{3}{1}$经破斜纹组织配合形成(也属于破斜纹的一种)。

图 7 -2(c)为平纹与 5 枚 2 飞经面缎纹配合形成(此图常用于缎条府绸织物的组织设计)。

图 7 -2(d)为$\dfrac{2}{2}$右斜纹与 5 枚 2 飞经面缎纹配合形成。

(1)纵条纹组织的绘作要点。纵条纹组织的几种不同组织的选择与配置原则是:务必使条纹清晰并便于织造。为此,在设计和生产纵条纹组织过程中,应充分考虑以下几个方面。

①在各条纹交界处,不同组织区域的相邻两根经纱上组织点的配置最好呈底片翻转关系(经纬浮点相反),以使界线分明,如图 7 -2(a)中的第 7 根与第 8 根经纱、第 15 根与第 1 根经纱上经纬组织点的配置。

②如果各条纹交界处相邻两根经纱不能配成经纬浮点相反,那么为使条纹分界清晰,可在两条纹交界处镶嵌一根另一组织或另一颜色的纱线,如图 7 -2(d)中的第 5 根与第 11 根经纱。但要注意尽量不使上机复杂化,不要增加综页数。

③各条纹组织的经纬纱交错次数不宜相差过大。否则,由于各条纹的缩率差异过大,容易使在生产过程中纱线的张力松紧不一而造成经纱断头,使织造困难,同时也会使织物表面不平整。

如果为了织物表面风格和效果的需要,必须采用织缩率差异较大的组织平行并列配置时,那么在织物设计与生产工艺上就必须采取相应的补救措施。具体方法举例如下:

a. 花筘穿法。即在不同的组织区域,钢筘中一个筘齿内所穿入的经纱根数并不相同。图 7-2(c)所示的缎条府绸,如平纹处采用 2 入/筘,则缎纹处采用 4 入/筘,这样就可以增加缎条部分的经密。

b. 预加张力法。即在准备工序(主要在整经工序中)控制不同条纹经纱的张力,对交错次数较少的那部分经纱,给以较大的张力,使其产生一定的预伸长。

c. 采用双织轴织造。将织缩率差异较大的经纱分别卷绕在两个不同的织轴上,根据织造的需要,控制不同经纱的送经量,以保证织造时经纱张力一致。

在实际生产中,主要采用第一种方法。采用此法比较方便,效果也好,同时,由于某部分区域的经纱密度增大,使经纱在织物表面隆起,从而使织物的条纹凸出丰满。第二种方法有时也配合第一种方法共同采用。第三种方法是在无法解决织缩率差异的情况下才采用的,因为要对织机的送经机构进行改造。

④纵条纹组织的组织循环纱线数。纵条纹组织的组织循环经纱数是各条纹经纱数之和。而每一纵条纹中的经纱数,随条纹的宽度、经纱密度及所采用的组织而定。确定条纹经纱数时,首先以每一纵条纹的经纱密度乘以每一纵条纹的宽度,初步得出每一纵条纹的经纱数,然后再加以修正(尽量把每个纵条纹的经纱数修正为各纵条纹基础组织组织循环经纱数的整数倍)。最后确定每一纵条纹的经纱数,这时应同时考虑条纹的界限分明问题。为使条纹界线清晰,每个纵条纹的经纱数应为每筘齿穿入数的整倍数。

纵条纹组织的组织循环纬纱数,是各纵条纹所用的基础组织组织循环纬纱数的最小公倍数。

图 7-2(a)中,$R_j = 8 \times 8 + 10 \times 2 = 64 + 20 = 84$,$R_w = 10$。

(2)纵条纹组织的应用与上机。纵条纹组织可以用比较简单的组织使织物形成美观、大方的纵条花纹,在棉、毛、麻、丝各类织物中均有广泛应用。棉织物的应用有缎条府绸,如图 7-3 所示;各种变化麻纱,如图 7-4 所示。其在家用纺织品中的床上用品、窗帘布等织物中尤为多见。毛织物中有各种花呢、女式呢等,丝织物中的应用也较多。在制织纵条纹织物时,可采用间断穿综法或照图穿综法。

横条纹组织较少单独应用,其绘制原则及方法与纵条纹相似,只是以不同的组织上下配置而已。其穿综方法用顺穿法。综框片数等于横条纹组织循环经纱数。图 7-5 为丝织物四维呢的上机图。该织物为平纹与 4 枚纬面破斜纹的联合,其完全经纱数 $R_j = 4$,完全纬纱数 $R_w = 6$。因经密较大,故采用 8 片综顺穿法。

横条纹织物上机时,应充分考虑横向纬面组织的密度。为保证织物横向条纹清晰、饱满、突出,纬密要加大,在织机上应通过卷取机构的改造来获得,即采用间歇停卷装置。这对许多企业而言都是比较困难的。而局部纬密的增大会降低生产的产量,这也是市场上横条纹织物较少的主要原因之一。

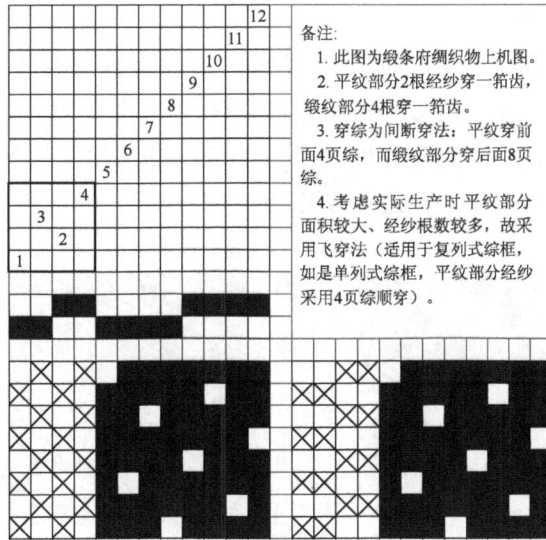

备注:
1. 此图为缎条府绸织物上机图。
2. 平纹部分2根经纱穿一筘齿,缎纹部分4根穿一筘齿。
3. 穿综为间断穿法:平纹穿前面4页综,而缎纹部分穿后面8页综。
4. 考虑实际生产时平纹部分面积较大、经纱根数较多,故采用飞穿法(适用于复列式综框,如是单列式综框,平纹部分经纱采用4页综顺穿)。

图7-3 缎条府绸织物上机图

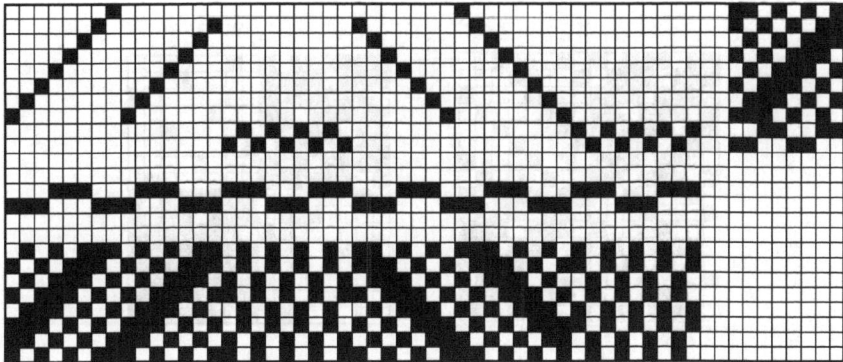

图7-4 变化麻纱织物上机图

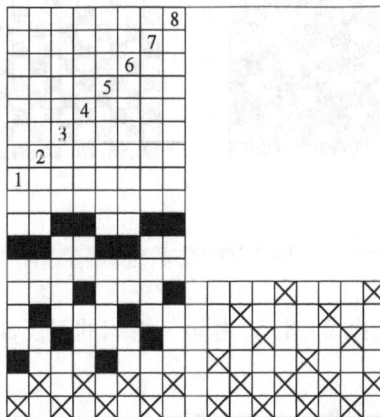

图7-5 丝织物四维呢的上机图

7.1.2　方格组织(图7-6)

由不同组织或同一组织的正反面组织既沿纵向又沿横向并列,在织物表面呈现方格效应的组织,称为方格组织,基本的方格组织呈正方形,并可将一个完整组织划分成田字形的四等分。也有些方格组织并不呈正方形,划分的四部分也可以不相等。方格组织还可以与纵、横条纹组织联合应用。图7-7是方格组织的一些例子。

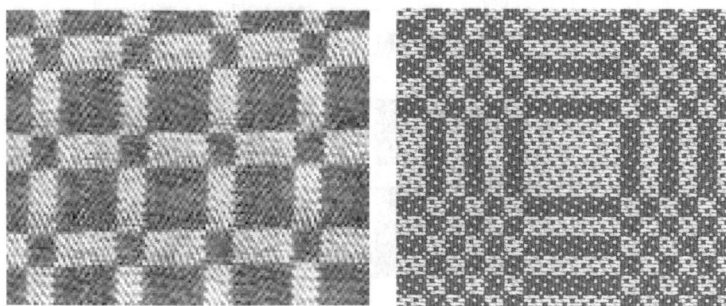

图7-6　方格织物模拟图

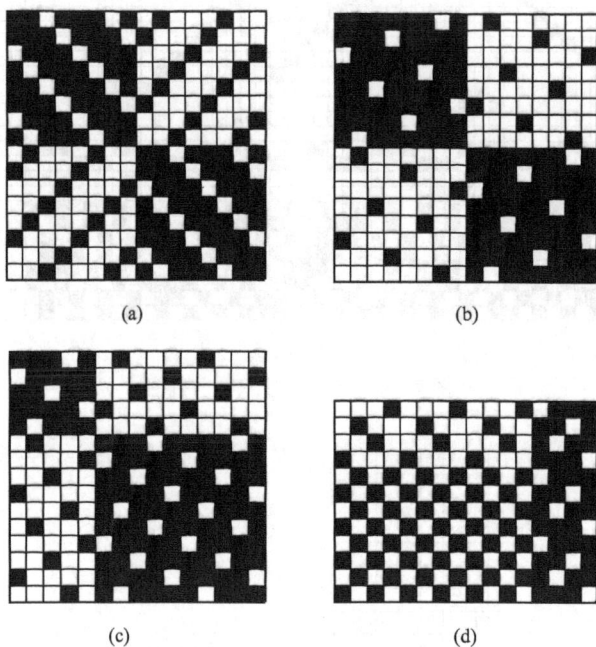

(a)

(b)

(c)

(d)

图7-7　方格组织

(1)方格组织的绘作方法(图7-8)。由同一组织的正反面组织配置而成的基本方格组织的绘作方法如下。

①选择某种经(或纬)面组织作为基础组织。

②确定完全组织大小,并将完整组织划分成田字形的四等分。

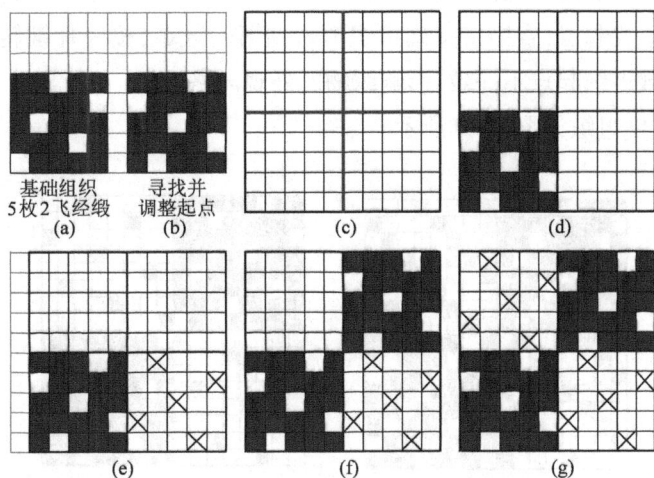

图7-8　方格组织的绘制

③作出基础组织。

④根据中心对称关系找起点。

⑤将调整起点的基础组织填入完整组织的左下角部分。

⑥按"底片翻转法"逐一填绘其他三部分组织。

图7-7(a)、(b)即为按此法绘作而成的方格组织,图7-7(c)也是按此法绘作的,只是四个部分并不相等。

(2)绘制方格组织的注意事项。

①四个等分组织,在它们相互交界处必须界线分明。采用正反面组织时,交界处相邻两根纱线的组织点相反,界线必然是分明的。如不是由正反面组织构成时,则可参照纵(横)条纹组织的相应办法来使交界处界线分明。

②应尽可能防止四个等分组织的共同交界处(即完整组织的中央)出现平纹组织点,如图7-9(b)所示。这样,完全组织的中央会呈现"低洼"状态。而图7-7(a)、(b)和图7-8等方格组织就避免了这种状态,使织物很平整。

③采用正反面组织配置方格组织时,处于对角位置的部分,不仅组织相同,而且它们的起始点也应相同。这样可以使织物表面显得整齐美观,如图7-7(a)所示。否则会破坏组织的连续性,从而影响织物的美观。

要使对角位置的相同组织的起始点相同,就必须对组织的起点进行选择,俗称找起点,即观察基础组织,寻找相邻两根纱线上的组织点呈现中心对称关系(相邻两根经纱上相对应的组织点距上、下边缘相等,或者相邻两根纬纱上相应的组织点距左、右边缘相等)。以此分界线右侧经纱或上侧纬纱为方格组织第一区域的组织起点,分界线左侧或下侧纱线为第一区域的组织终点填绘到第一区域中。

(3)设计方格组织时常犯的错误。

①严重错误:忽视相邻区域交界处纱线上组织点完全相反的要求,不找起点,第二区域

按底片翻转法设计组织,而第三区域和第四区域直接按对角区域组织直接复制完成。

②一般错误:不找起点,直接将基础组织填入到第一区域,按底片翻转法完成组织图的设计,造成对角区域组织起点不一致,影响织物的外观风格。

配置不良的方格组织如图 7-9 所示。

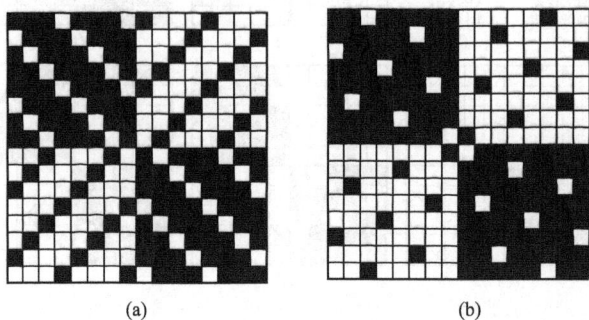

(a)   (b)

图 7-9 配置不良的方格组织

7.1.3 格子组织(图 7-10)

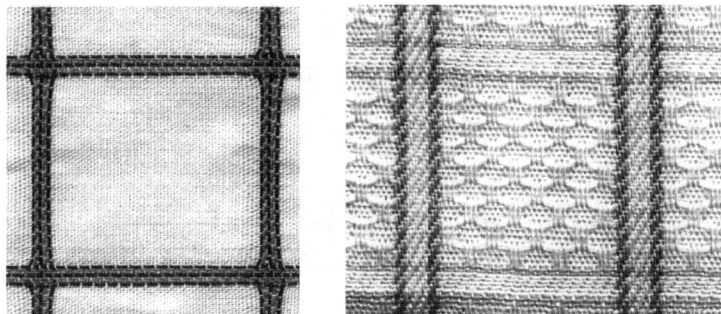

图 7-10 格子织物

由纵横条纹联合可以构成另一类格子组织,其典型织物是缎条手帕,如图 7-11 所示,其中地组织为平纹,缎条部分为 4 枚不规则缎纹。穿综为 8 页综间断穿法,由图中可以看出,经向缎条所需综片数等于其完全经纱数;其余部分所需综片数等于地组织与纬向缎条两者完全经纱数的最小公倍数。故在选择缎、地组织时需顾及综片数。一般不应使综片总数超过 16 片。

平纹缎条手帕织物(图 7-11)的平纹处纱线密度为 320 根/10cm,缎纹处密度为 640 根/10cm。

在此手帕织物设计过程中,纵向条纹的经密较大,横向条纹的纬密较大,故在纵横向条纹交界处,经纬密度均比较大,因此在生产过程中极易形成弓纬,从而影响织物的外观效果。因此,在组织设计时,该部分宜采用重纬缎组织(图 7-12),即两根纬纱的运动规律相同,以减少经纬纱交织次数,提高织物的可密性。

平纹	经缎	平纹	经缎	平纹	2cm
纬缎	重纬缎	纬缎	重纬缎	纬缎	2cm
平纹	经缎	平纹	经缎	平纹	32cm
纬缎	重纬缎	纬缎	重纬缎	纬缎	2cm
平纹	经缎	平纹	经缎	平纹	2cm
2cm	2cm	32cm	2cm	2cm	

（a）

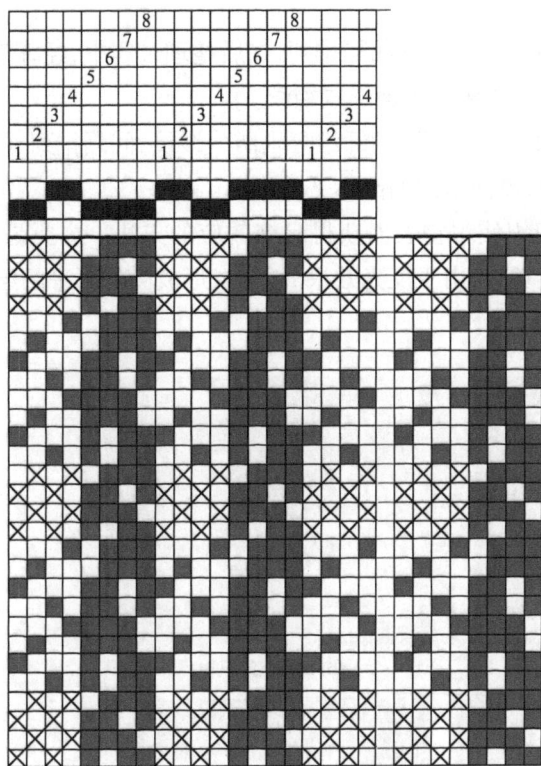

(b)

图 7-11　平纹缎条手帕组织

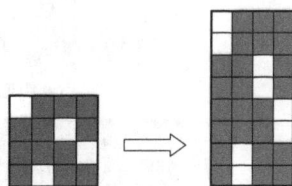

图 7-12　经面重纬缎组织

　　这种格子组织还广泛应用于头巾、桌布等服饰与装饰织物中。设计这类格子组织时,还应使组织点稀疏的嵌条组织(通常为缎条提花)加大经纬密度。经向嵌条应加大经密;纬向嵌条,在织机上应采用停送、停卷装置,以增加纬密,突出缎条效应。这类织物上机时,仍采用间断穿法穿综。

7.2　绉组织

　　在日常生活中,经常会看到一些起泡起绉类的织物,这些织物都具有共同的外观特征:表面不平整,有明显的起泡、起绉效应。这类织物以其外观别致,立体感强,舒适、免烫、休闲的风格,得到了广大消费者的喜欢。

织物表面起绉、起泡的方法,可分为以下几种:

(1)织造泡泡纱。运用粗细不同、密度不同的经纱,采用双织轴送经,最终在织物表面形成纵向的泡条。这种泡条有明显的折裥。

(2)碱缩泡绉织物。充分利用纯棉织物遇强碱强烈收缩的特性,通过后整理在织物局部表面印上强碱糨糊,从而使织物的表面收缩不一而形成泡绉。

(3)热轧泡绉织物。利用化学纤维(主要为热塑性材料)在高温条件下形状改变和重新定型的方法,从而在织物表面形成绉纹。

(4)强捻纱泡绉织物。利用不同捻向的强捻纱间隔排列,在后整理过程中,经练煮,使原来定捻的纱线产生自然回缩和扭曲,从而在织物表面形成绉纹。

(5)弹力纱泡绉织物。采用两种收缩性能不同的纤维分别纺成纱线,间隔排列,经织造、染整加工后,由于纱线产生不同的收缩,布面形成凹凸不平的泡泡。

(6)绉组织泡绉织物。利用织物组织使织物表面获得起绉效应的方法。主要是利用织物表面经纬浮长的变化,因此在人的视觉中,由于反光效果的差异,形成高低不平的绉效果。

各类绉织物的效果如图7-13所示。

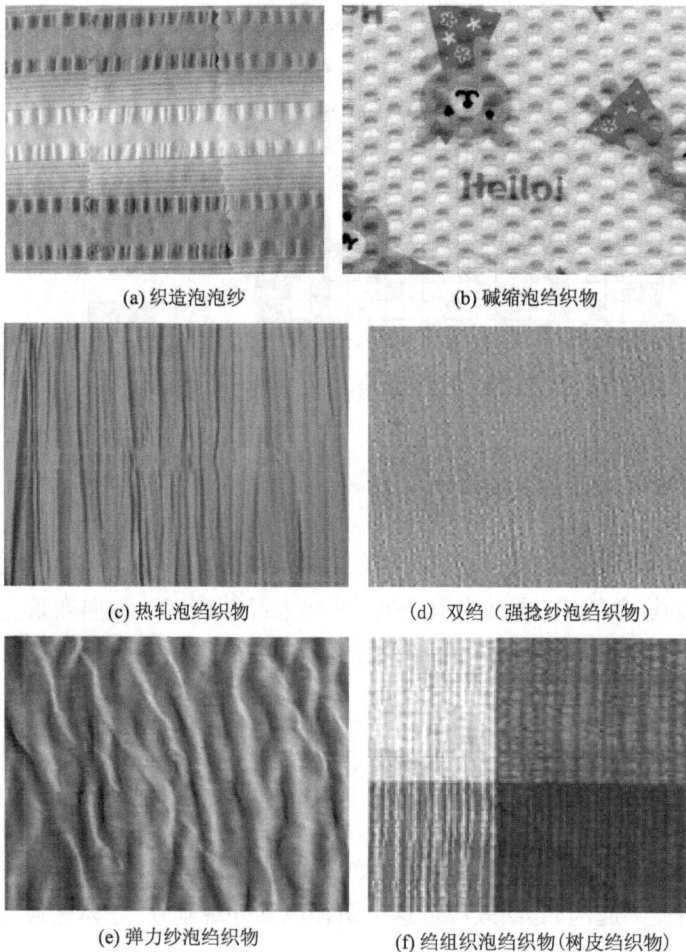

(a) 织造泡泡纱

(b) 碱缩泡绉织物

(c) 热轧泡绉织物

(d) 双绉（强捻纱泡绉织物）

(e) 弹力纱泡绉织物

(f) 绉组织泡绉织物(树皮绉织物)

图7-13　各类绉织物的效果示意图

7.2.1　绉组织的特征

绉组织织物在生活中有着极其广泛的应用。这类织物的起绉,主要是由织物组织中不同长度的经纬浮线,在纵横方向错综排列,则结构较松的长浮组织点受结构较紧的短浮组织点的作用,而在织物中轻轻凸起,使织物表面形成满布分散且规律不明显的微微扭曲的细小颗粒状,形如起绉。使织物呈现起绉外观的组织,称为绉组织。它所织成的织物较平纹织物手感柔软,厚实,弹性好,表面反光柔和。

一个好的绉组织应使织物表面形成的微微扭曲的颗粒状细小而无明显规律,并便于织造。为此,构作绉组织必须注意下列几点。

(1)织物表面的经纬组织点,不能有明显的斜纹、条子或其他规律出现。不同长度的经纬浮线配置得越复杂,则越能掩盖其规律性,那么织物表面起绉的效果就越好。因此,组织循环大些,效果就会较好,但应注意尽量减少生产中的复杂程度,如综页不宜过多,每页综的载荷应尽量相近。

(2)在一个组织循环内,每根经纱与纬纱的交织次数应尽量一致,相差不要过大,以使每根经纱的缩率趋于一致。否则将影响梭口的清晰度及织物外观。

(3)在组织图上,经(或纬)浮线不宜过长,不应有大量相同的组织点(经或纬组织点)集中在一起,以免影响起绉效果。

7.2.2　绉组织绘图方法

绉组织的绘作方法很多,现将常用的构成绉组织的方法介绍如下。

(1)增点法:也称叠加法或重叠法,是以某一原组织或变化组织为基础,然后在此组织的基础上按另一种组织的规律增加经组织点构成绉组织。如图 7 - 14(a)所示,以 4 枚纬破斜纹为基础,按 6 枚不规则缎纹增加经组织点。

在平纹组织的基础上,按 4 枚不规则缎纹的规律增加经组织点而构成的绉组织,它的作图方法是先在 8×8 的范围内画平纹组织,然后再在奇数经纱和偶数纬纱相交处,按 4 枚不规则缎纹填绘经组织点而成,如图 7 - 14(b)所示。

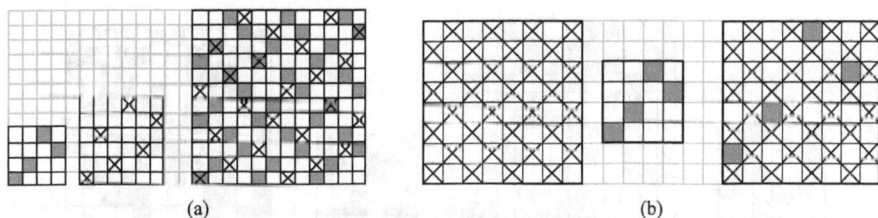

图 7 - 14　增点法形成的绉组织

(2)移绘法:采用此法绘制绉组织时,是将一种组织的经(或纬)纱移绘到另一种组织的经(或纬)纱之间,如图 7 - 15 所示。在移绘时,两种组织的经纱可采用 1∶1 的排列比,也可采用其他排列比。采用此法绘制的绉组织,当经纱排列比为 1∶1 时,其组织循环经纱数为两种基础组织的组织循环经纱数的最小公倍数乘以2,组织循环纬纱数等于两种基础组织的组织循环纬纱数的最小公倍数。

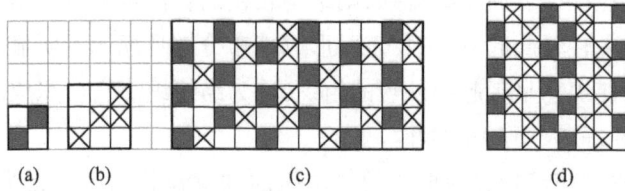

图7-15　移绘法构作的绉组织

(3)调序法:调整同一种组织的纱线次序构成绉组织。用这一方法绘制绉组织时,一般以有长短浮长线的变化组织作为基础组织,然后按构成绉组织的外观的要求变更基础组织的经(或纬)纱的排列次序而成。图7-16(a)是以 $\frac{3\ \ 1\ \ 1}{2\ \ 2\ \ 2}\nearrow$ 为基础组织,采用1、5、9、2、6、10、3、7、11、4、8的经纱排列顺序绘制成的绉组织。图7-16(b)是以 $\frac{2\ \ 1\ \ 1}{1\ \ 2\ \ 1}\rightarrow$ 急斜纹为基础组织,采用1、4、2、1、3、4、2、3经纱排列顺序绘制成的绉组织。

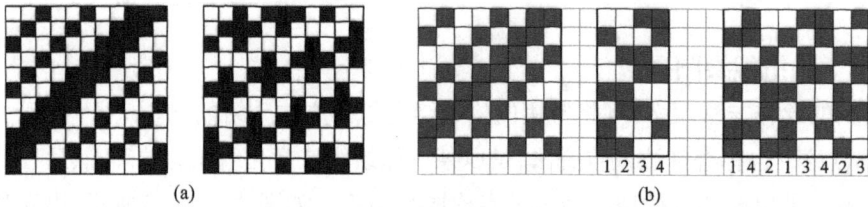

图7-16　调序法形成的绉组织

(4)旋转法:设计绉组织,特别是组织循环数较小的绉组织时,一般情况下往往会出现直向、横向或斜向的纹路,用旋转法加以变化,便可以使纹路消失,从而使绉组织外观更为匀称,如图7-17所示。

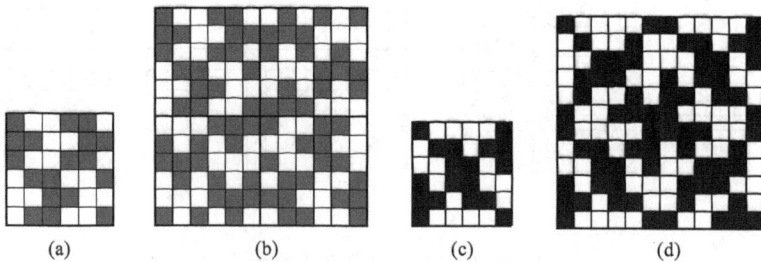

图7-17　旋转法设计的绉组织

图7-17(a)的组织外观比较单调,同时在织物表面有直条纹出现,将其经纬纱线循环扩大一倍,然后把图7-17(a)逆时针旋转90°,4块合并起来即为图7-17(b)。图7-17(b)的外观

较为多变而且消除了直条纹路。图7－17(c)原外观有斜向纹路,经旋转合并后得到图7－17(d),其小花纹外观较别致,且起绉较均匀。

应用旋转法改善绉组织的外观,是常用的一种方法,但必须注意其经纬组织循环数,因旋转时扩大了一倍,所以如果要在多臂机上织造,则只适合在原绉组织循环数较小的图形上应用。

(5)省综设计法。上述运用各种方法绘制的绉组织,因经纱循环受到综页数的限制,组织图都不可能太大,因此在织物表面,经纬纱的交织情况必然还会呈现出一定的规律性,以致影响织物的外观。所以,在生产实际中,为了获得起绉效果较好的织物,就必须扩大组织循环,同时又要在使用综片较少的织机上织造生产,在这个前提下设计的绉组织,称为省综设计法。这种方法可以在使用较少综页数的情况下,按照绘作绉组织的原则,合理安排经纬纱的沉浮规律,从而获得绉效应较好的绉组织。

省综设计法绘制绉组织的程序如下:

①确定综页数(K)。一般是根据生产实际需要和织机设备条件来选定。通常为4片、6片和8片。在生产实际中,因4片综变化范围较小,不够理想,因此一般多用6片或8片进行织造。下面以6页综为例来讲述。

②确定完全组织经纬纱数。一般完全组织经纱数最好为综页数的倍数,完全组织纬纱数为所选的几个基础组织的完全组织纬纱数之和或为其倍数。另外,完全组织经纬纱数差异不能太大。如图7－18所示,$R_j=48$,$R_w=40$。

③设计穿综图。设计穿综图时,应遵守以下几点:

a. 首先将完全组织经纱数分成若干组,每一组的经纱数等于综片数。图中$R_j=48$,$K=6$,所以将经纱分为8组。

b. 经纱顺次分组穿满整个穿综循环,而在整个穿综循环中,每片综框上穿入的综丝数应尽量相同。例如,某绉组织其经纱循环为24根时,如果采用6片综,则一个穿综循环内每片综上穿入4根综丝,即把24根经纱分为4组顺序分别穿入6片综内。

c. 在同一片综内相邻穿入的2根综丝,必须最少间隔3根经纱的位置(首尾循环时也要注意这一情况),这样可避免绉组织出现直条纹路。

d. 在同一穿综循环内,每组综片的穿综方法是随机排列的,且各组都应不相同,即在一个大的穿综循环内,不应有小的穿综循环出现。如图7－18所示,第一组1、2、3、4、5、6顺穿;第二组2、1、3、4、6、5;第三组3、2、6、1、5、4;第四组3、6、2、5、1、4;第五组6、5、1、3、4、2;第六组6、3、5、2、1、4;第七组5、3、6、1、2、4;第八组3、1、5、2、6、4。

④设计纹板图。因为使用6页综框,所以选用的基础组织的完全组织纱线数应为6或6的约数,并且要求为同面组织,以保证绉组织的经纬效应平衡。故可以采用$\frac{1}{1}$平纹、$\frac{3}{3}$斜纹、$\frac{2}{1}\ \frac{1}{2}$斜纹、$\frac{2}{1}\ \frac{1}{1}$斜纹作为基础组织,分别将这4个基础组织的纬纱次序编成20个号,如图7－19所示。

图 7-18　绉组织上机图(一)

图 7-19　绉组织提综规律图

　　把基础组织的每一根纬纱看成一块纹板,进行纹板编链,为了达到良好的绉效应,在排列纹板时应注意:

　　a. 由于绉组织是以长短经纬浮长交错配置而成的,因此在排列纹板时,相邻两块纹板必须有一处在管理同一片综的纹孔位置上,连续植有纹钉,这样才能保证经浮长的出现。

　　b. 每根经或纬纱上连续经或纬浮长不应太长,因为浮长过长不易卷缩拱起,影响颗粒状起绉外观,特别是在使用较粗的经纬纱进行设计时,尤其要注意这一点(省综设计法的绉组织为使织物表面起绉细腻;一般经向连续不超过 2 点,纬向连续不超过 3 点)。也就是说,在管理同一片综的一列纹孔位置上,不应出现好几块纹板连续植有纹钉,在同一块纹板上,也不应出现连续植有过多的纹钉数。

　　c. 每根经纱的交织次数应尽量一致。

d. 每根经纱上的经组织点数与纬组织点数应尽量相等。

⑤用编排好的穿综图和纹板图作绉组织图。用任何一个编排好的穿综图与纹板图均可以求出相应的绉组织图,在作绉组织时,所取经纬纱循环数一般不宜相差太大。

7.2.3　绉组织的应用

图 7-18 是经纱穿综循环为 48、纹板循环为 40 绘作的绉组织图。图 7-20 是经纱穿综循环为 24,纹板循环为 20 绘作的绉组织图。由以上可知,构成绉组织的方法虽然是多种多样的,但无论采用哪一种方法绘作绉组织,都必须注意所形成的绉组织,其织物表面起绉的效果,如效果不良,可用改变基础组织或作图等方法加以改进。绉组织在各种织物中都有应用,在棉织品的色织物中用得较多,在毛织物、化纤织物及丝织物中都有应用。

图 7-21 是用省综法设计的另一种绉组织。用此组织织制织物,其表面的绉效应酷似树皮的皱纹,故称为树皮皱组织。该图是这种组织上机图的一部分。所用综片数为 11（另有两片边综）。纹板图是由 $\frac{5}{1}$ 组织点与平纹组织点经向组合而成,为了防止背面纬长浮线移位,每隔两根纬纱就安排一根平纹点纬纱。其完全纬纱数取为 90 根。完全组织经纱数取为 140 根,是由不同规律的 11 根经纱奇偶数相间排列而成。其穿综顺序为;(8、3)(4、5)(6、7)(8、9)(10、11)(12、13)(4、5)(8、3)(10、9)(6、7)(10、11)(4、5)(12、9)(8、3)(10、11)(6、7)(12、13)(8、9)(4、5)(6、7)(12、13)(8、3)(10、11)(6、7)(4、9)(8、3)(12、13)(6、7)(10、11)(8、3)(6、7)(10、11)(4、9)(12、13)(4、5)(10、11)(8、3)(12、13)(6、7)(8、9)(4、5)(12、13)(10、11)(6、7)(8、3)(12、13)(4、9)(6、7)(4、5)(8、3)(10、11)(12、13)(6、7)(8、3)(10、9)(6、7)(4、5)(12、13)(8、3)(6、7)(4、5)(10、11)(8、9)(6、7)(12、13)(10、11)(8、3)(4、5)(6、9)(12、13)。每一括号中的数字表示穿入同一筘齿中的两根经纱。由图可以看出,这种组织既能使织物产生绉效应,又保持了平纹的基本特征。其经向最大浮长线为 5 个组织点;背面纬向最大浮长线为 7 个组

图 7-20　绉组织上机图(二)

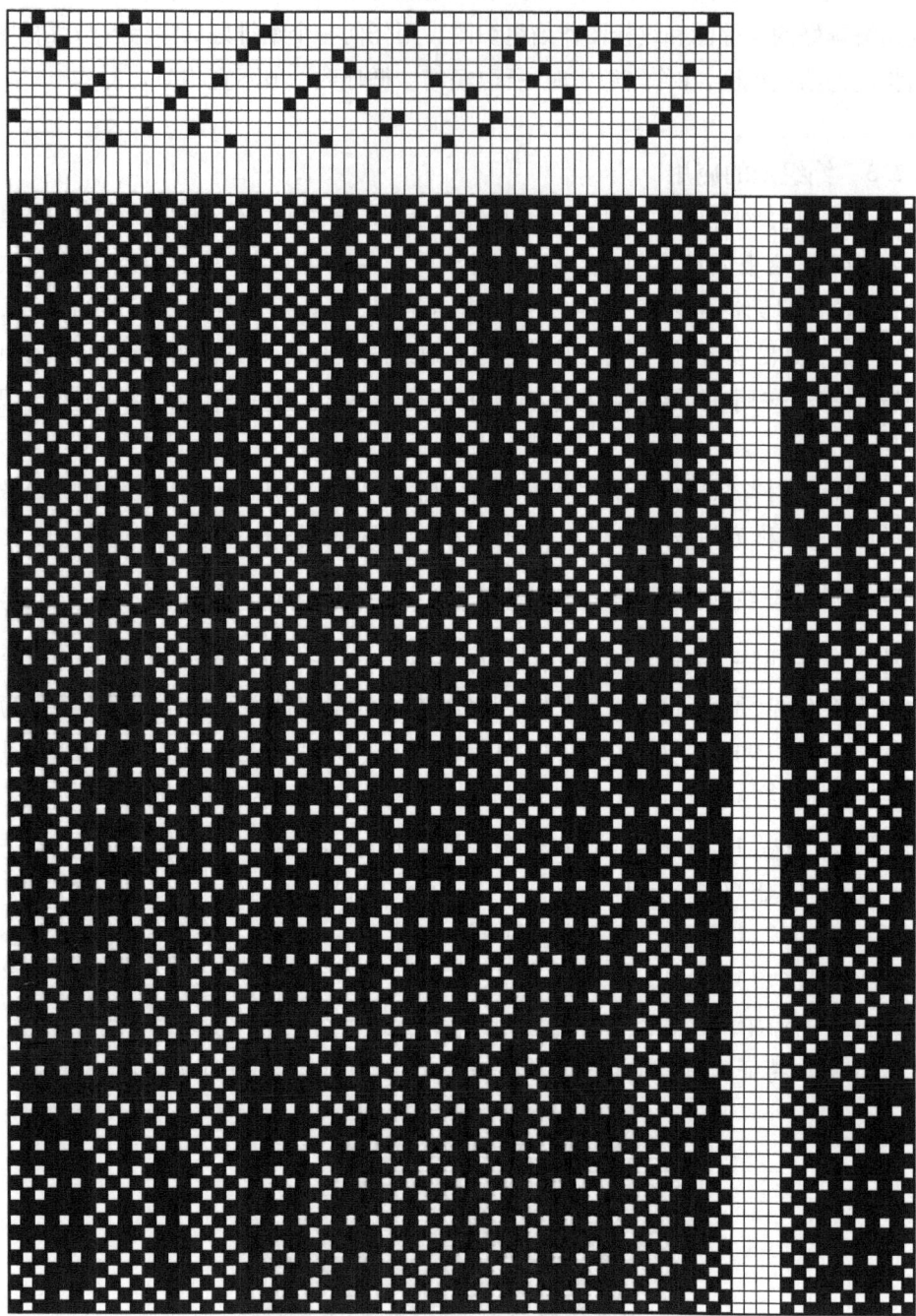

图 7 – 21　树皮绉织物的上机图

织点,可防止织物过于松散。这种织物常为轻薄型织物,用细特纱(纯棉或涤棉)织成。织物
外观造型自然,立体感强,绉纹清晰,手感柔软,透气性好,穿着舒适,符合现代人热爱大自然
的心理,深受消费者喜欢。

7.3　透孔组织

在夏季轻薄服装面料中,经常会出现其表面具有均匀分布的小孔的织物,如图7－22所示,以增加其通透性(透气、透湿性),这类组织称为透孔组织。由于这类织物的外观与复杂组织中由经纱相互扭绞而形成孔隙的纱罗织物相类似,因此,又常称之为"假纱组织"或"模纱组织"。

图7－22　透孔织物

7.3.1　透孔组织的特征

透孔织物中最明显的外观效果为孔眼,如何保证孔眼的清晰,这是设计的关键所在。因此,在设计过程中,首先要使经纬纱线分别成束且左右上下分离。实际生产中,相邻两根纱线上组织点完全相反,则纱线就会受另一系统的纱线的杠杆挤压作用而分离,如果再辅以浮长纱线的集束作用,则会形成所需要的孔眼。

现以图7－23所示的典型透孔组织为例,说明透孔组织织物孔隙的形成原因。由图7－23(a)可看出,第3根与第4根经纱及第6根与第1根经纱都是按平纹组织和纬纱相交织,其经纬组织点相反,因此第3根与第4根经纱及第6根与第1根经纱就不易互相靠拢。另外在第2根与第5根纬纱浮长线的作用下,使第1~3根经纱向一起靠拢,第4~6根经纱也向一起靠拢,因此在第3根与第4根经纱之间及第6根与第1根经纱之间,形成纵向的缝隙。同理,在第3根与第4根纬纱之间及第6根与第1根纬纱之间形成横向缝隙。这样就使织物表面出现了孔眼,如图7－23(b)所示,"○"处为孔眼位置。

在透孔织物中,组织的浮线长度对透孔效应有很大影响,浮线越长,孔眼越大。但浮线太长,织物就将过于松软,故一般衣着织物常用的透孔组织,其浮长很少采用大于5个组织点的。在实际生产中,常采用其他组织与透孔组织联合而制成优美的花式透孔织物。

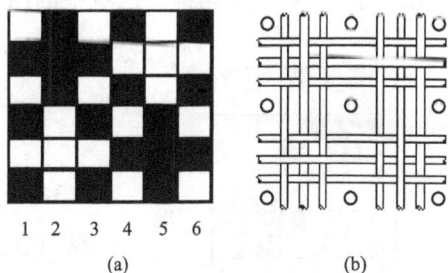

1　2　3　4　5　6
(a)　　　　　(b)

图7－23　透孔组织组织图及结构示意图

7.3.2 透孔组织绘图方法

透孔组织属于方格组织,故在组织设计过程中采用底片翻转法来完成组织图的设计。

一般情况下,透孔组织的完全组织大小为奇数的2倍,常见的透孔组织有组织循环为6(3根一束)、10(5根一束)、14(7根一束)、18(9根一束)几种,也有为了与其他组织配合的需要,采用组织循环为8(4根一束)的透孔组织。下面以10根透孔组织为例进行介绍,如图7-24所示。

(1)确定完全组织的大小:透孔组织的完全经纬纱数相等,如图7-24所示,$R_j = R_w = 10$。

(2)将完全组织划分成田字形的四等分。

(3)在第一个区域内的奇数经纱上直接填写平纹组织第一根经纱的运动规律,而偶数经纱全部为纬组织点。

(4)按"底片翻转法"填绘其他三部分的组织点。

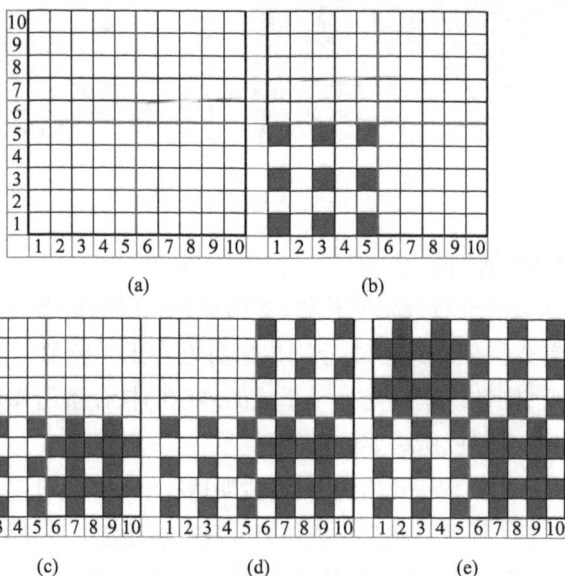

图7-24 透孔组织的绘制方法(10根)

完全经纬纱数为8的透孔组织是一种特殊情况。划分为四等分区域后,每一区域的经纬纱数等于4。将左下角第一区域中的四个角上填写经组织点,其余的均为纬组织点。然后按"底片翻转法"填绘其他三个区域。最后完成如图7-25所示。

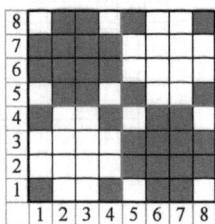

图7-25 透孔组织(8根)

7.3.3 透孔组织的应用

在织制透孔织物时,密度不宜大,否则透孔效果不显著。为了使孔眼明显,在穿筘时,必须将每组经纱穿在同一筘齿内。有时为了使孔眼更加突出,甚至在每组经纱之间空出一

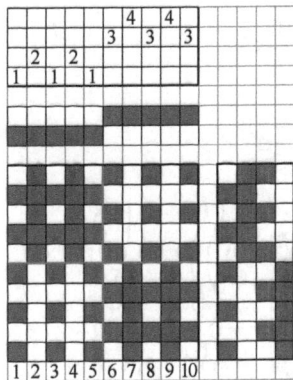

图 7-26　透孔组织（10 根）
上机图

个或两个筘齿。纬向可用间歇卷取。简单的透孔组织，一般采用 4 页综的间断穿法（照图穿法），但在许多情况下，为保证各页综框负荷的均匀和穿综方便，在织机综框允许的前提下，可以采用顺穿法。图 7-26 为透孔组织（10 根）上机图，其在生产中穿综、穿筘表示为：(1、2、1、2、1)，0，(3、4、3、4、3)，0。

透孔组织在棉、麻、丝等轻薄织物中应用较多，一般适于稀薄的夏季服装用织物，主要取其多孔，轻薄，凉爽，易于散热、透气等特点。如各种网眼布和花式透孔织物等，此外，它还用于织制银幕布，在轻薄毛织物中也有应用。图 7-27 为几种不同的透孔组织。

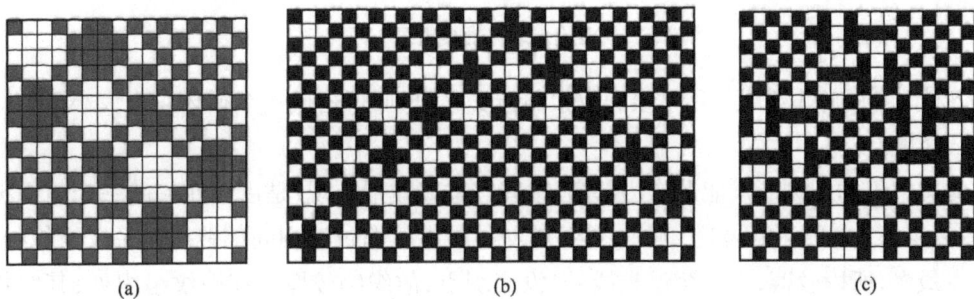

图 7-27　几种透孔组织

7.4　蜂巢组织

采用这种组织的织物，其表面形成规则的边高中低的四方形凹凸立体花纹，状如蜂巢，故称为蜂巢组织，市场上也称华夫格。蜂巢织物如图 7-28 所示。

7.4.1　蜂巢组织的特征

蜂巢组织是由菱形斜纹与长短不等的经、纬纱浮长按一定方式组合而成的织物组织。蜂巢组织的巢孔底部是平纹组织，四周由内向外依次加长经纬纱的浮长直至巢边，组织结构逐渐变松，巢边纱线被托高，形成中间凹、四周高的蜂巢花形，如图 7-29 所示。

图 7-28　蜂巢织物

用蜂巢组织织成的中厚型织物立体感强、手感松软、保温性好，可用作围巾、床罩、垫子等，细薄织物可用作衣着用料。简单蜂巢组织具有大小相等、形态规则的方块巢形花纹。也可根据巢形花纹的构成原理，改变一个组织循环内左右交叉的组织点构成的斜线与组织点的配置，

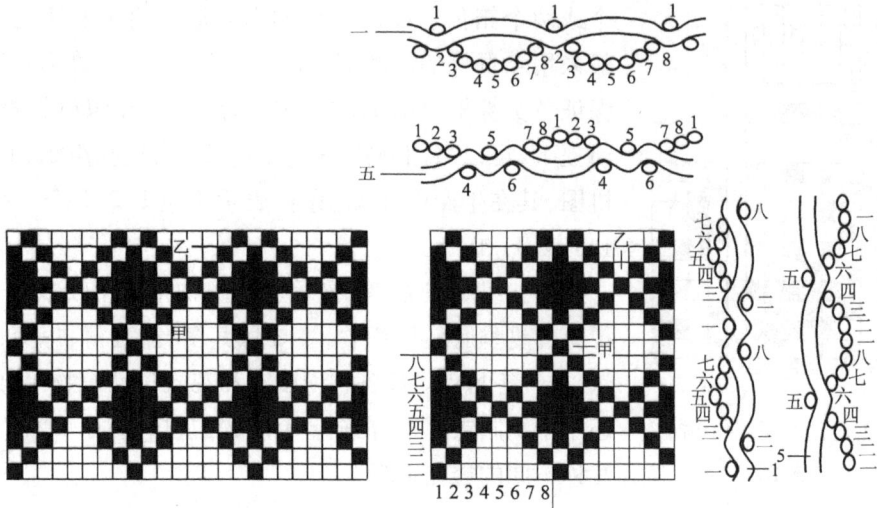

图7-29 蜂巢组织

构成各种复杂的蜂巢组织。用单根和双根斜线交叉排列,可构成一个循环4个大小不等巢形的复杂蜂巢组织。

此类组织的织物所以能形成边部高、中间洼的蜂巢形外观,是由于在它的一个组织循环内,有紧组织(交织点多)和松组织(交织点少),二者逐渐过渡相间配置。在平纹组织处,因交织点最多,所以较薄,在经纬浮长线处,没交织点,故织物较厚。在平纹组织处,其织物表面是凸起还是凹下,可分两种情况。在组织图上,一种是如图7-29中的甲部分,在平纹组织以甲为中心的上面和下面是经浮长线,在其左面和右面是纬浮长线,因组成此处平纹的经纬纱均是浮在织物表面的浮长线,所以把平纹带起而形成织物表面凸起的部分;另一种情况正相反,如图7-29中的乙部分,在平纹组织以乙为中心的上面和下面是纬浮长线(即在织物背面是经浮长线),在其左面和右面是经浮长线(即在织物背面是纬浮长线),因此,把平纹在织物反面带起形成织物表面凹下的部分。

7.4.2 蜂巢组织绘图方法

(1)简单蜂巢组织。简单蜂巢组织是在单个组织点的菱形斜纹的基础上绘作而成的。

①选定基础组织。简单蜂巢组织通常是以原组织纬面斜纹,如$\frac{1}{3}$、$\frac{1}{4}$、$\frac{1}{5}$、$\frac{1}{6}$等为基础。

②确定完全组织的大小。简单蜂巢组织的完全经纱数等于完全纬纱数。此完全经纬纱数与具有相同基础组织且$K_j = L_w = $ 基础组织完全纱线数的菱形斜纹相等,即$R_j = R_w = 2K_j - 2$。

③填绘单个组织点的菱形斜纹。

④菱形斜纹的斜纹线把整个组织分成四个部分,然后在其相对的两个三角形区域内(上和下两部分或左和右两部分)填经组织点,在填绘时,必须与原来的菱形斜纹之间空一个组织点。这样就构成了简单蜂巢组织。

图 7-30 是以 $\dfrac{1}{4}$ 斜纹为基础，$K_j = K_w = 5$ 的菱形斜纹；再在其左右两侧对角区域内填绘经组织点，即形成简单蜂巢组织。

（2）几种变化蜂巢组织。

①组织循环大小与简单蜂巢组织相同，在单个组织点菱形斜纹左斜纹线的下方，隔一个纬组织点，再作一条平行的斜纹线。然后再在左右两侧对角区域内填绘组织点。填绘时，与双条斜纹线中的一条相连，而与单条斜纹线仍空一纬组织点，如图 7-31 所示。这种组织具有长方形的蜂巢外观。

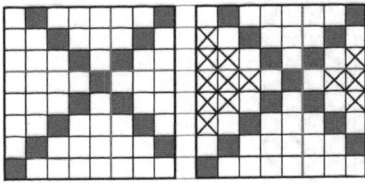

图 7-30　简单蜂巢组织

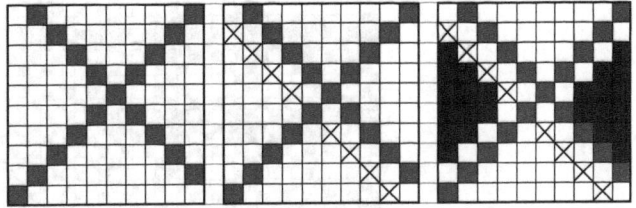

图 7-31　变化蜂巢组织

②将单个组织点菱形斜纹变成顶点相对且相隔一纬的上下两个山形斜纹；然后在左右两侧对角区域内填绘经组织点，如图 7-32 所示。这种组织具有正方形的外观。但是，其完全经纬纱数不相等，$R_j = 2K_j - 2$，$R_w = 2K_w$。

③在单个组织点菱形斜纹的左斜纹线下方，隔一个纬组织点，再作一条平行的左斜纹线。然后在左右两侧对角区域内填绘经组织点，各成一个菱形区域。其经纬最长的浮长线等于 $\left(\dfrac{R}{2} - 1\right)$。填绘时，经组织点与双条斜纹线相连，而与单条斜纹线相隔一个纬组织点。再在上下两对角区域绘两个经组织点菱形。每个菱形上下各半，各与双条斜纹线相连，与单条斜纹线隔一个纬组织点。所绘成的组织图如图 7-33 所示。这种组织称为勃拉东蜂巢组织。

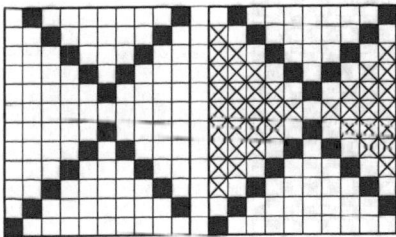

图 7-32　变化蜂巢组织

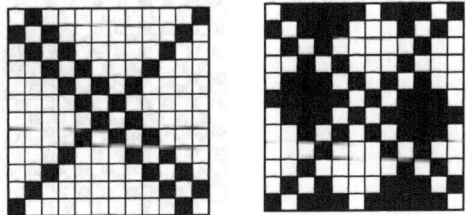

图 7-33　变化蜂巢组织

7.4.3　蜂巢组织的应用

蜂巢组织的上机采用顺穿法或照图穿法。在织机综框允许的情况下，应尽可能采用顺穿法，这样操作简单、方便，而且每一页综框上的负荷相等。当组织循环较大时，宜采用照图穿法，这样可以节约综框。用蜂巢组织所织成的织物表面美观，立体感强，比较松软，富有较强的吸水性,因此在各类织物中均有应用。棉织物中,常用以织制餐巾、围巾、床毯等。在用作服装或装饰织物时,常设计成各种变化蜂巢组织,或与其他组织联合。例如,某涤/棉府绸,在平纹地上,以一定花纹点缀若干变化蜂巢组织,如图 7 - 34 所示。

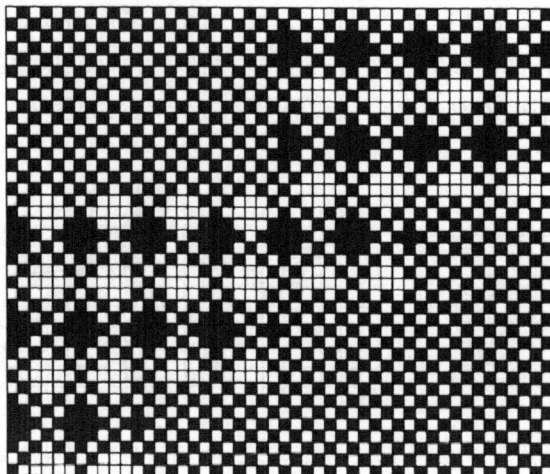

(a) 涤/棉府绸提花蜂巢组织

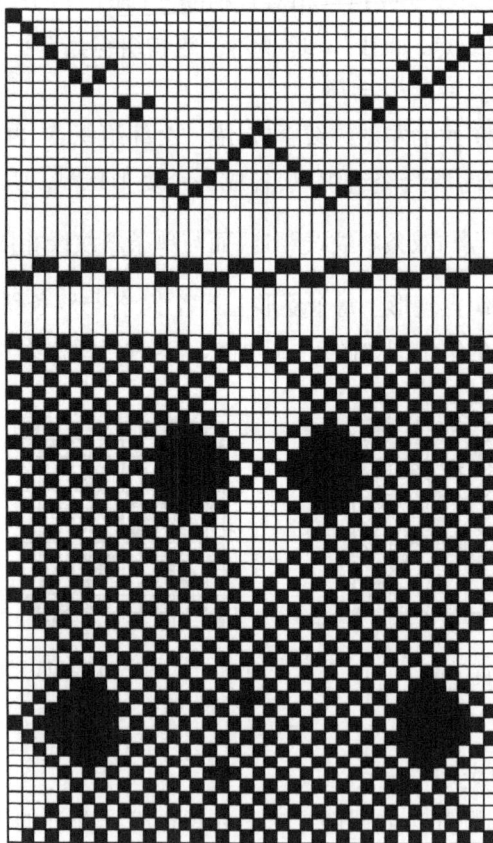

(b) 人造丝麦浪纺上机图

图 7 - 34　蜂巢织物的应用

7.5　网目组织

在织物的表面,有间隔分布的曲折长浮线呈现于织物表面,呈网络状,这种组织称为网目组织。如果在织物表面曲折的网络状长浮线是经纱,所形成的网目组织称为经网目组织;如果曲折的网络状长浮线是纬纱,所形成的网目组织称为纬网目组织,如图7－35所示。

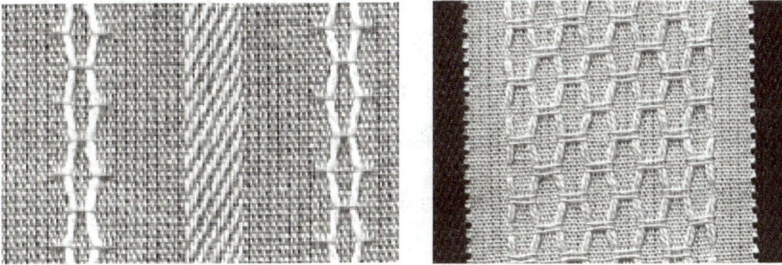

(a) 经网目组织织物示意图

(b) 经网目组织

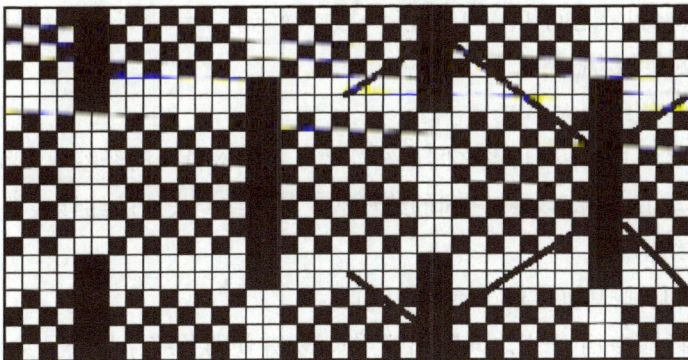

(c) 纬网目组织

图7－35　网目织物外观效应示意图

图 7 – 35(b)、(c)两图中的曲折线条分别表示经网目和纬网目组织在织物中所呈现的状态。

7.5.1　网目组织的特征

网目组织织物的表面有曲折的浮长线,而纱线在织物的表面原来是呈横平竖直的状态,要达到这种效果,首先要保证在织物表面有较长的浮长线,且浮长线两侧的纱线组织点一致,以保证浮长线不受到阻碍;另外,织物表面纱线曲折,一定是受到了不平衡力的作用,因此,在浮长线的两侧应间隔配置另一方向的浮长线,从而使织物表面的网目效果更为明显。

网目组织的特征与网目的形成原理如下。

(1)地组织的特征。网目组织的地组织通常为平纹组织,也可以选用原组织斜纹。

(2)网目经与纬浮长线的配置。在完全组织中,每隔一定根数的地经纱,配置有单根或双根网目经。网目经的组织由经浮长线与单个(或双个)纬组织点所组成,通常为 $\frac{3}{1}$、$\frac{5}{1}$、$\frac{7}{1}$。两条网目经之间的地经根数为奇数,其总根数的多少视网目的大小而定。

每隔一定根数的纬纱配置一条纬浮长线。每两条纬浮长线之间相隔的纬纱根数,一般也是奇数,且等于网目经的连续经浮点数。相邻两条纬浮长线必须交叉配置。

(3)网目效应的形成。如图 7 – 35(b)所示,网目经浮长线的两侧为沉浮规律相同的平纹组织经纱,有相互靠拢的倾向,从而把网目经浮长线挤出浮于织物表面。

纬浮长线跨越于两条网目经之间,而其两端为平纹组织点。于是它就把相邻两条网目经向一起拉拢。由于相邻两条纬浮长线是交叉配置的,因此,网目经就呈曲折波形,并与纬浮长线一起形成网络状。

7.5.2　网目组织绘图方法

根据上述组织特征,便可绘作组织图。现以基本经网目组织为例,综述其步骤如下:

(1)确定地组织平纹组织,也有以原组织斜纹作地组织的。

(2)配置网目经与纬浮长线。根据织物要求,确定每条网目经的经纱根数、网目经的沉浮规律以及两条网目经之间相隔的地经纱根数,确定每条纬浮长线的纬纱根数以及相邻纬长浮线之间相隔的纬纱根数。

(3)确定完全组织的大小。

$$R_j =（两条网目经之间地经纱数 + 每条网目经的经纱数）\times 2$$
$$R_w =（两条纬浮长线之间的纬纱数 + 每条纬浮长线的纬纱根数）\times 2$$

(4)填绘组织图。

①在网目经上,按其沉浮规律填绘组织点。

②在两网目经的纬组织点之间空出纬浮长线,并使两条纬浮长线呈交叉配置状。

③在与纬浮长线两端点相邻的组织点处填入经浮点,并以此为起点,填绘平纹地组织,注意使网目经两侧的两根经纱具有相同的平纹组织点。

如想绘作纬网目组织,则只需将经纬互易方向即可。纬网目组织的网目纬,由于经浮长线的牵引而屈曲成网目状。其绘作方法不再详述。

7.5.3　网目组织的应用

为了强化织物的网目效应,可以采用下列方法:

(1)网目纱线采用与地组织纱线对比强烈的色彩,以凸显纱线的曲折。

(2)网目纱线可采用与地组织纱线不同的线密度或不同的根数,可以得到或粗壮、或细巧的网目。如图 7-35(c)所示的纬网目组织,其网目纬及经浮长线均为双根并列。

(3)可以根据网目纱曲折的趋势,取消部分地组织点,以获得更为显著的网目曲折效应。如图 7-36 所示。

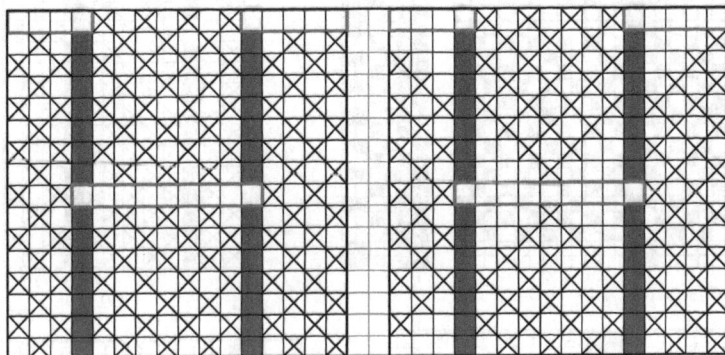

图 7-36　变化网目组织

网目组织织物上机时,通常采用照图穿法。图 7-37 是某锦纶网目织物的上机图。为了使网目经更好地浮显于织物表面,穿筘时应将网目经与其两侧地经穿入同一筘齿中。

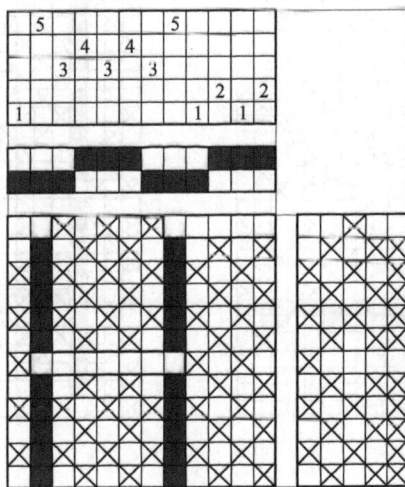

图 7-37　网目织物上机图

　　网目组织织物表面波形曲折变化,图案色彩美观,立体感强,具有较好的装饰性,在棉、丝织物中多用作装饰织物,如窗帘、高档音响设备的装饰用绸等。在棉型细纺、府绸等织物上也可以部分地点缀以网目组织,如图 7-38 所示。

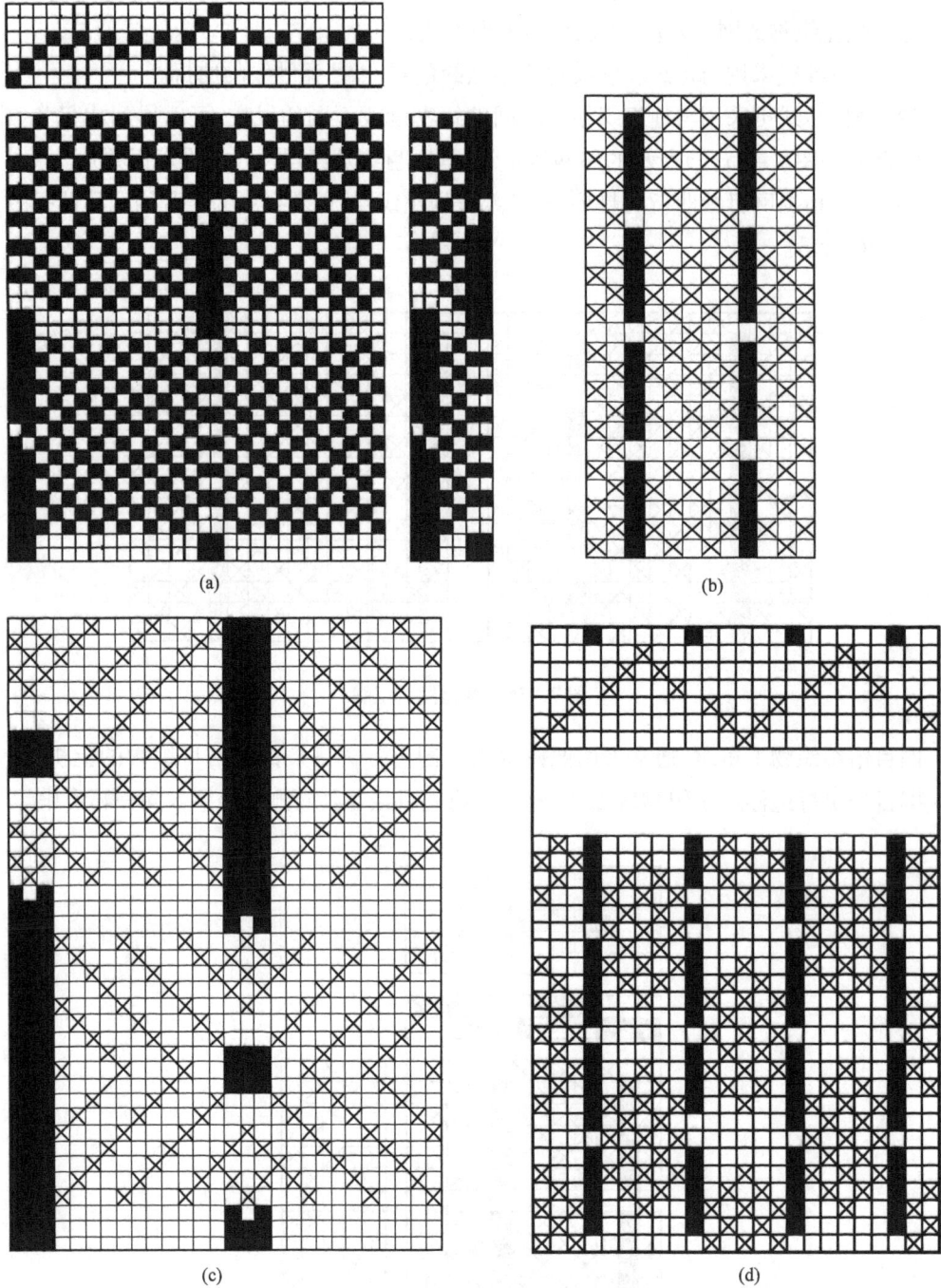

图 7-38　变化网目组织及上机图

7.6　凸条组织

织物表面有明显的纵向、横向或斜向的凸起条纹,而反面则为纬纱或经纱的浮长线的组织,称为凸条组织。凸条组织大致可分为纵凸条、横凸条和变化凸条等几类。凸条织物如图7-39所示。

图7-39　凸条织物

7.6.1　凸条组织的特征

凸条组织由浮线较长的重平组织和另一种简单组织(一般以平纹组织为主)联合而成。其中简单组织起固结浮长线的作用,并形成织物的正面,故称为固结组织。重平组织则利用其浮长线使固结组织拱起。其浮线长度决定着凸条的宽度,故称为基础组织。

在重平组织中,纬重平在织物表面呈现纵条效应,纵条组织在织物表面呈现横条效应,故在凸条组织中,如果以纬重平作为基础组织,则在织物表面显示纵凸条效果,如果以经重平作为基础组织,则在织物表面显示横凸条效应。如图7-40、图7-41所示。

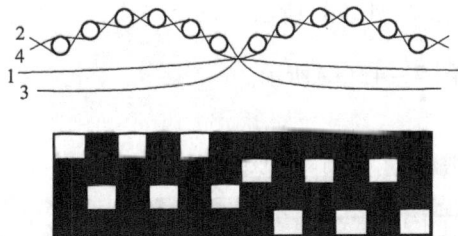

图7-40　纵凸条组织及其结构示意图

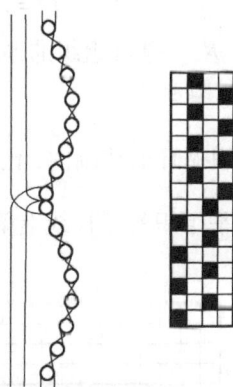

图7-41　横凸条组织及其结构示意图

从图7-40所示的纵凸条组织及其横截面示意图来看,某根纬纱,一半在织物正面与经纱交织成平纹,另一半则沉于织物的背面形成长浮线。而相邻的另一根纬纱,平纹组织与长浮线(在背面)互易位置。其结果,间隔排列的纬浮长线,由于张力作用,使其所跨越的经纱互相靠拢,固结组织便拱起而形成纵向凸条。在两个纵条的交界处,相邻两根经纱互相交错,交织紧密而显得凹下,使纵向凸条更加凸出而清晰。

凸条的隆起程度与重平组织的浮长、纱线的密度及张力等因素有关。适当增加浮长和纱线张力,可使凸条更加凸起而清晰。固结组织应具有足够密度,以使在织物正面不显露背面的浮长线。

7.6.2 凸条组织绘图方法

(1)选定基础组织与固结组织。固结组织应根据织物外观的要求来选择,最常用的是平纹,也可选用$\frac{1}{2}$或$\frac{2}{1}$斜纹组织。基础组织常选用$\frac{4}{4}$或$\frac{6}{6}$重平组织等。浮长线一般不小于 4 个组织点,且应为固结组织完全纱线数的整倍数。浮线过短,条纹太细,不明显;浮线过长,织物过于松软,也不适宜。

(2)确定完全组织的大小。纵凸条组织的完全纱线数可按下式计算:

$$R_j = 基础组织的完全经纱数$$

$$R_w = 基础组织的循环纬纱数 \times 固结组织的循环纬纱数$$

由此也可推出横凸条组织的完全组织经纬纱数。

(3)填绘组织图。

①在组织循环的范围内,填绘基础组织。

②在重平组织的浮长线上,填绘固结组织。

(4)实例:绘作以$\frac{6}{6}$纬重平为基础组织,平纹为固结组织的纵凸条组织图。

①计算组织循环经、纬纱数:

$$R_j = 基础组织的组织循环纬纱数 = 12$$

$$R_w = 基础组织的循环纬纱数 \times 固结组织的循环纬纱数 = 2 \times 2 = 4$$

②填写组织点。

a. 在组织循环的范围内,填绘$\frac{6}{6}$纬重平;如图 7 - 42(d)所示。

b. 在重平组织的浮长线上填绘平纹组织。如图 7 - 42(e)所示。

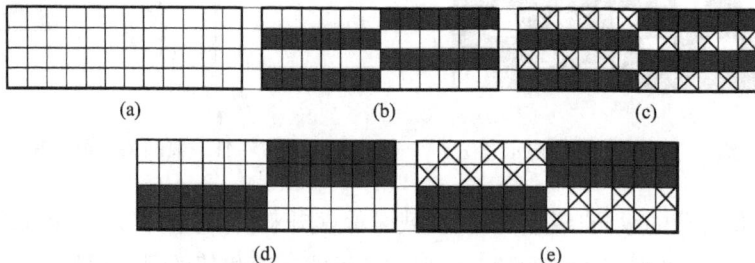

(a)　　　　　　　　　(b)　　　　　　　　　(c)

(d)　　　　　　　　(e)

图 7 - 42　纵凸条组织

在实际生产中,往往把两条同样长的纬浮长线靠拢,然后再在纬浮长线上填绘固结组织,这样可以使纬浮长的集拢作用得到加强,织物表面的凸条效应更加明显。如图 7 – 42 (e)所示。

7.6.3　凸条组织的应用

为使凸条纹更加隆起与清晰,在设计过程中可采用两种方法:一是绝对增高法(也称芯线法),二是相对增高法(也称嵌线法)。

绝对增高法是指在每一个凸条中间嵌入几根较粗的纱作为芯线,从而增加凸条的隆起程度;相对增高法是指在两凸条之间,加入相对较薄的单层简单组织(一般选择固接组织,以保证织物表面组织的连续),如图 7 – 43 所示。

在两凸条之间加入两根平纹组织,如图 7 – 43 中的第 9、10 根及第 19、20 根经纱;在每一凸条中间,第 4、5 根及第 14、15 根经纱即是芯线。由织物的横截面图中可看出,芯线不与任何一根纬纱相交织,浮于纬浮长线之上,而沉于平纹组织之下,它只起衬垫作用,故可以使用较差的原料。

需要指出的是,芯线是在固接组织之下、纬重平浮长组织之上,芯线是不显现的,故在组织设计时,要严格保证织物表面固接组织的连续。而嵌线部分形成的是单层组织,要保证与固接组织连续。

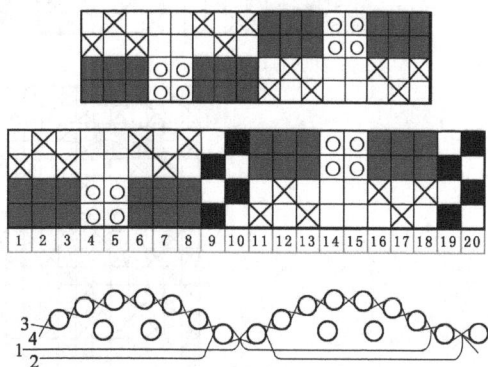

图 7 – 43　凸条组织图及结构示意图

凸条组织的穿综一般采用照图穿法,可以节约综框,嵌线穿前面综框,芯线穿后综框;穿筘时,两凸条最好分穿不同筘齿,同时由于芯线在织物表面不显现,因此穿筘时,芯线不单独占有筘齿,而是与其相邻的纱线穿入同一筘齿,以保证织物表面密度均匀。如图 7 – 44 所示。

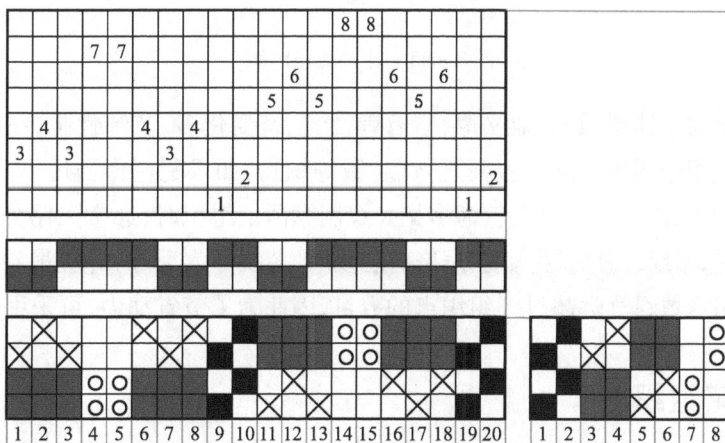

图 7 – 44　凸条组织上机图

凸条组织除了有纵向和横向凸条以外,还有斜向凸条、正反凸条和按一定图案配置的花式凸条组织(图7-45)等。

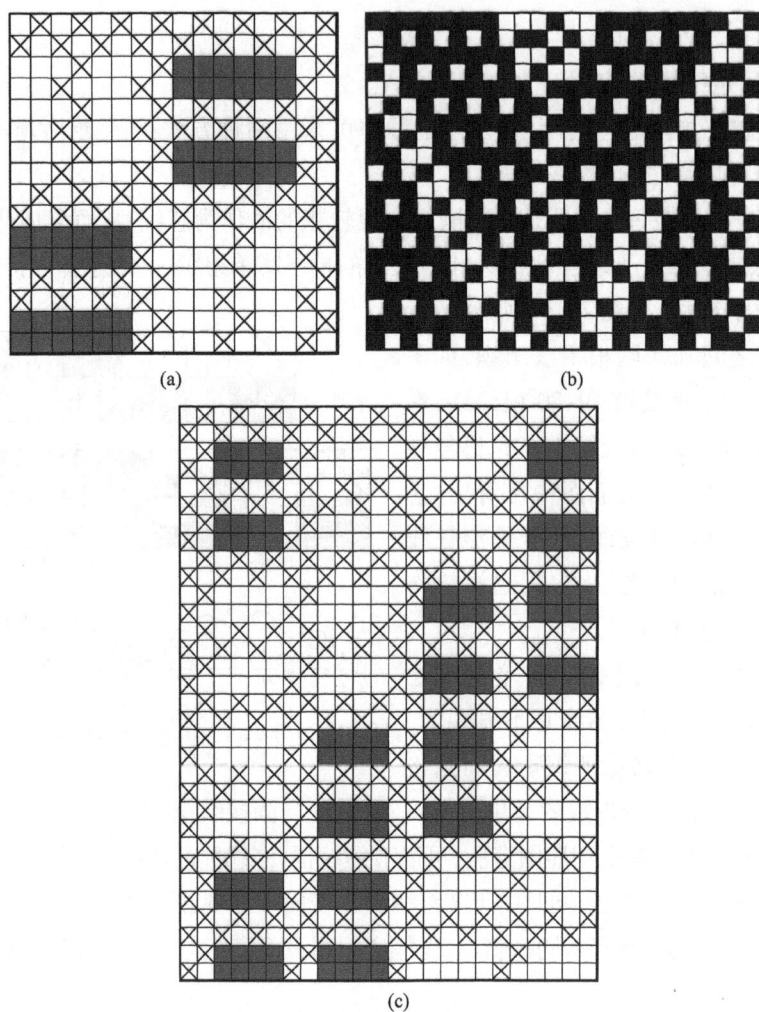

(a)　　　　(b)

(c)

图7-45　花式凸条组织

凸条组织织物立体感强,质地松厚,富有弹性,花型变化多,装饰性强,在各类织物中均有应用。在棉色织中用来织制女线呢、仿灯芯绒等织物,如果配色得当还可获得多色效应;在丝织的素织物中,以横凸条组织较为多见。织制纵凸条组织时,通常采用分区、间断穿法。加有平纹组织时,平纹经纱宜穿入前综;嵌有芯线时,芯线穿入后综,并应另卷一织轴。纵条纹组织的经组织点数目远远超过纬组织点的数目,因此为了节省动力,可采用反织法。

7.7　小提花组织

小提花组织是在多臂机织造,运用两种或两种以上织物组织的变化,最终在织物表面形成各种小花纹的组织。应用小提花组织织制的织物称为小提花织物,如图7-46所示。

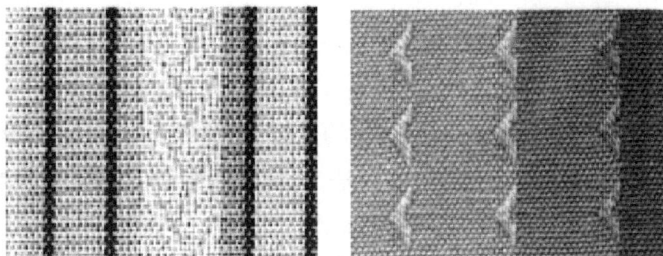

图7-46 平纹地小提花织物

7.7.1 小提花组织的特征

在较简单生产设备(多臂机)上,可织制出具有线条型花纹、条格型花纹、散点花纹等外观的织物,使织物花纹图案变幻无穷并具有立体感。这类织物从整体来看,以简单组织为主体,并适当加些小提花,即一些组织点相对集中或由经纬浮线组成的小花纹,可以由经组织点、纬组织点,也可以由经纬组织点联合组成的浮线组成。在实际生产中,小提花组织织物多数是色织物,即经纬纱全部或部分采用异色纱,或者使用不同原料、不同线密度、不同捻度和捻向的经纬纱,也可适当配一些花式线。小提花织物是薄织物中的主要类型之一,其应用日趋广泛。

小提花织物品种繁多,可随设计意图而定。根据主体组织的基本结构,一般分以下三大类。

(1)平纹地小提花组织:在平纹组织的基础上,根据一定的花纹图案,增加或减少组织点,使织物表面呈现小花纹的组织。

(2)斜纹地小提花组织:在斜纹组织的基础上,根据一定的花纹图案,增加或减少组织点,使织物表面呈现小花纹的组织。

(3)缎纹地小提花组织:在缎纹组织的基础上,根据一定的花纹图案,增加或减少组织点,使织物表面呈现小花纹的组织。

7.7.2 小提花组织设计及绘图方法

(1)先在意匠纸上勾画出花样轮廓,然后填绘组织点。应根据所设计品种的经纬密,选择相应的意匠纸。在这种意匠纸上设计出的花样,不会因织造而发生变形。设计花样时,不强调写实而求神似。小提花组织的花纹主要起点缀作用,花纹以细巧、散点为主,不能粗糙,花纹不要太突出。同时要充分考虑到花纹是由经浮长还是由纬浮长来形成,以保证花纹轮廓不产生较大变形。

(2)综页数不能超过织机的最大容量,为了便于织造,所用综页数不宜太多,应避免画得出而织不出的情况。

(3)起花部分的浮长线不要太长,经纱浮长以不超过3个组织点为宜,最多可用5个组织点,纬浮长线可稍长一些。

（4）起花部分的经纱与主体组织的交织次数，不要相差太大，否则，将增加工艺上的麻烦。

（5）每次开口的提综数应尽量均匀，可以采用省综法设计，用较少的综页织制出花型较大、变化较多的花纹。

（6）因起花部分只起点缀作用，不是织物的主体，所以织物的密度一般与基础组织的织物基本相同或略大。穿筘时一般采用平筘穿法，以保证织物表面的整体效果。

（7）实例。先画出花样轮廓图，再画出组织图，如图 7－47、图 7－48 所示。

①平纹地小提花组织。平纹地小提花织物所起的花纹，可以由经浮线组成，如图 7－47（a）、（b）所示，称为经提花；也可以由纬浮线组成，如图 7－47（c）、（d）所示，称为纬提花；还

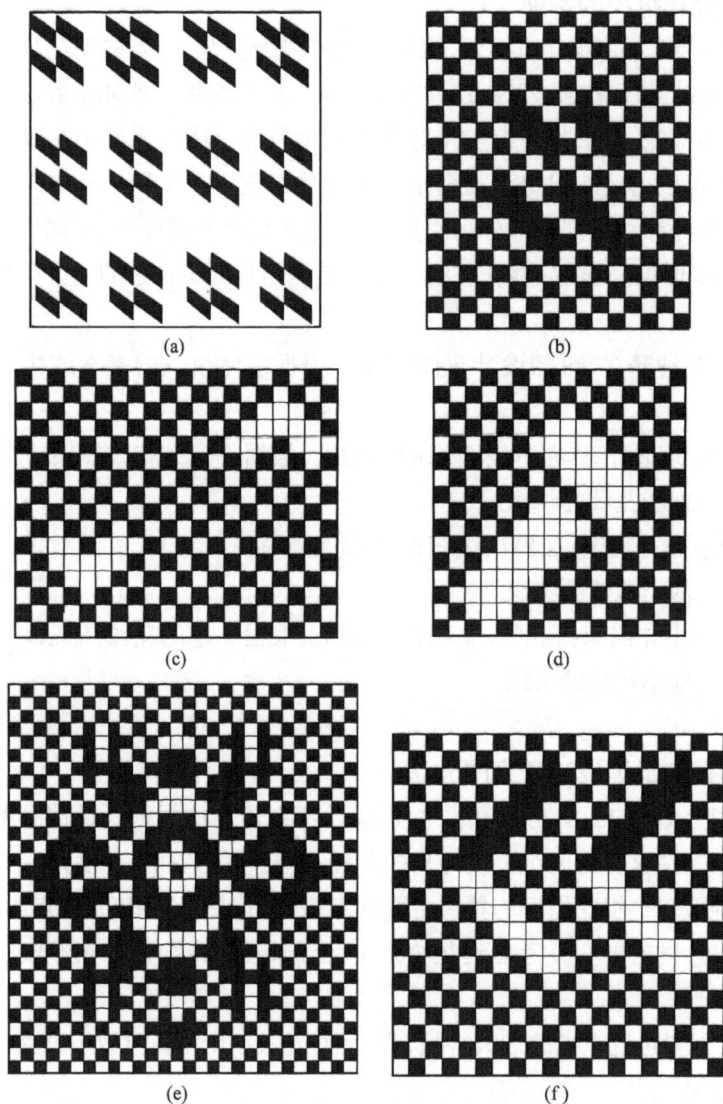

(a)　(b)　(c)　(d)　(e)　(f)

图 7－47　平纹地小提花织物组织及其织物效果

可以由经纬浮线共同组成,如图 7 − 47(e)、(f)所示。经纬提花由于具有经纬效应,若经纬纱配以不同的色彩,织物将能呈现不同色彩的花纹,更为美观。

②斜纹地小提花组织。图 7 − 48(a)是以 $\frac{2}{2}\nearrow$ 为基础,由经浮线组成的菱形小花纹;

图 7 − 48(b)是以 $\dfrac{1\quad 3}{1\quad 1}$ 复合斜纹为基础纬浮长线组成的小花纹。

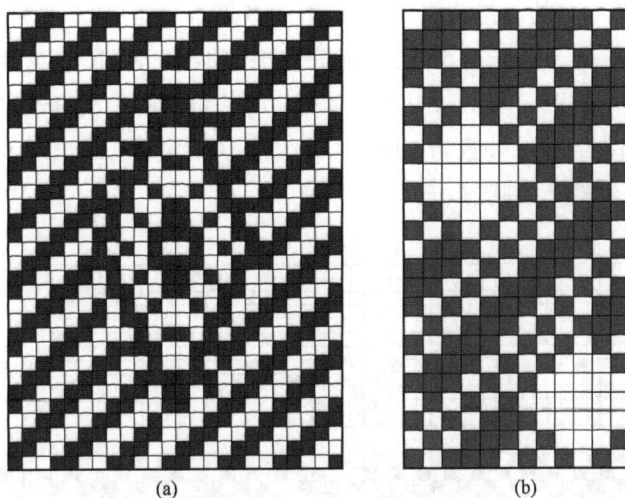

图 7 − 48　斜纹地小提花组织

③缎纹地小提花组织。图 7 − 49 是以 4 枚不规则缎纹为基础绘制的缎纹地小提花组织。

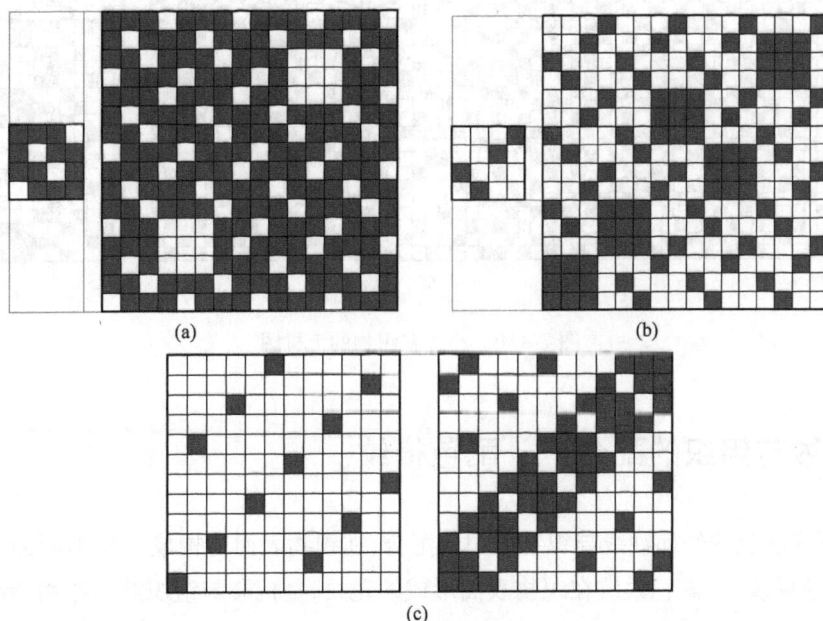

图 7 − 49　缎纹地小提花组织

7.7.3 小提花组织的应用

小提花组织多用于细密、轻薄织物,花纹细致、精巧、外观美观。在棉型织物中,多用于色织府绸、细纺等纺丝绸产品。在实际应用中,除了组织与图案的变化外,还可以运用不同色经、色纬交织,也可以点缀以各种花式线、金银丝,使产品更加丰富多彩。例如,涤/棉纬长丝府绸大都是平纹地小提花织物。在毛织精梳轻薄花呢与女式呢中也应用较多。在丝织中可以用小提花组织来"以素代花",不用提花机而在平素织物上织出精致、细巧的花纹来,因而应用也较广。图7-50的小提花织物由A、B、C、D四部分组成,A、C部分是4枚不规则缎纹条子,B部分是平纹地上起透孔小花,D部分是平纹地上起菱形小花,织物外观为纵条纹小提花效应,花纹清晰秀丽。图7-51是一种用省综法设计的古代真丝织品(由宋代出土文物分析而获得)。图中的经纬纱数为100×100,仅用10片综框,织出了8种不同外形、不同结构的几何纹样,花纹精巧、细腻。

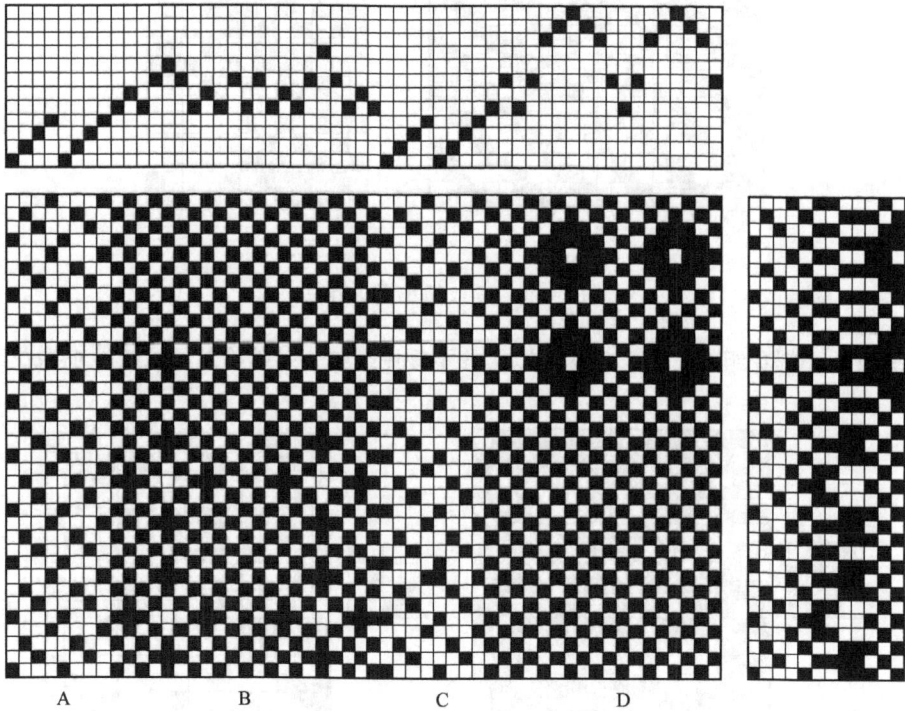

图7-50 小提花织物的上机图

7.8 色纱与组织的配合——配色模纹

利用不同颜色的经纬纱线与织物组织相配合,在织物表面能构成各种不同的花形图案,称之为"配色模纹"。配色模纹在织物表面形成的花纹,是色彩与组织共同作用的结果,由二者相互衬托而形成。因而其花纹图案是多变的,且具有较强的立体感。如图7-52所示。

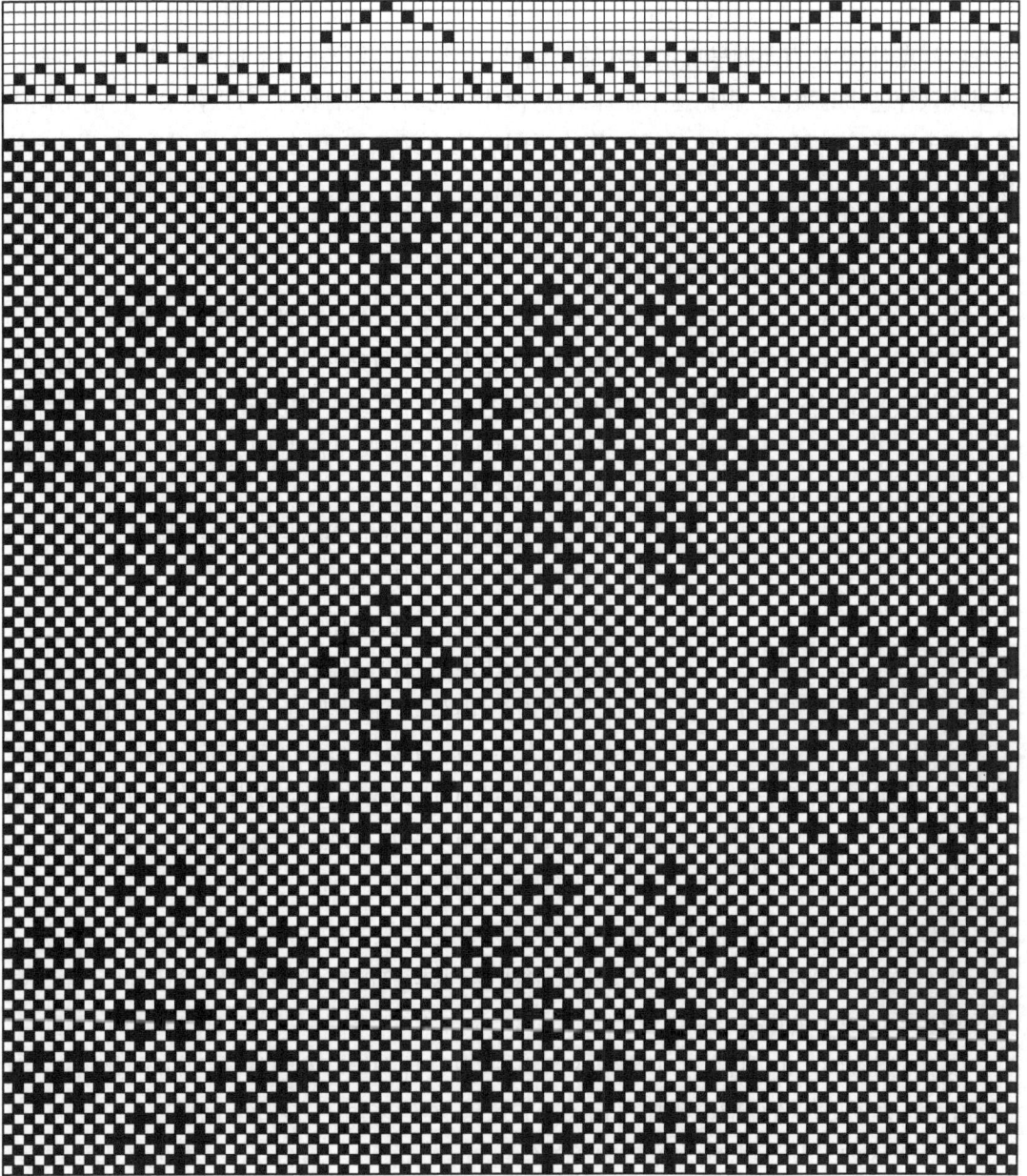

图 7 – 51　省综设计的平纹地小提花组织上机图

图 7 – 52　配色模纹织物

配色模纹能形成花纹图案的原理,是由于色经色纬相交织时互相有覆盖作用,当织物正面
呈现经浮点时,织物表面即呈现该经纱的颜色;当织物某一部分正面呈现纬浮点时,织物表面
即呈现该种色纬的颜色。根据这个原理,若想设计一范围较大的纹样,可以使某一色的不同组
织点集中于花纹的某一部位,而另一色的不同组织点又集中于另一部位,以形成所要求的
模纹。

7.8.1 配色模纹绘作的基本方法

在绘作配色模纹之前,应当已知织物的组织图和色经、色纬的排列顺序和排列循环。

各种颜色经纱的排列顺序简称为色经排列,色经排列重复一次所需的经纱数称为色经循
环。各种颜色纬纱的排列顺序简称为色纬排列,色纬排列重复一次所需的纬纱数称为色纬循

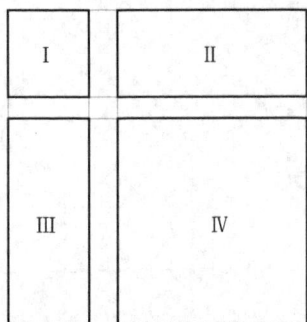

图 7 - 53　配色模纹绘作示意图

Ⅰ—基础组织图　Ⅱ—色经循环

Ⅲ—色纬循环　Ⅳ—配色模纹

环。绘作配色模纹图的步骤和方法如图 7 - 53 所示。

(1)已知条件。

①确定组织图。最常用的是平纹组织与斜纹组织,有
时也用其他较为简单的组织。

②确定色经排列与色经循环。

③确定色纬排列与色纬循环。

(2)划出绘图区域。把意匠纸分成 4 个区,如图 7 - 53
所示,各区为绘作配色模纹的各部分相应位置。Ⅰ区为绘
作基础组织位置,Ⅱ区为绘作色经的排列循环位置,Ⅲ区为
绘作色纬的排列循环位置,Ⅳ区为绘作配色模纹图位置。

(3)填绘配色模纹图。

①根据组织循环、色经循环和色纬循环,求出配色模纹图的大小。配色模纹的经纱循环
等于组织循环经纱数与色经循环的最小公倍数;配色模纹的纬纱循环等于组织循环纬纱数
与色纬循环的最小公倍数。

②在划出的Ⅰ、Ⅱ、Ⅲ区内,分别填入组织图、色经排列循环和色纬排列循环,如图 7 - 54
(a)所示。为了更加清晰地说明配色花纹图的效果,本例采用了 2×2 配色循环。

③在Ⅳ区内,用浅色勾画出基础组织的经组织点,如图 7 - 54(b)。根据色经排列顺序,
在相应色经的纵行内的经组织点处,涂绘上色经的颜色符号,如图 7 - 54(c)。根据色纬排
列顺序,在相应色纬的横行内的纬组织点处,涂绘色纬的颜色符号,如图 5 - 54(d)。这样色
经色纬与组织相结合就构成了配色模纹。

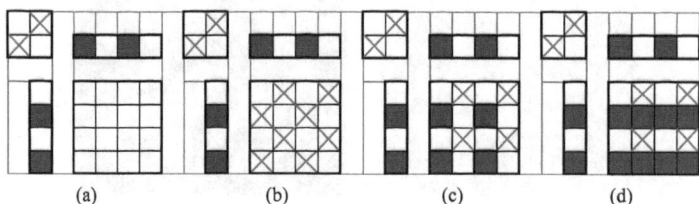

(a)　　　(b)　　　(c)　　　(d)

图 7 - 54　配色模纹作图基本步骤

必须说明:在配色模纹图上小方格中的符号,只表示某种色经或色纬浮点所显现的效果,而不是经纬组织点。

7.8.2　配色模纹的应用

(1)同一组织经纬纱配色排列不同,形成的花纹不同。即在织物中应用同一种组织,但经纬纱配色排列不同,所绘作的配色模纹其花纹效果不同。现举例说明如下:

①以平纹组织为基础,应用不同的经纬纱配色排列,获得不同的花纹效果。如图7-55所示,图7-55(a)为点子花纹,(b)为条形花纹,(c)为纵条横条花纹。

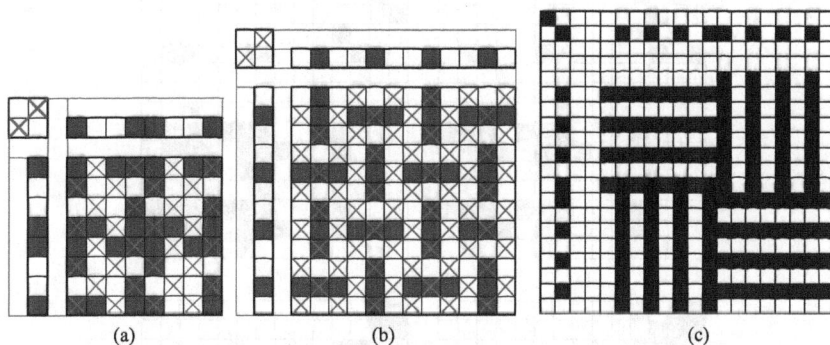

图7-55　平纹组织与色纱排列形成的配色花纹

②以斜纹组织为基础,应用不同的经纬配色排列获得不同的花纹效果。图7-56均以

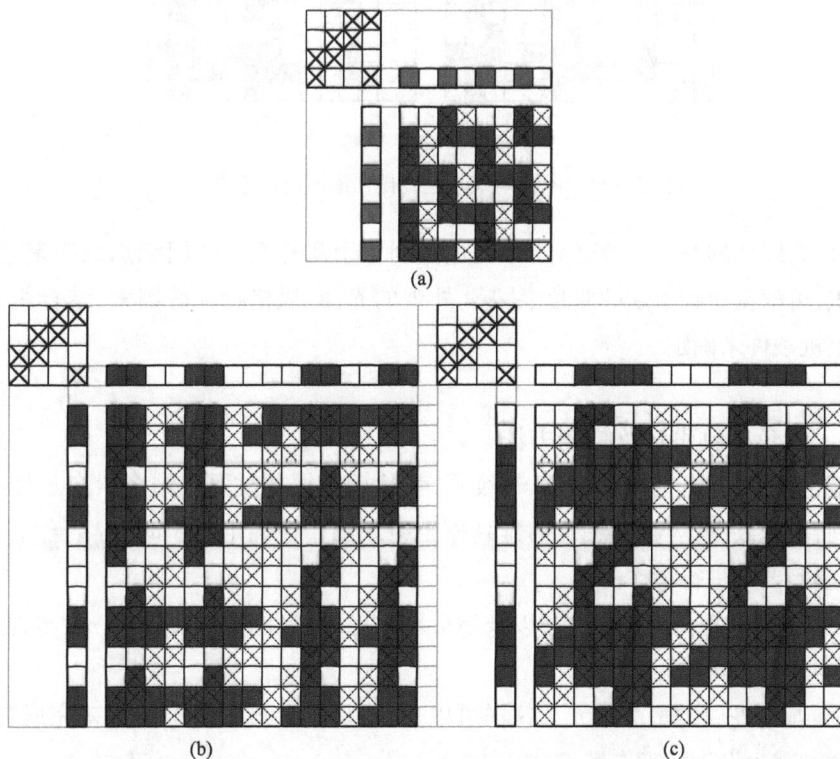

图7-56　斜纹组织与色纱排列形成的配色花纹

$\dfrac{2}{2}\nearrow$为基础组织,由于经纬配色排列不同,而显示了不同的花纹效果。图7-56(a)为梯形花纹,(b)为条形花纹,(c)为犬齿花纹。

(2)同一个配色模纹可用不同的组织来织造,如图7-57(a)、(b)、(c)、(d)均为同一种花纹,其经纬色纱排列相同,可以用不同组织来织造。图7-57(a)选择平纹为织物组织,(b)选择4枚不规则纬面缎纹为织物组织,(c)选择4枚不规则经面缎纹为织物组织,(d)选择$\dfrac{2}{2}$方平为织物组织。

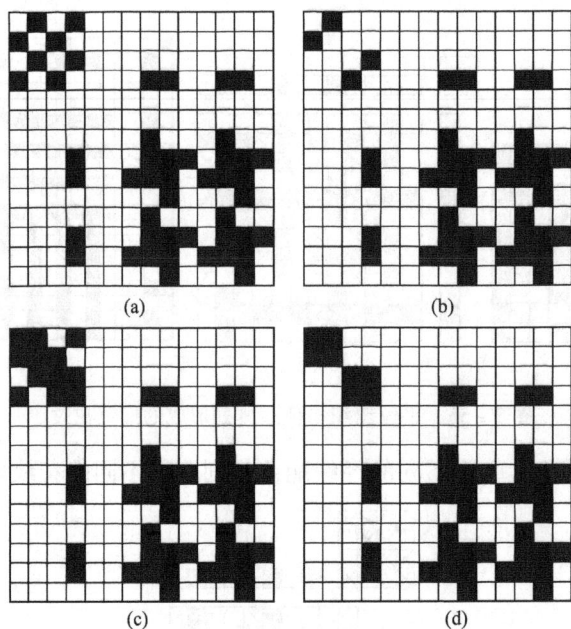

(a)　(b)　(c)　(d)

图7-57　不同组织与色纱排列形成的配色模纹

由此可知,同样的花纹、同样的经纬配色排列可用几种不同的组织加以织造,至于采用哪一种组织,可根据织物要求的紧度、手感、外观的光泽、风格特征等因素,结合织物选用的原料以及上机条件来确定。

7.8.3　配色模纹设计及绘图方法

设计配色模纹织物一般是先构思花纹图案,然后根据花纹要求结合生产条件确定色经色纬的排列,按花纹图案与色经、色纬排列作出组织图。在确定组织时,应结合织物外观风格特征、手感等要求进行考虑。

(1)构思花型图案。配色模纹图以条格形和几何形图为多,花朵图案一般多为象形的似花非花、似物非物的花纹图案。

(2)确定配色花纹的最小单元。这样可以选用最简单、最直接的组织来完成花纹设计,同时也可大大减少设计的工作量。

(3)确定色经色纬的排列。配置色经色纬的排列主要根据花纹图案要求进行,但要结合生产设备考虑。一般来说,色经排列较为方便,而色纬的排列会受到织机的限制。根据花纹图案作色经色纬排列时,可以根据"少数服从多数"的原则来直接决定经纬的颜色。

配色模纹图中,在一根经纱方向上,如果某一种颜色占多数,则其经纱为这种颜色;同理,如果在一根纬纱方向上,某一种颜色占多数,则其纬纱为这种颜色。如果在配色模纹图案中,某一部分以经纬组织点显现闪色效应时,或显现方向不同的不连续的二色效应时,其对应的经纬必各为其中一色。

如配色模纹图 7-58(a)所示,其左上方小方块为 A 色(以符号"■"表示),因此对应于此小方块的第 1 根至第 10 根经纱及第 11 根至第 20 根纬纱均为 A 色。其右下方小方块为 B 色(以符号"□"表示),因此对应于此小方块的第 11 根至第 20 根经纱及第 1 根至第 10 根纬纱均为 B 色。

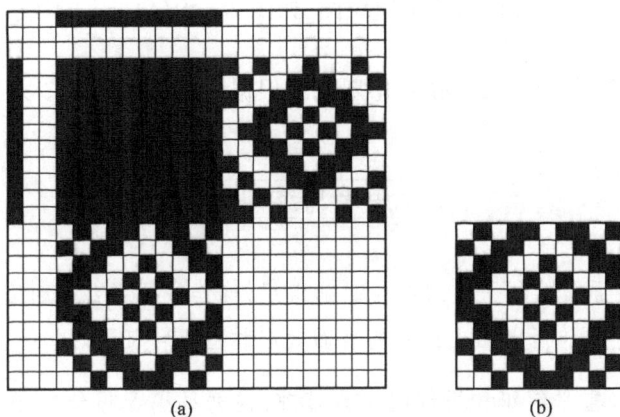

图 7-58 配色模纹中色纱排列确定

(4)根据配色花纹和色纱排列循环作出组织图,如图 7-59 所示。

当设计好配色花纹和色纱循环之后,就可以根据这两个因素来分析图中组织点的性质,以便求出组织图。现以配色模纹图为例进行说明。

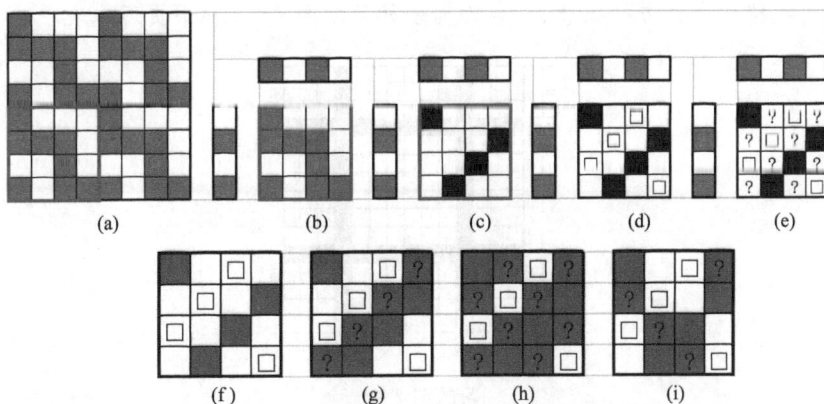

图 7-59 已知配色模纹确定色纱排列和组织图

观察配色模纹图7-59(a)可求得一个花纹循环,如图7-59(b)所示。

根据"少数服从多数"的原则,可以确定色经纱排列和色纬纱排列及其循环,经纬纱排列均为1A1B(A用涂色表示,B用空白表示),如图7-59(b)所示。

根据"相异即相反"原则,可以确定某部分必然的经、纬组织点。在第1根纬纱方向上,由于在第2纱位置上显示B色,而这根纬纱为A色,可以判定这个位置肯定不是纬组织点,那只能是经组织点■(俗称必然的经组织点)。以此类推,可确定所有必然的经组织点的位置,如图7-59(c)所示;同样,在第一根经纱(A色)上,由于第2纬的位置显示B色,则可以判定这个位置只能是纬组织点□(俗称必然的纬组织点)。以此类推,可以确定所有必然的纬组织点的位置,如图7-59(d)所示。

而剩余的位置,通过分析可以发现,这些位置既可以是经组织点,也可以是纬组织点,都不会破坏织物表面显色效果,这些位置点俗称可疑点"?",如图7-59(e)所示。

最后,根据图7-59(e)可作出几个组织图,如图7-59(f)$\frac{1}{3}$斜纹,(g)$\frac{2}{2}$斜纹,(h)$\frac{3}{1}$斜纹,(i)$\frac{2}{2}$方平,至于采用哪个组织图,可根据织物的具体要求以及上机条件来选择。

思考与练习

7-1. 以8枚经面缎纹和平纹组织为基础组织,构作一纵条纹组织的上机图(组织循环大小自定),并指出相应织物的表面效应和上机特征。

7-2. 以$\frac{5}{5}$经重平组织和平纹组织为基础,根据每隔5根经重平加一根平纹特经纱的规律配置经纱,试绘作该组织的上机图,并说明该织物的表面特征与加入平纹经线的作用。

7-3. 以$\frac{6}{6}$经重平组织和平纹组织为基础,根据每隔4根经重平加一根平纹特经纱的规律配置经纱,试绘作该组织的上机图,并对所采用的穿综方法说明理由。

7-4. 按纹样图设计方帕织物,其条件列表如习题图7-1和下页习题表。

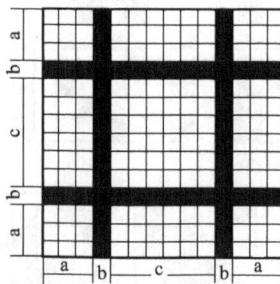

习题图7-1

习题表

条纹宽度(cm)	条纹密度($P_j = P_w$)(根/10cm)	条纹组织
$a = 8.6$	370	平纹组织
$b = 3.2$	850	5枚缎纹组织 6枚不规则缎纹
$c = 45$	370	平纹组织

试求：(1)$R_j = R_w = ?$　(2)穿综说明，纹板图。

7-5. 试作以$\dfrac{5}{2}$缎纹组织为基础组织的小方格组织图，并说明合理的小方格组织的要点是什么？

7-6. 以$\dfrac{1}{2}$斜纹为基础，$R_j = R_w = 6$，利用添加组织点的办法，试绘绉组织。

7-7. 以$\dfrac{1}{2}$斜纹和6枚不规则缎纹组织为基础，试利用重合法绘制绉组织。

7-8. 以$\dfrac{1}{2}$斜纹和4枚不规则缎纹组织为基础，试利用重合法绘制绉组织的上机图。

7-9. 以$\dfrac{2}{2}$经重平和$\dfrac{1}{2}\nearrow$组织为基础，经纱的排列比为1∶1，试用经纱组合法绘制绉组织，并配合照图穿法的穿综图绘制相应的上机图。

7-10. 请自选一组织，将其纬纱按1∶1的排列规律移置于$\dfrac{1\ \ 2}{2\ \ 1}$斜纹组织的纬纱间以形成绉组织，并绘其上机图。

7-11. 试选择一绉组织与平纹组织并列，以形成纵条纹组织，并作上机图。

7-12. 选择$R_j = R_w = 8$的绉组织和$R_j = R_w = 4$斜纹组织并列，以形成纵条纹组织，并绘作上机图。

7-13. 试说明形成凸条组织织物外观的原理。

7-14. 设经纱循环$R_j = 24$，纬纱循环$R_w = 8$，利用$\dfrac{2}{2}$作为固结组织，试绘凸条组织的上机图及其纬向截面图。

7-15. 试以下列各条件绘作纵条纹组织(经纬纱循环自行确定)：

(1)由凸条组织与$\dfrac{2}{2}$经重平组织并列而成。

(2)由凸条组织与$\dfrac{2}{2}\nearrow$组织并列而成。

(3)自选一组织与凸条组织并列而成。

7-16. 由$\dfrac{1}{7}$斜纹组织为基础组织，绘作蜂巢组织的上机图。

7-17. 试作 $R_j = 8$、$R_w = 10$ 的巢底在中间的变化蜂巢组织图。

7-18. 请自选组织循环 $R_j = R_w$ 值（$R_j = R_w < 24$），绘作一变化蜂巢组织图。

7-19. 试述透孔组织（假纱罗）在织物表面形成孔的原理。

7-20. 以 5 枚 3 飞纬面缎纹为纹样图，每一小格代表 6 根经纱，6 根纬纱，经浮点处配以透孔组织，纬浮点处配以平纹组织，绘其上机图。

7-21. 试作 $R_j = R_w = 8$ 的透孔组织图，并以"〇"标出孔眼所在的位置。

7-22. 试以 8 片综设计 $R_j = R_w = 24$ 的透孔组织上机图。

7-23. 以 $\dfrac{1}{2}\nearrow$ 为模纹，每一小方格代替 8 根经纱和 8 根纬纱，白格处填以自选的经面变化方平组织，黑格处填以自选的纬面变化方平组织，试作花式方平组织图。

7-24. 试作"回"字形纹，所取纹样如习题图 7-2 所示，其纵向横向均为 5 格，每一小格代替 4 根经纱和 4 根纬纱，白格处填上 $\dfrac{2}{2}\nwarrow$，黑格处填上 $\dfrac{2}{2}\nearrow$，绘组织图。

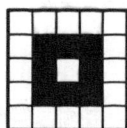

习题图 7-2

7-25. 已知纹样如习题图 7-3 所示，每一小方格代替 8 根经纱和 8 根纬纱，如黑格处绘以 $\dfrac{2}{2}$ 经重平组织，白格处绘以 $\dfrac{4}{4}$ 纬重平组织，试绘作新的组织图。

7-26. 已知配色模纹及色纱排列如习题图 7-4 所示，试绘出能织该配色模纹的各种组织方案图。

 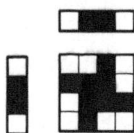

习题图 7-3   习题图 7-4

7-27. 已知色纱排列次序，经纬都为 2A4B2A，试绘出 $\dfrac{2}{2}$ 方平组织的模纹图。

7-28. 以平纹为基础组织，色经色纬排列均为 2 蓝 1 黄，求该组织的配色模纹图。

7-29. 以 $\dfrac{3}{3}\nearrow$ 为基础组织，色经色纬排列均为 1 白 1 黑 1 红，试求该组织的配色模纹图。

7-30. 已知色纱的排列规律和配色模纹,如习题图7-5所示,试确定各种可能的相应组织图。

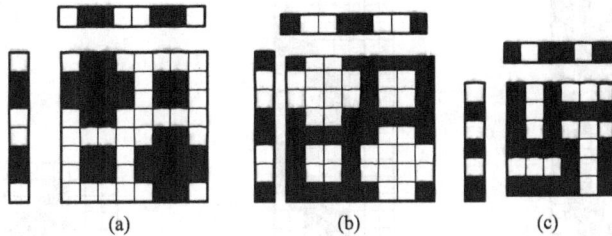

(a)　　　　　　　　(b)　　　　　　　　(c)

习题图7-5

7-31. 试分析习题图7-6所示绉组织的构作方法(提示:用不同运动的8根经纱为基础,分析其纬纱用什么组织、怎样排列而形成)。

7-32. 试分析习题图7-7所示的绉组织的构作方法。

习题图7-6　　　　　　　　　　　　　　习题图7-7

7-33. 用6片综的省综设计法,得到的绉组织是在哪几种提综规律基础上,按不同顺序排列组成纹板图的?

7-34. 习题图7-8为生产某织物的纹板图,经纱的穿综规律是1、2、3、4、5、4、3、2、1和(5、6、7、8、9、10)×4,试说明其组织是什么组织,可形成什么外观的织物。

7-35. 平纹地小提花织物的特征有哪些? 它的设计要求是什么? 试绘制8片综织制的平纹地小提花织物的穿综图和纹板图。

7 36. 试以下列条件之一,构作纵条纹组织图,但不同运动的经纱数不能大于16。

(1)凸条组织与急斜纹组织并列。

(2)透孔组织与粗特经纱平纹组织并列。

(3)凸条组织与透孔组织并列。

(4)网目组织与斜纹组织并列。

7-37. 设计合理的平纹地小花纹组织,综框数不超过12片,经浮长线模纹呈现形状如习题图7-9。

7-38. 经浮长线构成的单元模纹如习题图7-10所示,试设计合理的平纹地小提花组织,其综片数不超过12片。

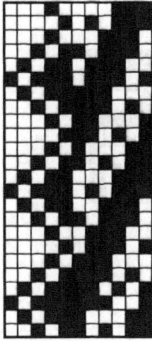　　　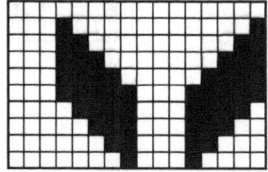

　　习题图7-8　　　　　　习题图7-9　　　　　　习题图7-10

7-39. 试分析习题图7-11所示的网目组织织物的外形,该组织用什么方法增加网目效应? 并指出该组织不够合理的地方。

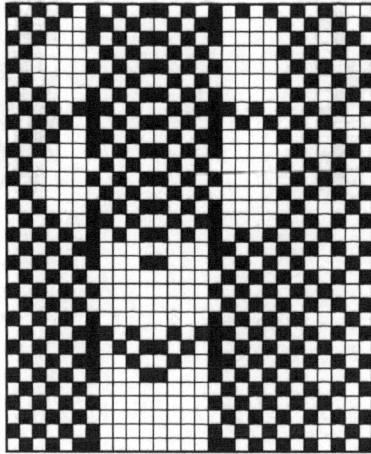

习题图7-11

7-40. 简述增加网目组织网目效应的方法。

7-41. 以平纹为基础作 $R_j = R_w = 12$ 的简单网目组织,要求含有2根对称的网目经,并说明增加网目效应的有关措施。

7-42. 试设计一个纬网目组织(循环大小自定)。

7-43. 试设计一个平纹地纬起花地小花纹组织,用综数不超过12片。

7-44. 试设计一个条子组织(基础组织自选)。

7-45. 如习题图7-12所示的织物组织图,试问:

(1)织物的经密远比纬密大时,织物的表面将呈现什么效应?

（2）织物经纬密度适中，而且接近相等时，织物的表面又将呈现什么效应？

7-46. 试设计一个具有习题图 7-13 的花型，花的分布均匀的平纹地小提花组织图。

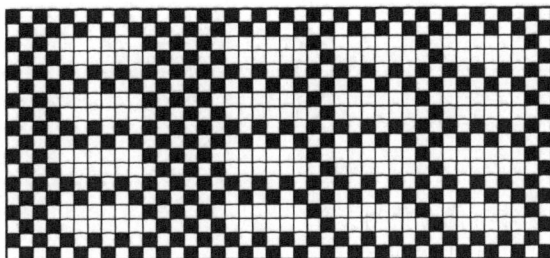

习题图 7-12

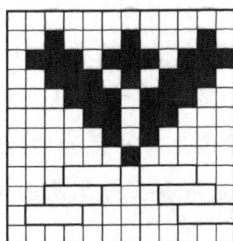

习题图 7-13

任务八　织物 CAD 模拟与设计

【任务目标】

1. 了解织物 CAD 软件功能与使用方法
2. 掌握织物 CAD 辅助设计的技巧
3. 应用织物 CAD 软件模拟与设计织物

【任务实施】

在织物 CAD 辅助设计计算机实训室,每位学生一人一机上机训练。在教师统一介绍软件功能与使用方法后,学生们可以运用小提花织物 CAD 辅助设计软件,将自己的设计意图以织物仿真模拟的方法快速、直观、形象地在计算机上显示出来。学生自己设计织物组织、纱线排列、纱线的线密度,对织物模拟图上各种色彩的经纬纱线进行调色、配色,充分地将设计思想表达出来,并在织物上机织造前观察实际织物的模拟效果。

【相关知识】

织物 CAD 软件功能与使用

在传统的色织物设计过程中,设计效果的检验往往是通过制作小样来获得。如果对设计效果不满意,对原有规格进行调整,则需重新染色、打样,常常需要花费数小时时间,不仅费时费力,增加设计成本,而且因为设计周期延长,易使设计者因厌倦而丧失灵感。人们希望获得一种方法,使设计思路在较短时间内成为可视的结果,而且十分方便修改和调整。织物 CAD 系统正是为了满足设计者的这一愿望而设计的。

织物 CAD 系统通常由设计者输入组织图、色纱排列等参数,系统通过屏幕模拟显示或模拟打印让设计者观察与检验设计效果。一些系统还具有设置经纬密度、设计花式纱线等较为高级的功能。虽然目前国内的织物 CAD 系统还普遍存在屏幕色与打印色之间的色差、织纹缺乏立体感、无法表现织物风格与手感等问题。但随着计算机技术的快速发展,其中一些问题将会逐步改善并最终得以解决。一些设计人员还采用织物 CAD 系统与传统的小样制作加以结合的方法,使两种方法取长补短,以提高设计的成功率。

8.1　织物组织设计

织物组织是构成织物外观效果的重要因素之一。机织物组织变化十分丰富,可使织物获得平整细洁或粗犷凹凸的各种不同外观,还可通过各种基础组织之间的组合,形成各种小提花织物效果。因此,织物组织的设计是织物设计的一项重要内容。

(1)传统组织设计。在传统的设计方法中,组织设计通常是通过绘制组织图来完成的。这种方法存在以下局限性。

①不便于修改与调整。在设计过程中,如果需要对原设计图进行修改与调整,如在图中增加或删除经纬纱线,则必须将部分已绘好的组织点擦拭后重新绘制,费时费力。

②绘制大型组织图效率较低。如一些条格组织虽然组织循环很大,有时完全经纬纱数达到数百根之多,但是基础组织却只是平纹、斜纹等一些简单组织,将它们重复多次后形成。由于这类组织图绘制十分费力,因此在其设计过程中,设计人员往往并不画出组织图,而是直接画出穿综图与纹板图。

③效果不够直观。在组织设计时,通常只绘出一个完全组织,对组织上下左右延续所形成的织物效果不易观察,影响组织效果的直观性。

(2)织物 CAD 设计。为了解决传统组织设计的问题,织物 CAD 软件开发了织物组织设计功能。通过这一功能,不仅可以十分快捷地绘出较大的组织图,而且可以很方便地进行修改与调整,并观察组织四方连续后的效果。

织物 CAD 组织设计的方法通常有两种类型。一类是直接绘制组织图;另一类是通过绘制纹板图与穿综图来获得组织图。两种方法各有优缺点,下面分别加以介绍。

①直接绘制组织图。直接绘制组织图又可分为自动生成与手工绘制两种形式。

组织的自动生成是通过输入组织类型和组织的一些重要参数,由软件自动生成组织图。如图 8-1 为斜纹组织设计窗口,这里有规则斜纹、曲线斜纹、山形斜纹等各种常见斜纹类型的选项。

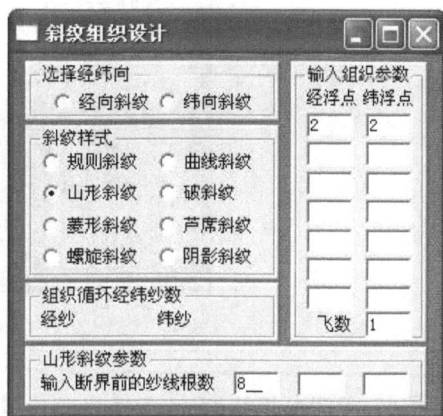

图 8-1　斜纹组织设计窗口

如选择山形斜纹,组织参数选择经浮点为 2,纬浮点为 2,即选择基础组织为 $\frac{2}{2}$ 斜纹。断界前的纱线根数输入 8,即山形斜纹变化斜纹方向前的经纱根数(K_{j})为 8。飞数选择 1。点击菜单中的生成组织图,在窗口右侧便会出现山形斜纹组织图,如图 8-2 所示。

用同样的方法,还可以生成蜂巢、透孔等联合组织,以及经二重、双层等复杂组织的组织图。总之,具有明显规律的组织,均可以通过输入组织参数,由计算机自动生成组织图。图 8-3 为联合组织设计窗口,选择透孔组织,组织循环数选择 6,点击菜单中的生成组织图,3 根 1 束的透孔组织便自动生成了。为了使初学者能更为直观地了解经纬纱的交织规律,软件还提供了交织规律模拟显示的功能。

自动生成组织图的方法十分方便,但只能生成一些较为简单、有规律的组织。对于那些

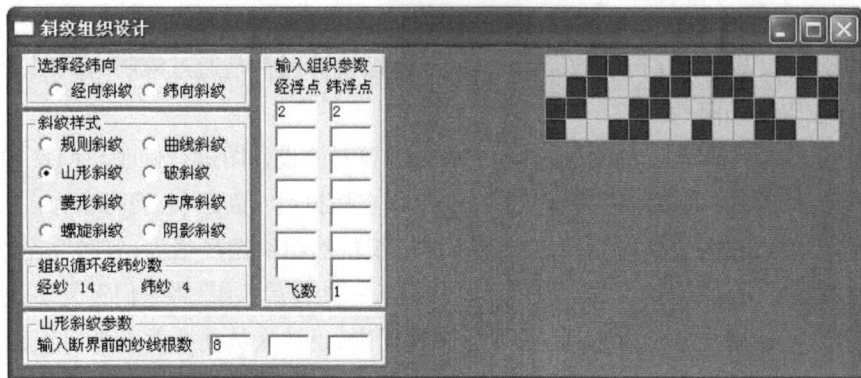

图 8 - 2　生成组织图

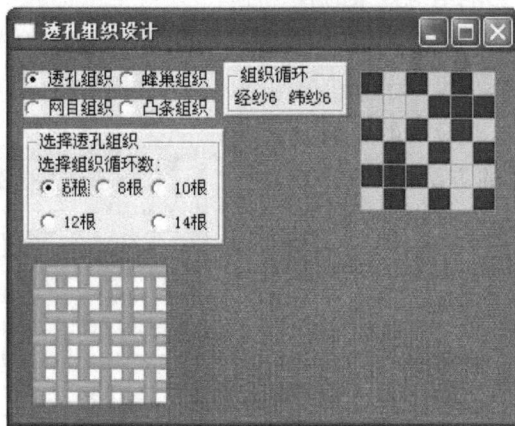

图 8 - 3　联合组织设计窗口

变化较多、无明显规律、系统无法自动生成的组织,则需通过手工绘制的方法绘制组织图。

打开手工绘制组织图窗口,输入完全经纬纱数,如经纱数与纬纱数均选择6,便出现方格图。通常可通过在方格中单击左右键的方法来添加或去除经组织点,例如,绘6枚不规律纬面缎纹组织图,如图8-4所示。

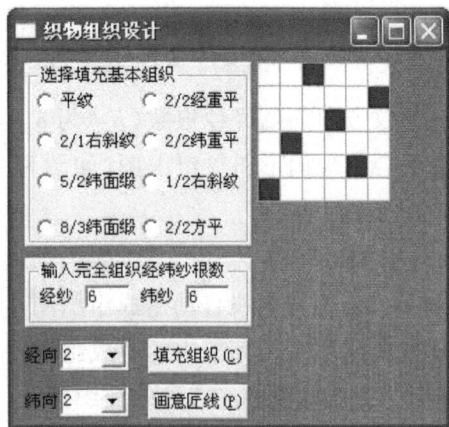

图 8 - 4　6 枚不规律纬面缎纹组织图

有些软件还提供了组织图的编辑功能。如铺组织点、对组织图进行复制、镜像、翻转、截取、组织点取反等功能。下面以平纹地小提花组织设计为例,介绍组织图编辑的方法。

平纹地小提花组织的完全经纬纱数通常较大,地组织由平纹组成,且存在较多的对称或相同的部分,因此采用组织图的编辑功能可以大大地减少组织图绘制的时间。首先打开手工绘制组织窗口,选择所需的经纬纱数,并填充平纹组织,形成地组织。在地组织的基础上,修改部分经纬组织点,形成如图8-5所示的组织。

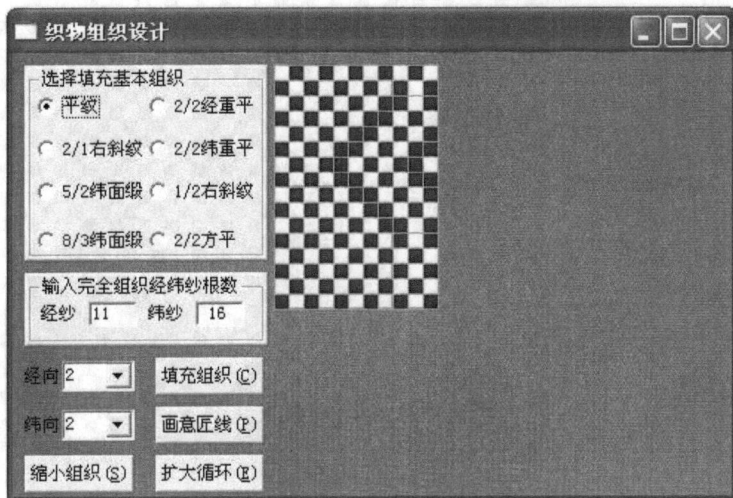

图8-5 平纹地小提花组织(一)

利用组织图编辑中的镜像功能,对图8-5进行左右镜像,并删除对称轴多余的经纱,形成组织如图8-6所示。

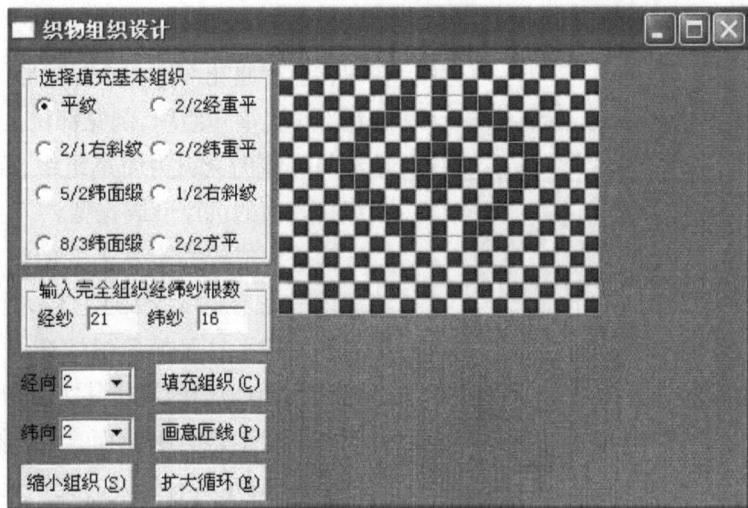

图8-6 平纹地小提花组织(二)

扩大图8-6的完全组织大小,再对提花部分进行复制,形成的平纹地小提花组织如图8-7所示。

②由纹板图与穿综图生成组织图。直接绘制组织图的方法较为直观,也易被初学者所接受。但是对于一些完全经纬纱数较多的组织,特别是通过省综法设计的组织,由于组织图较大,绘制过程仍然较为麻烦。实际上织物组织最终将通过纹板与穿综规律的配合而实现,

織物組織分析与应用

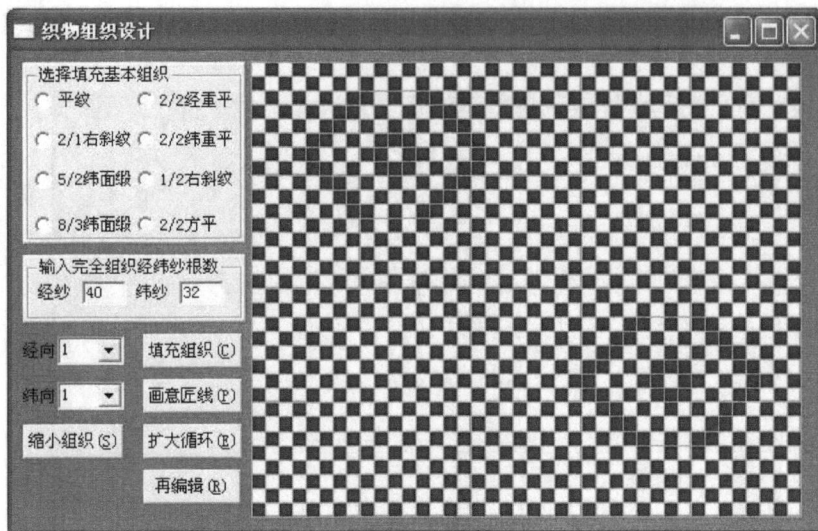

图8-7 平纹地小提花组织(三)

因此一些 CAD 软件提供了绘制纹板图与穿综图再自动生成组织图的功能。这一方法与实际的生产过程较为相似,对于熟练的设计人员来说,这一方法更为方便快捷。

下面以经起花组织的设计为例,介绍如何由纹板图与穿综图生成组织图。经起花组织

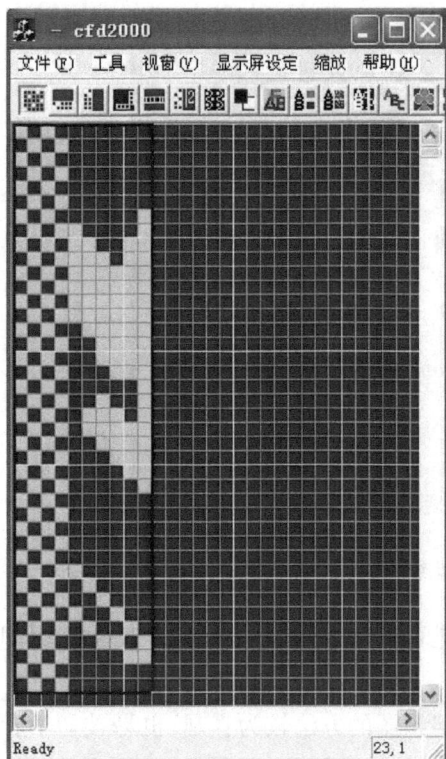

图8-8 经起花组织的纹板图

是在平纹等简单组织的基础上,局部采用经二重组织,在织物表面由一部分经浮线形成花纹。在织物上有起花部位和不起花部位两部分。不起花部位是简单组织,起花部位是经二重组织,地经与纬纱仍交织为简单组织,而花经则通过在织物表面的沉浮形成花型。

为了形成较为丰富多变的组织效果,经起花组织的完全经纬纱数通常较大。但由于地经与纬纱均按平纹等简单组织交织,因此虽然组织图较大,但地经的规律其实较为简单,用综数也不多。对于这类组织而言,完全可以直接绘制纹板图,确定所有经纱的交织规律,再设计合理的穿综规律,最终获得组织图。

图8-8 为某经起花组织的纹板图,共有10 个纵格,说明该组织共需使用 10 页综框。第 1 个到第 4 个纵格均为平纹规律,代表地经纱与纬纱的交织规律,所对应的经纱将由第 1页到第 4 页综框控制;而第 5 个到第 10 个纵格则为花经与纬纱的交织规律,所对应的花经将

160

由第 5 页到第 10 页综框控制。

接下来设计穿综图。穿综图的纵格数代表完全纬纱数。该组织不起花部位有 24 根经纱,起花部位共有 12 根地经与 11 根花经。该组织采用分区穿综法,即所有的地经纱将穿入第 1 页至第 4 页综,而花经则需穿入第 5 页至第 10 页综。穿综图如图 8 - 9 所示。

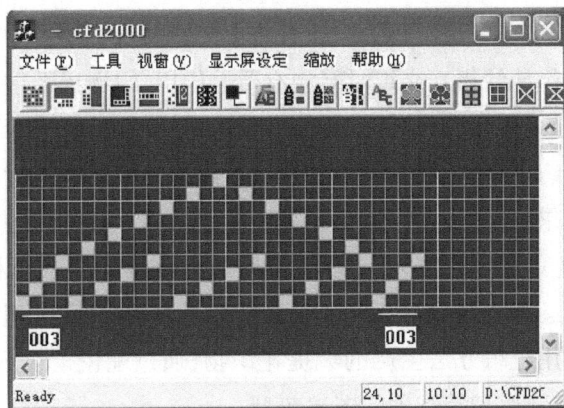

图 8 - 9 经起花组织的穿综图

由于该组织的完全经纬纱数较多,为减少工作量,软件提供了重复设置功能。不起花部位的 24 根经纱与纬纱的交织规律全部为平纹,因此这一部位的穿综图在两侧共用了 8 个纵格,再使用重复设置功能重复 3 次即可。

图 8 - 10 为计算机将纹板图与穿综图的规律分析结合以后得到的组织图。

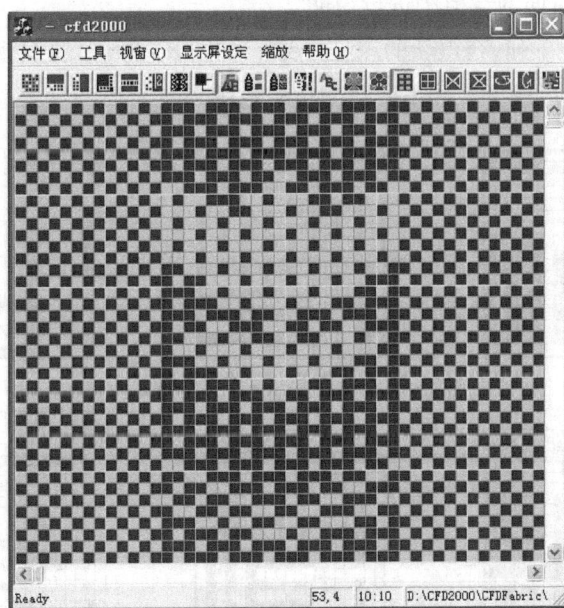

图 8 - 10 经起花组织的组织图

这种组织设计方法方便快捷,且设计完成的纹板图与组织图可直接用于生产工艺,特别适于使用省综穿法设计的组织。对于平纹地小提花组织而言,这种方法也非常实用。

8.2 配色模纹设计

纺织品对于色彩的表现力与织物的组织有着很大的关系。除了如前所述组织对光泽的影响之外,由于彩色的经纬纱相互交织时互相有覆盖作用,织物正面呈现的将是组织浮点的色彩。经浮点呈现该经线的颜色,纬浮点则呈现该种色纬的颜色。色纱排列与组织的巧妙配合,使各种颜色的组织点排列成精美的花型,将使纱线的色彩时隐时现,相互配合,变化无穷,获得独特的艺术效果。

这种利用不同颜色的经纬纱排列与织物组织配合,在织物表面可构成各种不同的花色图案,即为"配色模纹"。配色模纹在织物表面形成的花纹,是色彩与组织配合的结果。无论是普通的色织物,还是用色织方法生产的大提花织物,通过配色模纹形成的织物花型,都可以获得比印花更具有立体感和装饰美的图案花型。

若要预见色纱与组织配合后的色彩与花型效果,可以通过配色模纹来观察。

(1)配色模纹图绘作的基本方法。参见项目七。

前文所述的织物 CAD 及模拟显示的过程,实际上也就是配色模纹在计算机上实现的过程。在设计软件中输入了织物的组织与色纱排列后,计算机经过计算,分析每一个组织点所应表现的颜色,并将织物色彩效果模拟出来,实际上就是该织物的配色模纹图。一些高档的软件为了增强织物的模拟效果,使纱线浮点不是显示为色块,而是显示为具有立体感的三维圆柱效果。这些将在后面的章节中进行说明。

(2)改变经纬色纱排列,获得新的花型效果。如图 8-11 中的织物组织虽然都是平纹,但经纬色纱排列不同,形成了多种不同的配色模纹图。

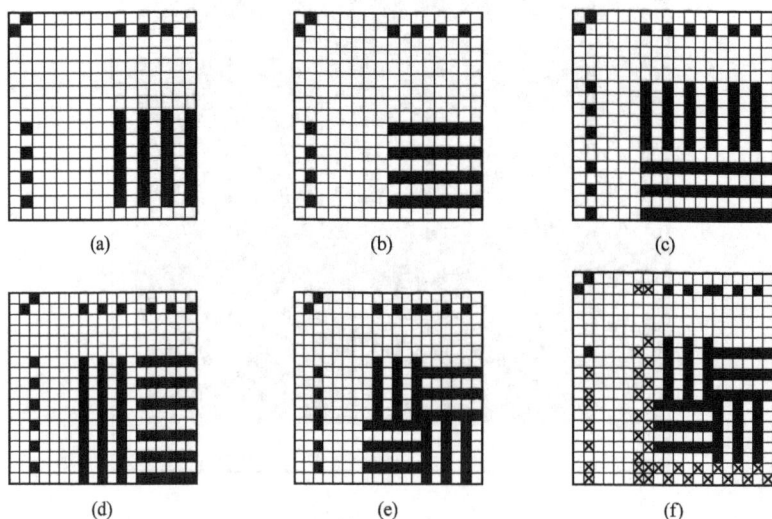

图 8-11 配色模纹图

图 8 – 11 的计算机屏幕模拟效果如图 8 – 12 所示。

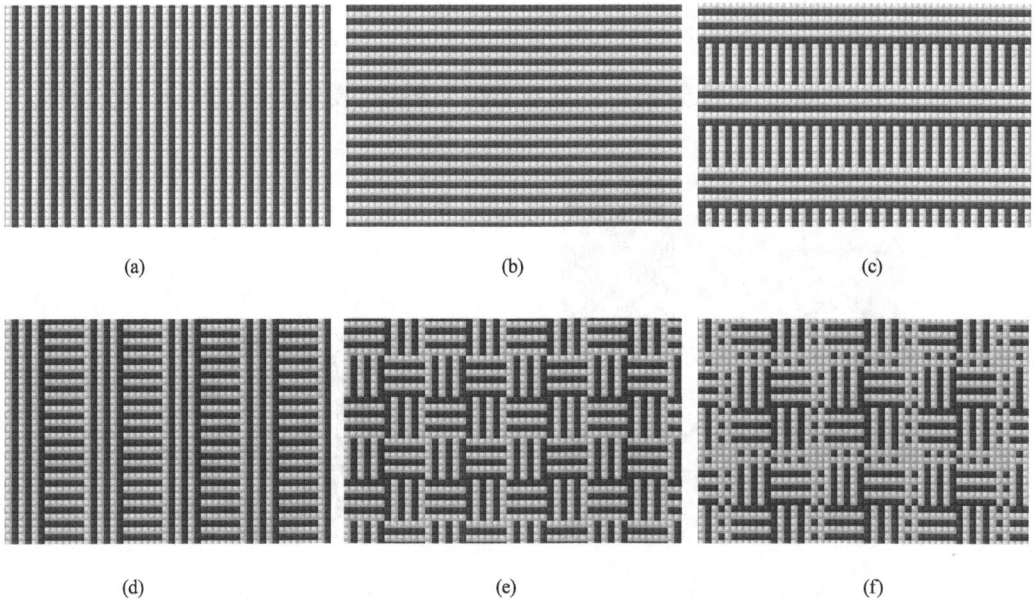

图 8 – 12　计算机模拟效果图

（3）不同组织也可能形成同一个配色模纹。图 8 – 13 中的织物花纹相同，经纬色纱排列亦相同，但组织却各不相同，分别为平纹、$\dfrac{2}{2}$ 方平、$\dfrac{1}{3}$ 右斜纹和 $\dfrac{3}{1}$ 左斜纹。

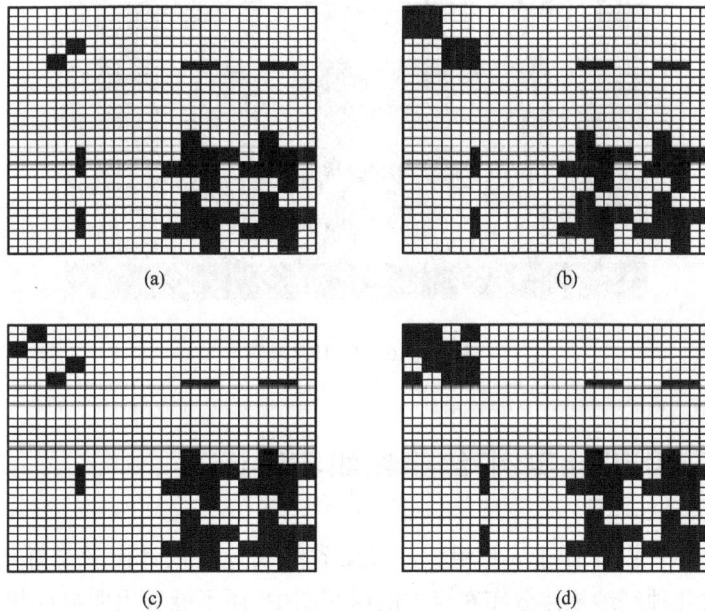

图 8 – 13　不同组织形成的同一配色模纹

利用配色模纹这一工具,可在没有织成织物的情况下,也能预先得知织物的色彩花型效果,这对色织物的设计工作来说,具有十分重要的意义。

某织物配色模纹效果如图 8 – 14 所示。

图 8 – 14 的织物组织是以 $\dfrac{1}{2}\dfrac{2}{1}\nwarrow$ 斜纹组织为基础的菱形斜纹,如图 8 – 15 所示。

图 8 – 14　配色模纹

图 8 – 15　组织图

在 CAD 软件中输入该组织图及经纬纱排列,织物的模拟显示效果如图 8 – 16 所示。

图 8 – 16　模拟效果图

8.3　织物 CAD 设计实例:绉组织织物设计

(1)用 CAD 软件设计省综法绉组织。要用省综设计法设计出一个好的绉组织并不容易。如何使少数几种经纱规律分布在庞大的组织图中,还不能看出明显的规律,或出现过长的经纬浮长,往往需要设计者反复进行修改和调整。采用传统的手工绘图的方法进行设计时,由于组织图很大,要得到满意的组织,修改和调整的工作量是惊人的。而使用 CAD 技术,这一工作将不再是累人的事,甚至会变得轻松而有趣。

下面以图 8 – 17 所示的绉组织为例,说明使用 CAD 软件设计省综法绉组织的过程。

①确定综页数。综页越多,经纱规律变化越多,组织越复杂,起绉效果越好,但过多的综页数将增加织造的难度。本例选用 6 页综。

②设计纹板图。纹板图的纵格数即为综页数,横格数为组织的完全纬纱数。由于绉组织一般为同面组织,因此纹板图的每个横格中应有一半的小格被涂色,以使每次开口时有一半的综页被提升。

图 8 – 17 的纹板图的横格数为 6,则每个横格中需有 3 个小格被涂色。横格涂色的方式有 20 种,如图 8 – 18 所示。

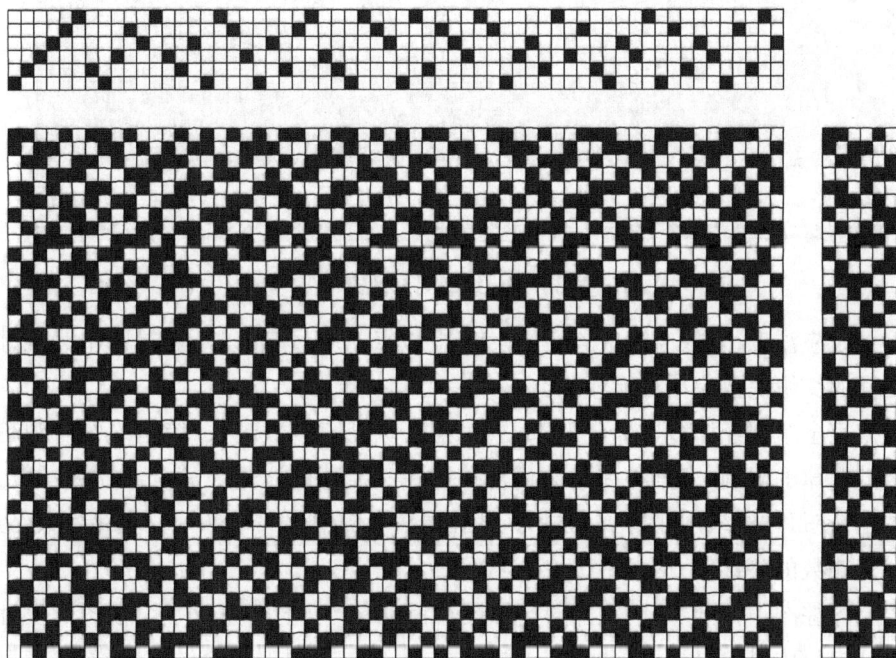

图 8 – 17 省综法绉组织上机图

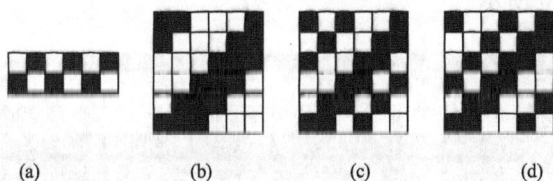

(a)　　　　(b)　　　　(c)　　　　(d)

图 8 – 18 纹板图横格涂色方式

使用 CAD 软件的纹板图绘制功能,将这 20 种规律随机排列即可得到纹板图,如图 8 – 19 所示。纹板图的横格数可为 20 的整数倍,使每一种横格规律均得到均衡的利用。

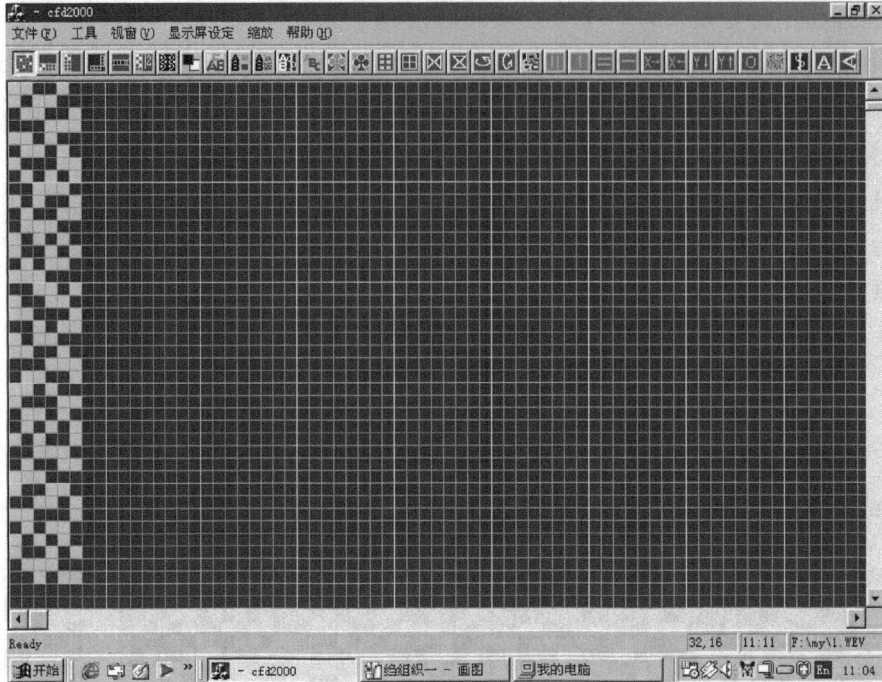

图 8 – 19　纹板图设计窗口

在设计时应注意,每根经纱上连续经(纬)组织点不应过多,以不超过两个为宜,同时每根经纱之间的交织次数应尽可能相同。

③确定完全组织经纬纱数。一般来说,完全组织经纬纱数越大,绉组织的外观越好,但由于受经纱规律的限制,完全经纬纱数仍需控制在一定范围之内。完全经纱数一般为综页数的整数倍,使每种经纱规律得到相同的应用次数,本例中选 $R_j = 60$。完全纬纱数已知为纹板图横格规律数的整数倍,本例中选 $R_w = 40$。

④绘制穿综图。打开 CAD 软件的穿综图绘制功能,由于已完成了纹板图的设计,通常在穿综设计窗口中,计算机已自动设定了综页数,用户只需根据完全经纱数确定穿综图的纵格数即可。确定穿综图时,首先把一个完全组织的经纱数按综页数分成若干组,如本例中经纱共分 10 组,每组 6 根经纱。第一组可顺穿,其他 9 组只需随机将每根经纱穿入不同综页即可,穿综图如图 8 – 20 所示。

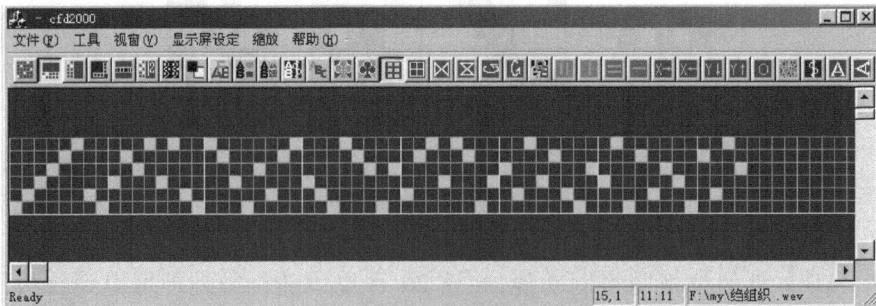

图 8 – 20　绉组织穿综图

⑤生成组织图。由于本例中的组织图较大,用传统的手工方法绘制需要大量的时间。而使用 CAD 软件的组织图生成功能,组织图可以在瞬间自动得到,如图 8 – 21 所示。通过对组织图的检查,可以判断组织设计是否符合要求。

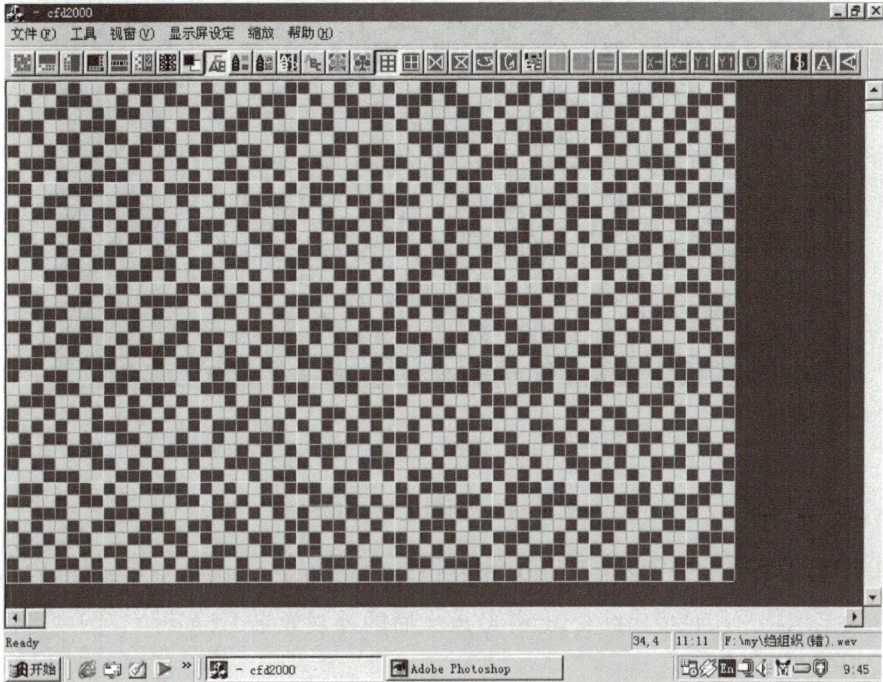

图 8 – 21 绉组织组织图

细心的读者会发现,图中存在较多的横向连续经(纬)组织点,即织物的正反面均出现了长度大于 3 的纬浮长,这是不符合绉组织的设计要求的,必须进行调整。调整的方法是修改浮长过长处经纱所对应的穿综规律,然后重新生成组织图进行复查。虽然可能需要反复进行多次才能得到满意的结果,但在 CAD 软件的帮助下,仍可以在较短的时间内,轻松地获得满意的组织。

经过调整后的穿综图和组织图分别如图 8 – 22、图 8 – 23 所示。

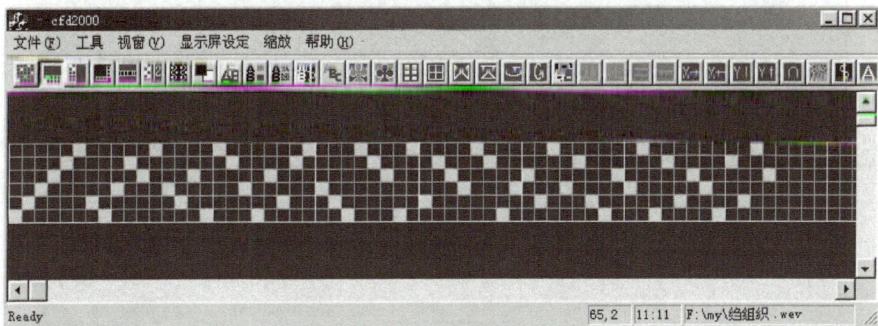

图 8 – 22 调整后的穿综图

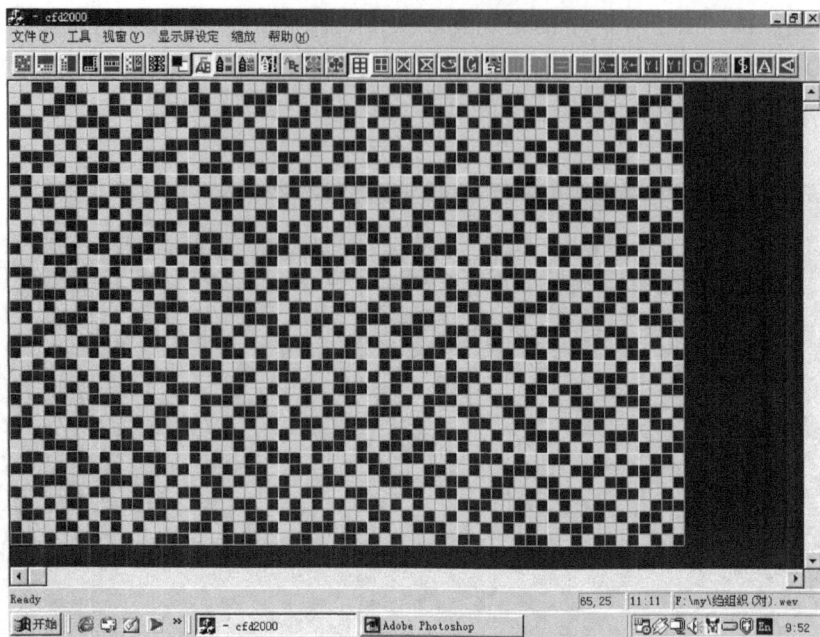

图 8 – 23　调整后的组织图

使用 CAD 软件的优势还在于可以利用其模拟显示功能,清晰地预见织物的外观效果。图 8 – 23 为该织物采用色经白纬交织,并经放大后的外观效果图(局部)。图中可见织物的绉纹效应十分明显。

(2)树皮绉织物设计。树皮绉织物效果如图 8 – 24 所示,织物外观如图 8 – 25 所示。

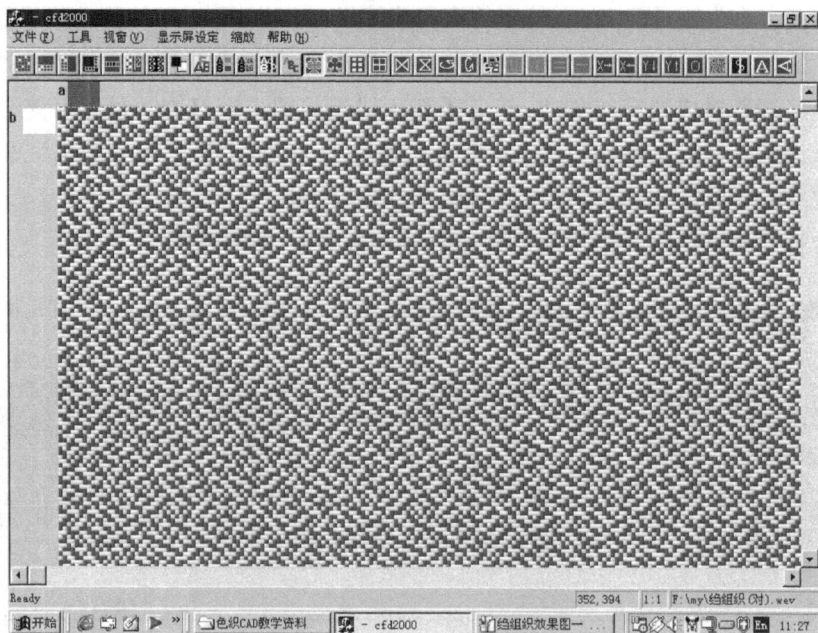

图 8 – 24　树皮绉织物效果图

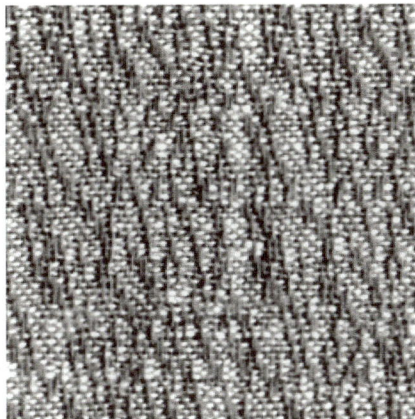

图 8 - 25　树皮绉织物外观

本例中设计的树皮绉色织物采用纯棉细特纱为原料,产品规格如下:

经纱 14.5tex(40 英支)棉纱;纬纱 14.5tex(40 英支)棉纱;经纬密度 450(根/10cm)×260(根/10cm)。

树皮绉织物也可采用省综法设计,但由于其组织的特殊性,织物的设计方法与普通绉组织织物有所不同,主要表现在以下几方面:

①完全组织大小。为了形成连续、流畅、富于变化的树皮状绉纹,其完全组织应尽可能大一些。本例选用的完全组织大小为 $R_j = 70$, $R_w = 64$。由于组织循环较大,穿综规律多变复杂,为防止穿错,可使组织循环纱线数与色纱循环纱线数互为整数倍。

②纹板图设计:纹板图的横格数按组织的完全纬纱数确定。纵格数(即经纱规律)应较多,才能使织物纹路逼真自然,不呆板。本例纹板图选用 14 个纵格,即使用 14 页综框。纹板设计时,既要考虑树皮凹凸不平、长短不一、直斜交错、粗细相间的外观,又要保证实物质量(因为浮长处理不当,会出现"纬移"等质量问题)。为此,在纹板图上设计数条宽窄不一的纵条纹。凸部按 $\dfrac{5}{1}$ 的组织点配置,凹部配置平纹组织,两种组织相间排列。作出纹板图如图 8 - 26 所示。

③穿综图设计:穿综图的设计方法与普通绉组织相似,但应注意做到"单双衔接",如某根经纱穿在第奇数页综,则下一根经纱一定要穿在偶数页综内,否则平纹组织的连续性将被破坏。穿综图如图 8 - 27 所示。

④织物模拟显示与调整:为使显示效果更为清晰,可暂时按色经白纬设定经纬纱颜色,织物模拟外观经放大后,如图 8 - 28(a)所示,图 8 - 28(b)为该织物配以色织条纹花型后的外观模拟效果。

树皮绉织物的组织设计很少能一次成功,须对模拟效果仔细观察后,再对穿综图或纹板图作适当的修改。如织物条纹分布严重不匀,某些部位经浮长过于集中,可调整穿综顺序,避免经组织点较多的经纱集中出现。如出现纵条纹不连续的现象,则是由于纹板图的条纹规律上下不能衔接所致。由于采用了先进的 CAD 技术,每次调整后的效果均可在屏幕上立即显示,从而可方便设

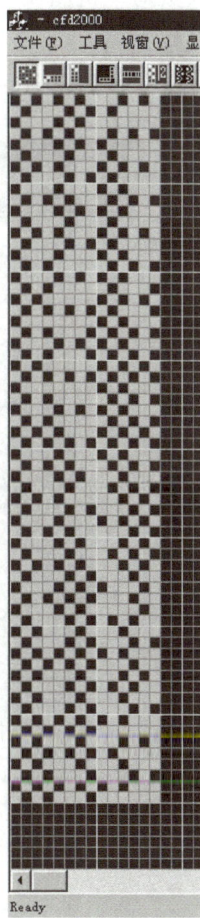

图 8 - 26　树皮绉织物纹板图

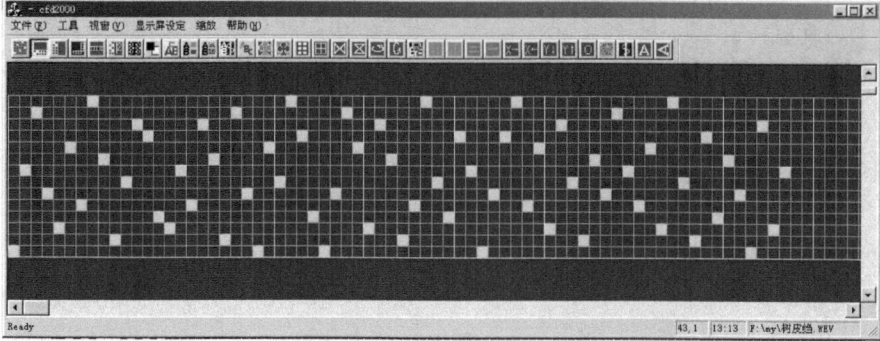

图 8 - 27　树皮绉织物穿综图

计人员对上机图反复修改,直至设计效果最优化为止,这使设计速度与质量较传统方法均有大幅提高。

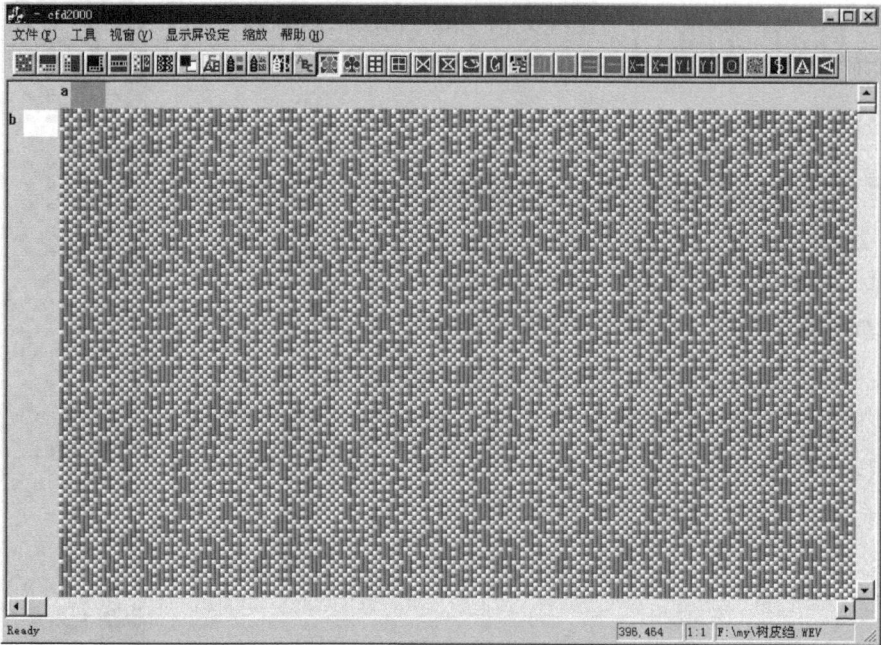

(a)

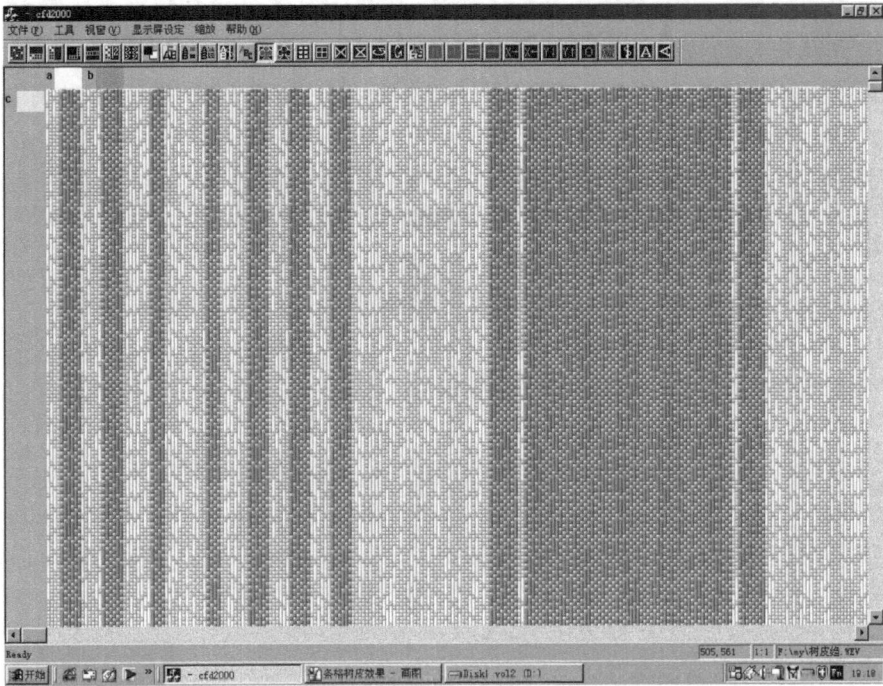

(h)

图 8-28 树皮绉织物模拟效果(局部)

思考与练习

8-1. 以$\frac{2}{2}$斜纹为基础,自行确定完全经纬纱数,使用 CAD 软件,分别设计山形斜纹、破斜纹、菱形斜纹、芦席斜纹组织。

8-2. 纹样如习题图 8-1 所示,自行确定完全经纬纱数,使用 CAD 软件分别设计平纹地小提花织物和经起花织物(经起花织物自行设计花经固结点)。

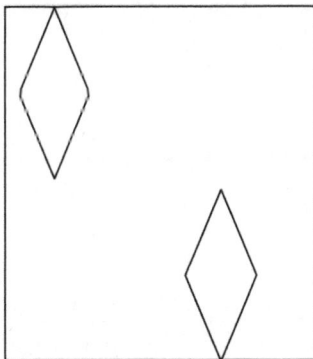

习题图 8-1

8-3. 利用省综法,自行确定完全经纬纱数,使用 CAD 软件设计树皮绉织物,要求纹路细腻均匀,布身综页数控制在 12 页以内。

8-4. 已知配色花纹及色纱排列如习题图 8-2 所示,利用 CAD 软件,试出可能制织该配色花纹的各种组织。

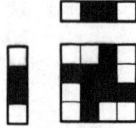

习题图 8-2

任务九 重组织分析与小样试织

【任务目标】
1. 重组织的特点及构成原理
2. 二重组织绘图要求与上机条件
3. 二重组织织物分析方法
4. 经起花组织设计与试织

【任务实施】
1. 任务要求

通过分析经重组织、纬重组织、填芯重组织织物,了解其应用、结构特征、风格特征及组织图的绘作。在掌握和巩固基本分析方法的前提下,学会一些简化的分析方法。同时尝试灵活运用经二重组织,设计一款经起花组织织物,并在小样机上完成试织。进一步理解二重组织的变化手法及应用。

2. 仪器、工具及材料准备

照布镜、分析针、意匠纸、笔、重组织织物若干块,小样织机、绕纱框架、色纱、小样织机配套工具一套。

3. 实施内容及步骤:

(1)对所发经二重组织织物完成以下分析:

①分别贴正布样(通过正确判断织物的正反面、经纬向)。

②分析织物经纬结构、纱线线密度、色纱排列、经纬密度等。

③分析织物组织,画出组织图。

(2)进行经起花组织织物设计与试织。

①设计经起花织物图案、色彩及织物的规格。

②确定花经与地经纱的排列比。

③绘制上机图。

④计算上机筘号、上机所用的经纱根数。

⑤进行整经、卷纬。

⑥根据上机图,钉植纹板。

⑦根据上机图,进行穿综、穿筘。

⑧理纱,上机织造。

(3)完成织物试制报告及样卡的制作。

【相关知识】

重组织及其应用

复杂组织是在构成织物的经纬纱中,至少有一种是由两个或两个以上系统的纱线组成。

重组织是复杂组织中比较简单的一类组织。由两组或两组以上的经纱与一组纬纱交织或由两组或两组以上的纬纱与一组经纱交织而成的二重或二重以上的经重叠或纬重叠组织,称为重组织。重组织根据经纬纱配置组数的不同,又分为经重组织与纬重组织两大类。经重组织是由两组或两组以上的经纱与一组纬纱交织而成的经纱重叠组织,通常称为经二重组织或经多重组织;纬重组织是由两组或两组以上的纬纱与一组经纱交织而成的纬纱重叠组织,通常称为纬二重组织或纬多重组织。重组织中最简单的是经二重和纬二重组织。复杂组织的分类如下:

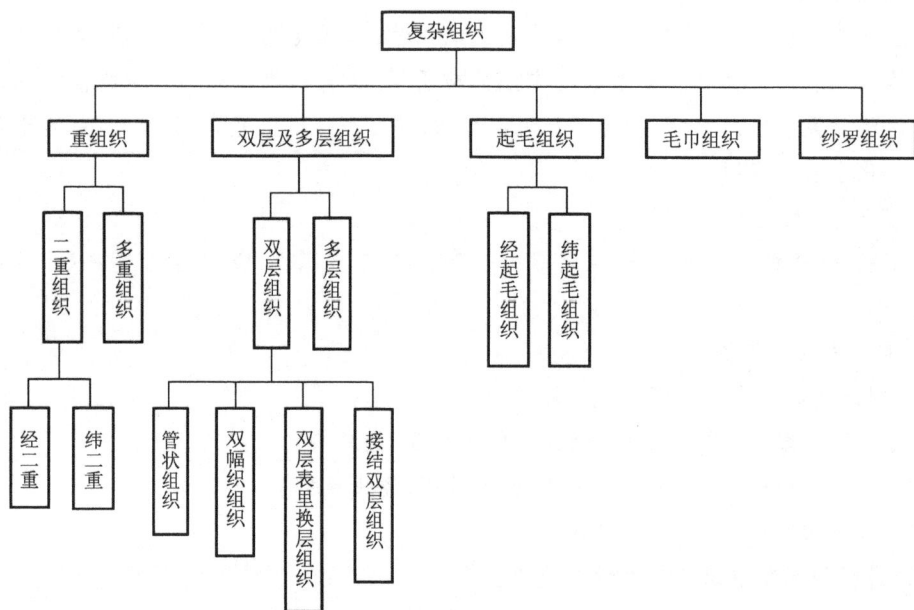

```
                        复杂组织
    ┌──────────┬──────────┬──────────┬──────────┐
  重组织   双层及多层组织   起毛组织    毛巾组织    纱罗组织
  ┌──┴──┐   ┌──┴──┐        ┌──┴──┐
二重组织 多重组织 双层组织 多层组织  经起毛组织 纬起毛组织
 ┌─┴─┐          ┌──┬──┬──┐
经二重 纬二重   管状组织 双幅织组织 双层表里换层组织 接结双层组织
```

重组织由于具有两组或两组以上的经(或纬)纱在织物中呈重叠状配置,故具有下列特点:

(1)可制作双面织物。包括正反两面具有相同组织、相同色彩的同面织物以及不同组织或不同色彩的异面织物。在平素织物中应用较多,如双面缎等。

(2)可制作表面由不同色彩或不同原料所形成的色彩丰富、层次多变的经起花(图9-1)或纬起花纹织物。在色织提花织物中应用较多,尤其在衬衫及装饰织物中很多都是应用重组织的结构来织制的。

(3)由于经纱或纬纱在织物中呈重叠状态,不需采用粗特纱线就可以增加织物的重量、厚度、坚牢度以及保暖性,又可以使织物表面细致,因此更能适应多方面的要求。

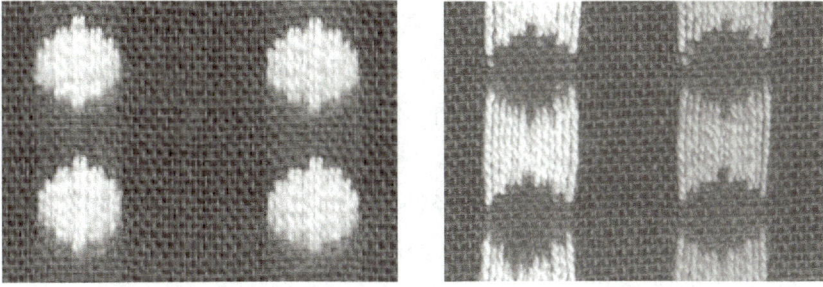

图 9-1　经起花织物的正反面

9.1　经重组织

经重组织根据选用经纱组数的不同,可分为经二重组织、经多重组织。经二重组织在精梳毛织物、中厚型丝织物中应用较多。在棉织物中,以局部采用经二重组织的经起花织物应用最广;多数用于色织物,使织物呈现不同原料、不同组织、不同色彩的多层次的复杂花纹,剪花织物则更为常见。经多重组织则由于受到织造条件的限制而应用不广。

9.1.1　经二重组织的构成原理

(1)构成经重组织的两组或两组以上经纱通过相互重叠,使一组经纱显现在织物表面,而另一组经纱能较好地隐藏在背面,经二重组织的构成原理如图 9-2 所示。

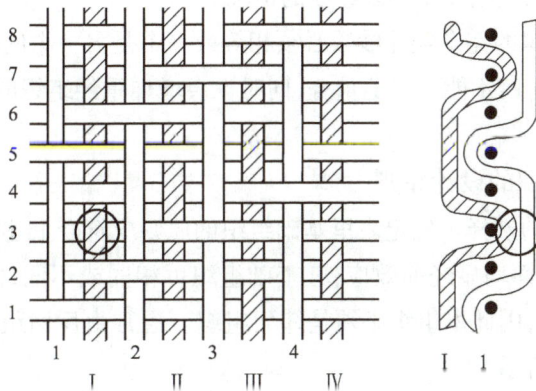

图 9-2　经二重组织结构示意图

由图 9-2 可知,经二重组织是由两组经纱即经纱 1、2、3、4 和经纱 Ⅰ、Ⅱ、Ⅲ、Ⅳ共同与纬纱交织而成。其织物呈两重,正反两面均显经面效应。两组经纱中,经纱 1、2、3、4 为表经,与纬纱交织成表组织,显现于织物表面。另一组经纱 Ⅰ、Ⅱ、Ⅲ、Ⅳ为里经,与纬纱交织成里组织。从织物的反面所见的称为反面组织,里组织与反面组织都是由里经与纬纱构成,互为"底片翻转"关系。

里经经浮点如图9-2中○处,其两旁有表经经浮长线;此时,因为表经、里经纱具有相同的组织点,表经经浮长线借助机械的作用产生滑移并拢,遮盖了里经经浮点,进而形成重叠。否则,表经、里经将产生相互阻挠或撤开,不能形成重叠效果。这是构成重组织最基本的一条原理。

图9-3(a)为里经组织点的两旁有表经经浮点的重经组织图和经向剖面图,表里经纱能形成良好的重叠。图9-3(b)为里经单个经浮点与表经单个纬浮点并列在一起形成平纹状交织的组织图和经向剖面图,两组经纱不能相互重叠,实为$\frac{2}{1}$——变化经重平组织。

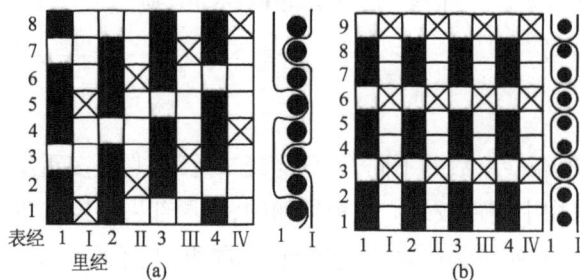

图9-3 经二重组织重叠原理示意图

(2)表经、里经纱在一个完全组织内,表经的浮长(或经浮点数)必须大于里经的浮长(或经浮点数),这样才能使表经较好地遮盖里经。图9-3(a)为表经经浮点数等于3,里经经浮点数等于1,以3个浮点遮盖住1个浮点的重经组织图。相反,若表经经浮点数小于里经的经浮点数,则会形成里经纱遮盖表经纱的情况。

(3)表组织和里组织的完全经纬纱数必须相等或一个是另一个的整数倍,如果表里基础组织循环不成整数倍时,就不能很好地重叠,同时也会增加重经组织的经纬纱循环数。

9.1.2 经二重组织的设计原则

(1)表里基础组织的选择。确定表里基础组织的原则应符合上述重经组织的重叠原理。经二重组织织物正反两面均显经面效应,其基础组织可相同或不同,但表组织是经面组织,反面组织也是经面组织,因此里组织必须是纬面组织。通常由反面组织用"底片翻转法"求得里组织。如图9-4所示。

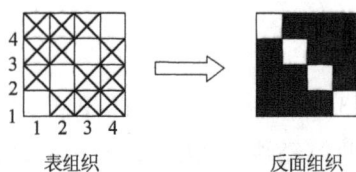

图9-4 底片翻转示意图

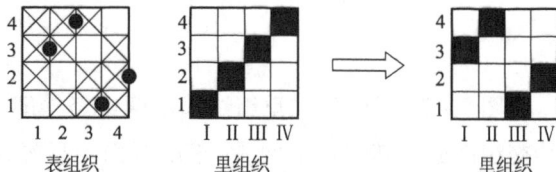

图9-5 表里经组织点的方向与配置

　　为了使织物正反两面具有良好的经面效应,表经的经组织点必须将里经的经组织点遮盖住,这就必须使里经的短浮纱配置在相邻两表经的浮长纱之间。还需注意使表里经组织点的排列方向相同。此外,应调整里组织点的配置,使其合理。如图9-5所示。

　　(2)表里经排列比的确定。经二重组织与其他复杂组织是由几重或几层组织互相重叠在一起的。为了在平面图形上表示出来,必须把几组经纱(或纬纱)相互间隔地排列起来,分别画出各重或各层的组织。首先应把经二重组织的表经与里经相间排列,分别画出表组织与里组织。表经与里经相间排列时的根数之比称为表里经排列比。例如,由一根表经与一根里经相间排列时,就称表里经排列比为1:1。

　　经二重组织的表里经纱排列比,取决于表里经纱的线密度、密度和表里经的组织,应根据织物要求而定。经二重组织的排列比一般采用1:1与2:1为多,为了使表经更好遮盖里经,表里经的排列比应符合表经数≥里经数。例如,当表里经纱的线密度与密度相同时,可采用1:1的排列比。若仅仅为了增加织物厚度与重量,则可采用原料较差、较粗的里经纱线,此时可采用2:1的排列比。

　　(3)经二重组织的经纬纱循环数计算。

　　①经二重组织的经纱循环数 R_j 等于两基础组织经纱循环数的最小公倍数乘以表里经排列比之和。当基础组织经纱循环数与排列比之间有倍数关系时,采用下述计算通式。

　　若表经:里经 $=m:n$,表组织的经纱循坏数为 R_m,里组织的经纱循坏数为 R_n 时,其经二重组织的经纱循环数 R_j 的计算通式为:

$$R_j = \frac{R_m \text{与} m \text{的最小公倍数}}{m} \text{与} \frac{R_n \text{与} n \text{的最小公倍数}}{n} \text{的最小公倍数} \times (m+n)$$

　　例如,某经二重组织表经:里经 $=2:2$,$R_m=3$,$R_n=4$,则:

$$R_j = \frac{3 \text{与} 2 \text{的最小公倍数}}{2} \text{与} \frac{4 \text{与} 2 \text{的最小公倍数}}{2} \text{的最小公倍数} \times (2+2) = 6 \times 4 = 24$$

　　②经二重组织的纬纱循环数 R_w 等于两基础组织纬纱循环数的最小公倍数。

9.1.3　经二重组织的绘图方法举例

　　(1)同面经二重组织的作图。表组织采用 $\frac{3}{1}\nearrow$ 斜纹,反面组织选用 $\frac{3}{1}\nwarrow$,表里经排列比为1:1,绘制一同面经二重组织。

　　①在意匠图上分别绘出表组织和反面组织的基础组织图,如图9-6(a)、(b)所示。

　　②由反面组织用"底片翻转法"求得里组织为 $\frac{1}{3}\nearrow$ 斜纹,如图9-6(c)。

　　③调整里组织的起始点,尽量使里组织的经浮点配置在两侧均为表经浮长线之间。借助辅助图9-6(d)确定里组织组织点与表组织的配置。调整后的里组织如图9-6(e)。

　　④根据表里经的排列比求出重经组织的经纱循环数和纬纱循环数,$R_j=8$,$R_w=4$;在意匠纸上划定纵横格数。按表里经的排列比在表里经纱的位置上,用不同色彩或不同符号编上序号,1、2、3、4为表经,Ⅰ、Ⅱ、Ⅲ、Ⅳ为里经,如图9-6(f)所示。

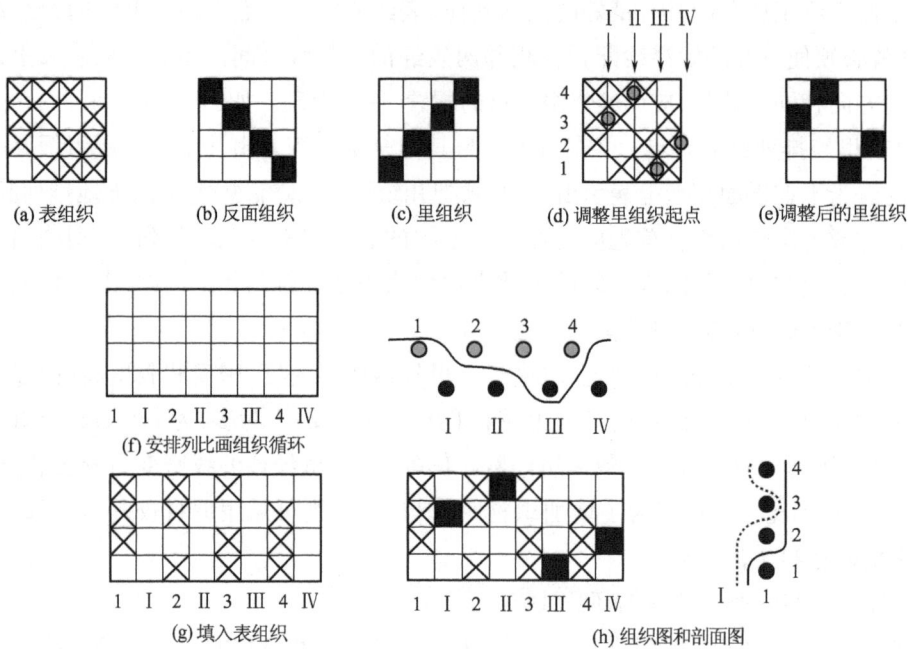

(a) 表组织　　(b) 反面组织　　(c) 里组织　　(d) 调整里组织起点　　(e) 调整后的里组织

(f) 安排列比画组织循环　　(g) 填入表组织　　(h) 组织图和剖面图

图 9-6　同面经二重组织的作图过程

⑤在表经 1、2、3、4 与纬纱相交的纵行上,填入表组织,如图 9-6(g)。

⑥将里组织填入里经 Ⅰ、Ⅱ、Ⅲ、Ⅳ 与纬纱相交的纵行上。至此完成了经二重组织图,如图 9-6(h)。最后在组织图的右侧和上方分别绘出纵向和横向剖面图,以检验表里组织的重叠状况。

⑦图 9-7 为同面经二重组织的上机图。

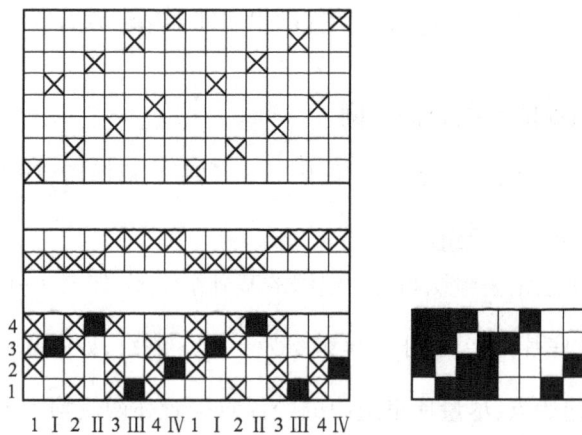

图 9-7　同面经二重组织的上机图

(2)异面经二重组织的作图。如图 9-8 所示,表组织采用 $\frac{2}{2}$ 方平组织,$\frac{3}{1}$ 破斜纹为反面组织,表里经纱排列比为 2:1,绘制一异面经二重组织。

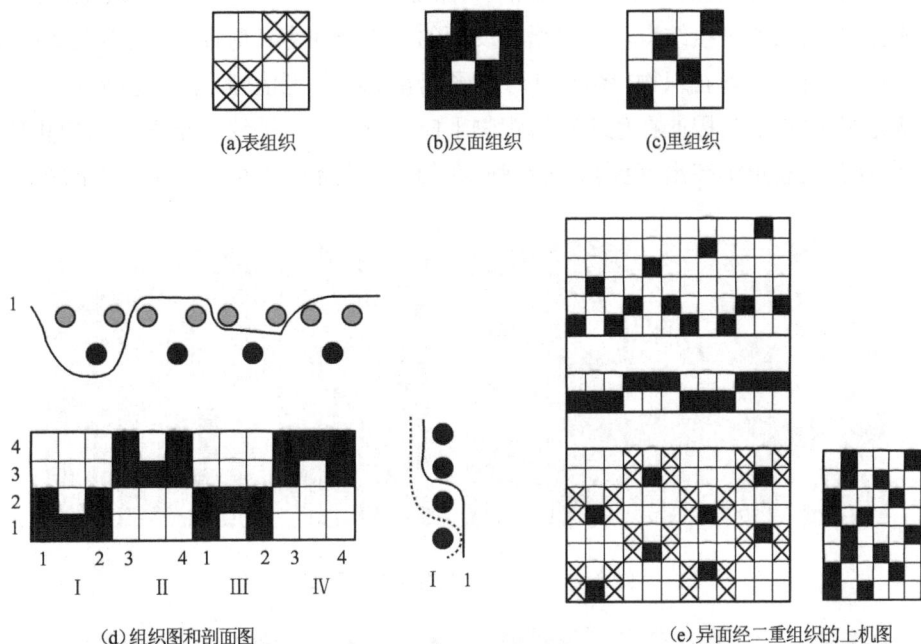

(a)表组织　　　　(b)反面组织　　　　(c)里组织

(d)组织图和剖面图　　　　　　　　(e)异面经二重组织的上机图

图 9 - 8　异面经二重组织的作图过程

9.1.4　经二重组织的上机要点

(1)穿综方法。经二重组织因具有两组经纱,穿综方法一般采用分区穿法。其综片数应等于表里两种基础组织所需综片数之和。因表经的提综次数较多,故表经宜穿入前区综片,里经穿入后区综片。若表里经原料相同,且表里组织较简单时,也可采用顺穿法。

经二重组织的纹板数等于表里基础组织纬纱循环数的最小公倍数。

(2)穿筘方法。因重经织物的经密较大,为了使织物表面不显露接结痕迹,经二重组织中构成重叠的一组表里经纱必须穿入同一筘齿中,这样便于表里经纱的相互重叠。如表里经排列比为 1:1 时,则每 2 根或 4 根经纱穿入一个筘齿。如表里经排列比为 2:1 时,则每 3 根或 6 根经纱穿入一个筘齿。

(3)经轴使用。若表里经纱的原料、线密度、强度和缩率等方面存在显著差异时,表里经纱应分别卷绕在两个经轴上,采取双轴织造。反之,若表里经纱的缩率相同或相近,可采用单轴织造,以减少经轴安装及织造的困难。

9.1.5　经起花织物

经起花织物是指在简单组织基础上,织物局部采用经二重组织,织物表面由部分经浮线构成花形。经起花织物模拟效果如图 9 - 9 所示,正反面如图 9 - 10 所示。经起花织物有起花部分和不起花部分组成。不起花部分一般为简单组织,即仅由一组经纱与纬纱交织构成地组织,这组经纱称为地经。起花部分是经二重组织,有两组经纱与纬纱交织,即在地经的基础上又增加了一组起花用的经纱,称为花经。花经在起花时,浮在织物表面形成花纹;不起花时沉于织物反面。有时为了避免花经在织物反面的浮长线过长,隔一段距离便与纬纱交织形成交织点,又称为接结点。如果增加反面的浮长线并将其剪掉,在织物表面形成不连续的单独花形,则成为剪花织物(图9-11)。经起花织物花型清晰、立体饱满、色彩丰富,具有类似绣花织物的风格,因此在色织轻薄织物上应用较多。与平纹地小提花织物相比,因使用了花经,使其花型更加突出,色彩对比更强,在相同综页条件下可以织出更大的花纹。

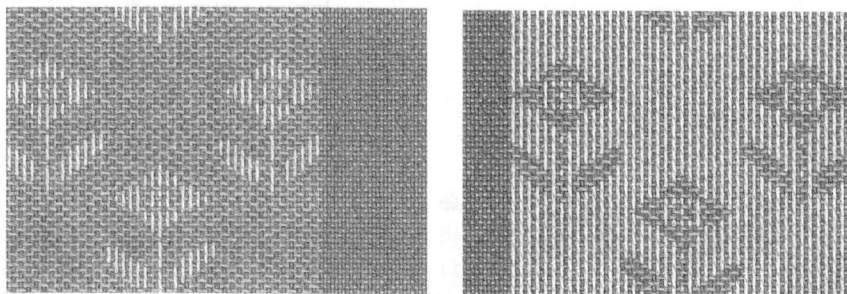

图9-9 经起花织物模拟效果图

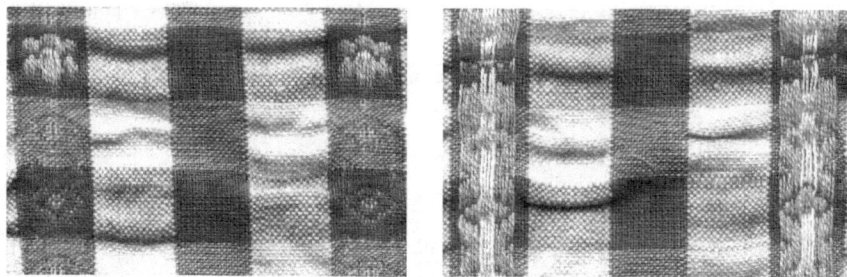

图9-10 经起花织物的正反面

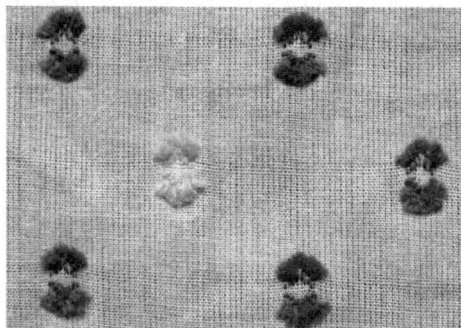

图9-11 剪花织物

图9-12为经起花织物的局部组织图。长浮线的花经构成织物表面的花纹,花经的接结点起到巧妙点缀作用。织物中花经除花纹长浮线和接结点处浮于表面外,其余

均沉于织物反面。图9－12(a)花经与地经排列比为1∶1,图9－12(b)花经与地经排列比为2∶2。

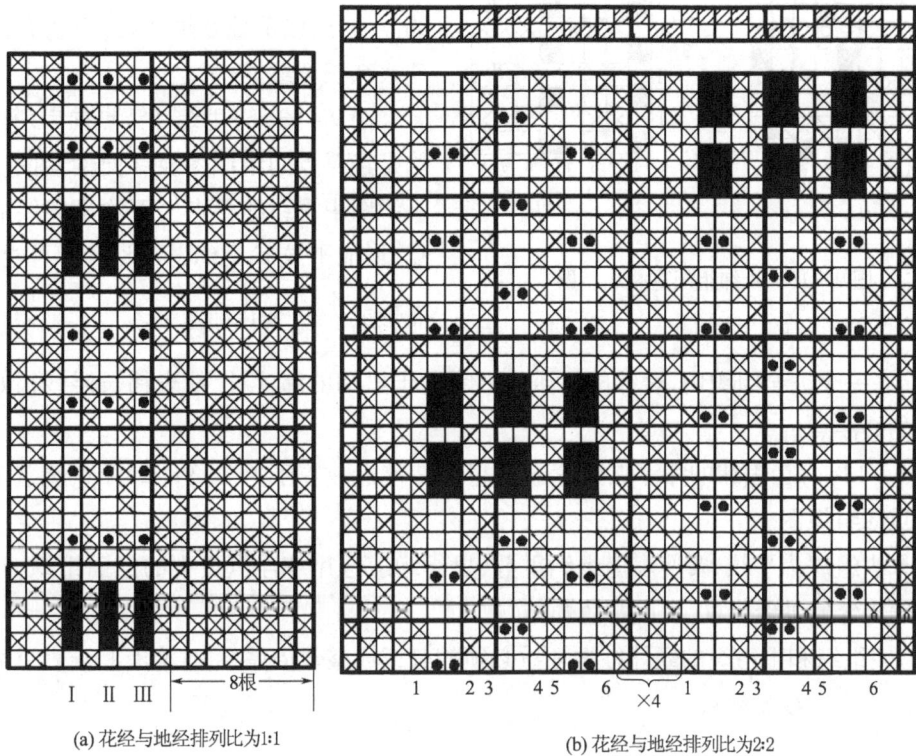

(a) 花经与地经排列比为1:1　　　　　　　(b) 花经与地经排列比为2:2

图9－12　经起花织物的局部组织图

9.2　纬重组织

纬重组织是由一组经纱和两组或两组以上的纬纱交织而成。根据选用纬纱组数的多少,可分为纬二重及纬多重组织。由于受织造条件影响较小,纬二重组织在棉、毛、丝各类织物中的应用比较广泛。一般用增加纬纱组数达到增加织物表面的色彩与层次,较多的应用于织制毛毯、棉毯、丝毯、锦缎、厚呢绒、厚衬绒或色织轻薄织物等,也可用于非织造织物,如工业用滤布等。

9.2.1　纬二重组织的构成原理

构成纬二重组织的两组纬纱,通过相互重叠,使一组纬纱显现在织物表面,而另一组纬纱能较好地隐藏在背面,其构成原理与经二重组织相近。

(1)组织图中,里纬纬浮点的上、下两方或一方,一定要有表纬的纬浮点;必须避免里纬的单个纬浮点与表纬的单个经浮点并列在一起形成平纹状交织。这样表里纬才能借助于打纬的作用产生滑移,能使相邻两根表纬彼此靠近,很好地遮盖住里纬。

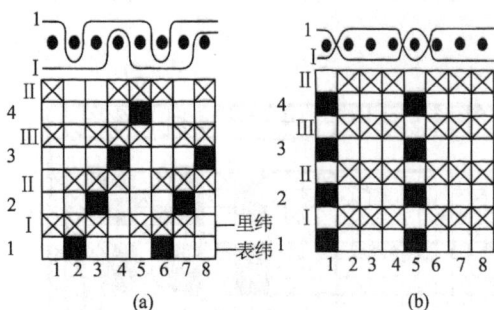

图9-13　重纬组织重叠示意图

图9-13(a)里纬纬浮点前后两根表纬均是纬浮点的重纬组织图及纬向剖面图。由于组织图中里纬纬浮点上下均是表纬的纬浮点,所以重叠效果较好,织物表面只呈现表纬长浮纱。

图9-13(b)里纬纬浮点前后两根表纬均是经浮点的组织图及纬向剖面图。由于组织图中里纬纬浮点上下均是表纬的经浮点,形成平纹状交织,因此相互不能重叠,而形成$\frac{1}{3}$变化纬重平。

(2)在一个完全组织内,表纬的纬浮长必须大于里纬的纬浮长,使表纬长浮纱很好地遮盖里纬的纬浮点。

图9-13(a)为表纬的纬浮点数等于3,里纬纬浮点数等于1,以3个纬浮点遮盖1个纬浮点的重纬组织图。

如果表组织为平纹,要使表里组织重叠,里组织应选用纬浮点更少的经面组织,且应适当改变表里纬纱的线密度、密度与色彩等。

(3)表组织和里组织的经纬纱循环数必须相等或成整数倍关系,这样有利于表里组织的重叠和减少经纬纱循环数。

9.2.2　纬二重组织的设计原则

纬二重织物纬密较大,呈纬纱效应。有时按最终用途施以起毛或刮绒等后整理工序,可以使用低捻度、较粗的纬纱,织物比较柔软、丰满,便于起毛。棉织物中的厚绒织物、棉毯和装饰织物,毛织物中的毛毯、大衣呢等都有应用。日常使用的提花毛毯便是采用线经毛纬织成,经过后整理,粗特低捻的毛纬纱盖住了经纱。

(1)表里基础组织的选择。表里基础组织的选择应遵循重纬组织的重叠原理,纬二重组织织物的正反两面均显纬面效应,其基础组织可相同或不同,但表组织多是纬面组织,反面组织也是纬面组织,因此里组织必是经面组织。

为了使织物正反面具有良好的纬面效应,表纬的纬浮长纱必须将里纬的纬浮点遮盖住,这就必须使里纬的纬浮长或纬浮点配置在相邻两表纬的纬浮长纱之间。经纬组织点配置是否合理,可通过经纬向剖面图进行观察。

(2)表里纬排列比的确定。表里纬排列比取决于表里纬纱的线密度、基础组织的特性以及织机梭箱(或选纬)装置等。一般常用的排列比为1:1、2:1或2:2等。当织物正反面组织相同,若里纬纱选用较粗的纱线,表里纬排列比可采用2:1;若表里纬纱线密度相同,则排列比采用1:1或2:2。

(3)纬二重组织经纬纱循环数的计算。纬二重组织的经纱循环数等于两基础组织经纱循环数的最小公倍数,而纬纱循环数等于两基础组织纬纱循环数的最小公倍数乘以排列比之和。

当表纬：里纬 $= m : n$ 时,表组织纬纱循环数为 R_m,里组织纬纱循环数为 R_n,重纬组织的纬纱循环数为 R_w,则：

$$R_w = \frac{R_m \text{ 与 } m \text{ 的最小公倍数}}{m} \text{ 与 } \frac{R_n \text{ 与 } n \text{ 的最小公倍数}}{n} \text{ 的最小公倍数} \times (m+n)$$

9.2.3　纬二重组织的绘图方法

纬二重组织的组织图绘制方法基本上与经二重组织相同,故可按经二重组织的作图步骤进行。

例如,织物的正反面均为 $\frac{3}{1}$ 斜纹的纬二重组织,表里纬纱的排列比为 1:1。图 9-14 是以 $\frac{1}{3}$ 斜纹为基础组织的同面纬二重组织图。其绘制过程为：

(1)确定里组织：图 9-14(a)为表组织 $\frac{1}{3}$ ↗纬面斜纹,图 9-14(b) $\frac{1}{3}$ ↖为反面组织。为了确定里组织的配置,绘出辅助图 9-14(c)、(d)。在表组织上,将已知表里纬纱排列比 1:1 标出,图 9-14(d)中横格方向代表表纬,横向箭矢所示线代表里纬,纵行代表经纱。按照"里组织的短纬浮长配置在相邻两表纬长浮线之间"的原则,根据已知表组织和表里纬纱排列比,得出里组织为图 9-14(e) $\frac{3}{1}$ ↗经面斜纹。

(2)按已知的表组织、里组织及表里纬纱排列比确定：

组织的经纱循环数　　　　　　　　$R_j = 4$

组织的纬纱循环数　　　　　　　　$R_w = 8$

(3)在意匠纸上划定纵横格数。按排列比在表里纬纱的位置上,用不同色彩或不同符号编上序号,1、2、3、4 为表纬,Ⅰ、Ⅱ、Ⅲ、Ⅳ为里纬,然后在表纬与经纱相交处填入表组织,里纬与经纱相交处填入里组织,所求得的组织如图 9-14(f)。

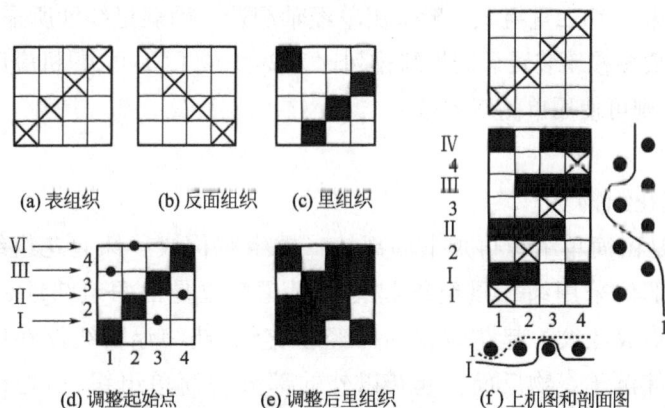

(a)表组织　　(b)反面组织　　(c)里组织
(d)调整起始点　　(e)调整后里组织　　(f)上机图和剖面图

图 9-14　同面纬二重组织的作图过程

（4）最后画出经向和纬向剖面图。

图9-15所示的表里纬交换的纬二重组织,大多用于彩色条格或大提花的棉毯、毛毯中。当表里纬纱采用不同颜色时,织物上可显出3种颜色效应,即甲色、乙色和甲乙混色。甲、乙两种不同颜色的纬纱在组织中既可作表纬呈现于织物正面,又可作里纬衬在表纬之下,不显露在织物正面而显露在织物反面。所以,甲、乙纬纱根据花纹要求进行表里交换,使织物不同部位显示不同颜色。绘作组织图时,按甲、乙纬排列比绘制,作表纬用填入表组织,作里纬用填入里组织。

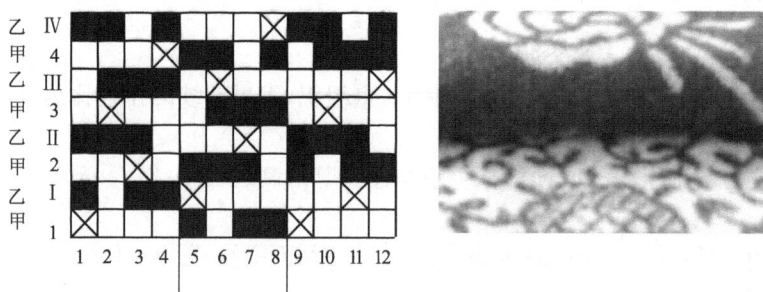

图9-15　表里纬交换的纬二重组织

9.2.4　纬二重组织的上机要点

（1）穿综及纹板。纬二重组织的穿综法一般采用顺穿法,操作简单方便。若表里组织的经纱循环数相等,则综片数等于基础组织所需的综片数;若表里组织的经纱循坏数不等,则综片数应等于两个基础组织所需综片数的最小公倍数。纹板数则等于重纬组织的完全纬纱数。

（2）穿筘。由于纬二重织物需有较大的纬密,故经密不宜太大。纬二重组织的筘齿穿入数与一般单层组织相同,即根据经纱原料的性能、线密度、织物组织和密度等因素而定,一般每筘齿穿入2~4根。

（3）经轴和梭箱。纬二重组织一般采用单经轴织造。因表里纬纱所采用的原料和色彩不同,有梭织机需要多梭箱装置。表里纬排列比为2∶1或1∶1时,织机应用双侧双梭箱;而排列比为2∶2时,则可使用单侧双梭箱。

9.2.5　纬起花织物

纬起花织物是由简单组织再加上局部纬二重组织构成。纬起花组织的特点是按照花纹要求在起花部位采用纬二重组织起花。起花部位是由两组纬纱(即地纬和花纬)与一组经纱交织形成花纹。起花时花纬与经纱交织,花纬浮长线浮在织物表面形成花纹;不起花时,花纬沉于织物反面。起花以外的部分为简单组织,由地纬与经纱交织而成。为了突出纬起花的花纹效果,通常选用色彩鲜艳的纱线做花纬,因此大多用来生产色织产品。

纬起花织物的设计织制要点如下：

(1)纬起花组织与地组织选择。通常依据花型,纬起花部位花纬浮长线以 3 ~ 5 根纬纱为宜,细特高密织物可适当延长。地组织多采用平纹组织,地布平整,质地紧密,有利于突出花纹。

(2)花纬与地纬的排列比。一般排列比需视花型要求和织造设备条件而定,花纬多则花型突出,产量较低。同时应考虑设备投纬条件,单侧多梭箱有梭织机只能采用偶数排列比,如 2∶2、4∶2 等。排列比为奇数时,必须采用双侧多梭箱。

(3)接结经与接结组织:花纬不起花时沉于织物反面,为避免沉纬浮线过长,每隔 4 ~ 5 根纬纱,安排一根经纱来接结花纬,这根经纱称为接结经。接结经除了接结沉纬之外,还按一定规律与地纬进行交织,其交织规律称为接结组织。通常使用 $\frac{1}{2}$、$\frac{1}{3}$ 等。当花纬起花时,如花型确实需要较长浮长,可利用地经中的一根,在织物正面处压抑花纬浮长,一般由接结经旁边的一根地经来完成。

(4)纬起花组织的上机。穿综采用分区穿法,一般地综在前,起花综在后,接结经综在中间。穿筘时接结经与相邻经纱穿入同一筘齿。有时为了突出花纬,还可在起花部位采用停卷装置。纬起花组织上机图如图 9 – 16 所示。

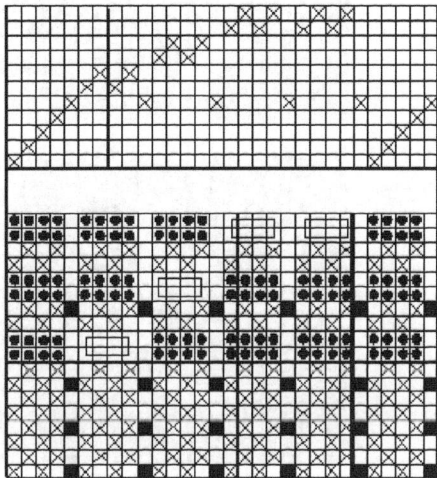

图 9 – 16 纬起花组织上机图

9.2.6 纬三重组织

纬三重组织是由一组经纱和三组纬纱(表纬、中纬、里纬)重叠交织而成。纬三重组织的构成原理与纬二重组织相同,必须考虑纬纱的相互遮盖,三者之间都必须具有共同的组织点。图 9 –17 为纬三重织物。

原组织、变化组织、联合组织均可作为纬三重组织的表纬、中纬与里纬的基础组织。纬三重组织的排列比一般为 1∶1∶1。其经纱循环数等于三个基础组织经纱循环数的最小公倍数,纬纱循环数等于三个基础组织纬纱循环数的最小公倍数乘以排列比之和。图 9 – 18 为同面纬三重织物的组织图。

丝织物与一些粗纺毛织物中常采用纬三重组织,近年纬三重组织也时常用于家纺大提花棉织物。我国的传统丝织品织锦缎,就是典型的纬三重组织。织锦缎分为花纹部分和地组织部分。地组织部分,一组纬丝与经丝交织成 8 枚经面缎,构成表组织。其余两组纬丝在反面与经丝交织成 16 枚缎纹。其绸身平挺、质地紧密、色彩富丽,是丝绸中的高档产品,主要用于做中式服装、床上用品、礼品盒及装帧等。

图9-17 纬三重织物(织锦缎正反面)

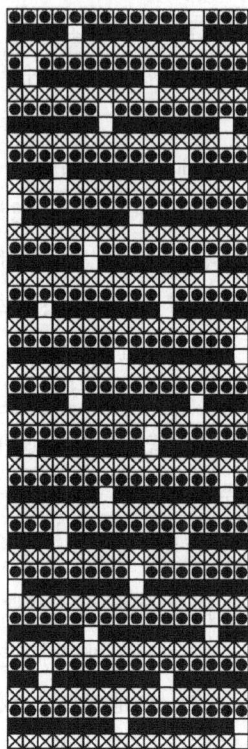

图9-18 纬三重组织

思考与练习

9-1. 绘作以4枚经破斜纹为基础组织的同面经二重组织的组织图及纵向切面图。

9-2. 作一以8枚经面缎纹为基础组织的同面经二重组织的组织图及纵向切面图。

9-3. 试作表组织为 $\frac{8}{3}$ 经面缎纹,里组织为 $\frac{1}{3}$ 斜纹组织的经二重组织上机图及纵向切面图。表里经排列比为1:1。

9-4. 以 $\frac{2}{2}$ ↗ 为表组织,8枚缎纹为里组织,表里经排列比为1:1,作经二重组织上机图及纵向切面图。

9-5. 表组织为 $\frac{2}{1}$ ↗,里组织为9枚纬面缎纹,表里经排列比为2:1,作经二重组织的组织图及纵向切面图。

9-6. 绘作以4枚纬破斜为基础组织的同面纬二重组织的组织图及横向切面图。

9-7. 已知织物的表组织为 $\frac{5}{3}$ 纬面缎纹,里组织为 $\frac{4}{1}$ 斜纹,表里纬排列比为2:1,作纬二重组织上机图及横向切面图。

9－8. 已知纬二重织物的表组织为$\frac{3}{3}$斜纹,表里纬排列比1∶1,里组织自选,作纬二重组织图及纬向切面图。

9－9. 某纬二重组织,纬丝采用黑白两种色线,排列比为1∶1,表里基础组织分别为$\frac{1}{3}$斜纹和$\frac{3}{1}$斜纹,构成了织物表面的纵向色条,每个色条包含经纱16根,作该织物的上机图及纬向切面图。

9－10. 某纬二重组织,基础组织为3枚斜纹,表里纬排列比为1∶1,分别采用甲、乙两种色线,试绘出能使织物表面呈现下图所示色条的纬二重组织图及纬向切面图,图中每色条为9根经纱。

甲色	乙色	甲乙色

9－11. 某纬二重织物,表组织为8枚经面缎纹,里组织为16枚经面缎纹,表里纬排列比1∶1,作纬二重组织图及纬向切面图。

9－12. 已知表组织为$\frac{1}{5}\nearrow$,中间组织为$\frac{1}{2}\nearrow$,里组织为6枚变则缎纹,3组纬丝排列比为1∶1∶1,作纬三重组织及纬向切面图。

9－13. 为了保证表里基础组织的良好重叠,使里组织点不显露在织物表面,举例说明里组织应如何选择和配置。

9－14. 构作重组织时,为什么表里基础组织循环最好应成倍数关系?

9－15. 重组织表里经或表里纬排列比应如何选择? 它与哪些因素有关?

9－16. 举例说明重经、重纬组织上机时,穿综、穿筘的合适安排。

9－17. 比较经起花与平纹地小提花的区别。

任务十　双层组织分析与小样试织

【任务目标】

1. 双层组织的特点及构成原理
2. 双层组织绘图要求与上机条件
3. 双层组织织物分析方法
4. 双层织物设计与试织

【任务实施】

1. 任务要求

（1）通过分析表里换层双层、接结双层、管状织物组织，了解其结构特征和应用，掌握双层织物的分析方法及组织图的绘作。

（2）合理利用原料、颜色的变化，采用不同接结方法使织物正反面呈现不同的效果和性能。设计表里换层换色织物、接结双层织物，并在小样机上完成试织。正确区分不同接结方法在纹板图上的体现。在此基础上尝试分析襞绉等较复杂的双层织物。

（3）根据不同纹样设计表里换层色织物。

2. 仪器、工具及材料准备

照布镜、分析针、意匠纸、笔、双层组织织物若干块，小样织机、绕纱框架、色纱、小样织机配套工具一套。

3. 实施内容及步骤

（1）对所发经双层组织织物完成以下分析：

①正确判断同面和异面双层织物的正反面、经纬向。

②分析双层织物经纬结构、表里经纬纱排列比、经纬纱密度等。

③用拆纱法分析织物组织，画出组织图。

（2）进行双层组织织物设计与试织。

①设计双层织物表里组织、色彩及织物的规格。

②确定表里经纬纱线的排列比。

③绘制上机图。

④计算上机筘号、上机所用的经纱根数。

⑤各种经纬纱准备。

⑥根据上机图，钉植纹板，注意"上接下"与"下接上"的区别。

⑦根据上机图，进行穿综、穿筘。

⑧根据纬纱排列比投纬织造。

（3）自行设计并试织不同纹样的表里换层织物小样。

4. 织物分析与试织报告

（1）织物分析报告。

（2）小样试织报告。

（3）试织双层织物与设计纹样对比分析。

【相关知识】

双层组织及其应用

双层织物是由两组经纱与两组纬纱在同一台织机上按一定规律分层各自交织,形成相互重叠的上下两层织物,形成双层织物的组织,称为双层组织。如图10-1所示。

图10-1　双层织物图

双层织物根据上下层的相对位置关系,分别称表层和里层。表层的经纱和纬纱称为表经和表纬,里层的经纱和纬纱称为里经和里纬。根据用途的不同,表里两层可以分离,也可以通过多种方式连接成一体。双层组织不仅能增加织物的厚度,提高织物的耐磨性,改善织物的透气性,而且能使织物表面致密,质地柔软,结构稳定,同时还能得到一些简单组织织物无法具有的质感和性能。

双层组织的主要应用有:

（1）使用两种或两种以上的色纱作为表里经纱和表里纬纱,能构成纯色或多色花纹。

（2）可织制管状织物,如纬向局部管状织物,又称襞绉织物。

（3）表里层用不同缩率的原料,能织出高花效应的织物。

（4）表里层接结可织造正反面不同颜色的织物。

10.1　双层组织的基本结构

图10-2为双层组织的基本结构示意图,表里两层织物是相互重叠的,表里经纬纱呈间隔排列状态。表经：里经＝1∶1,表纬：里纬＝1∶1。表层组织与里层组织均为平纹组织,表经只与表纬相交织;里经只与里纬相交织。所有表经均浮在里纬之上;所有表纬均浮在里经之上。

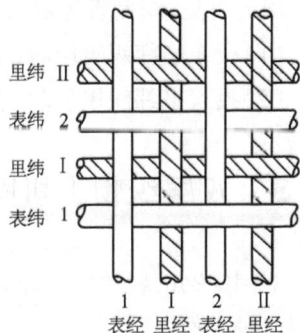

图10-2　双层组织的基本结构示意图

10.2　双层织物的织造原理

图 10 - 3 为平纹组织双层织物的织造过程。织第一纬时,表经 1 提起,与表经 2 形成梭口,投入表纬 1,制织表层织物。这时,里经全部下降,如图 10 - 3(a)所示。织第二纬时,投入里纬 I 。这时,制织织物下层,所有表经均需上升,里经 3 也上升,并与下降的里经 4 形成梭口,如图 10 - 3(b)所示。织第三纬时,投入表纬 2。表经 1 下降,表经 2 上升,形成梭口。这时,所有里经均需下降,如图 10 - 3(c)所示。织第四纬时,投入里纬 II 。这时,所有表经再次全部提起,里经 4 也上升,并与下降的里经 3 形成梭口,如图 10 -3(d)所示。

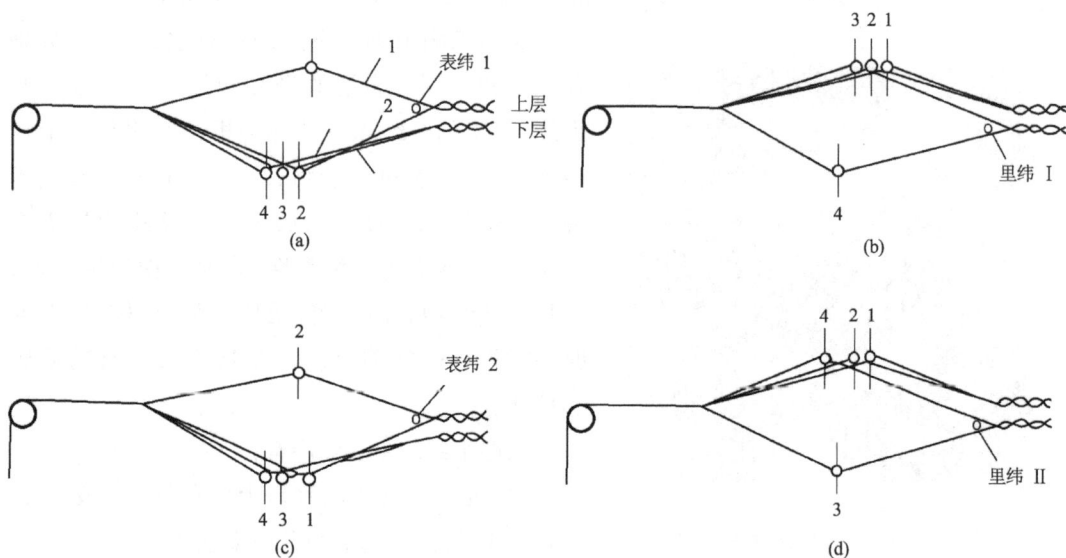

图 10 - 3　平纹组织双层织物的织造过程

由此可见,织制表里双层组织的必要条件是:

(1)投入表纬织表层时,里经必须全部沉在梭口下部,不与表纬交织。

(2)投入里纬织里层时,表经必须全部提升,不与里纬交织。

10.3　双层织物上机图

双层织物的经纬纱均分为两个系统,因此上机图的画法及穿综的规律与普通织物有所不同。现举例说明。

如图 10 -4(a)、(b)所示,表里组织均采用平纹组织。表里经与表里纬的排列比均取1:1。则双层组织的完全经纬纱数均等于4。画出完全组织的大小,并分别标注表里经和表里纬的序号,如图 10-4(c)所示。将表里组织分别填绘于完全组织中,同时在表经与里纬相交处填绘特殊符号"○"。填绘完成的组织图,如图 10-4(d)所示。

从图 10-4 的上机图中可看出,织制双层织物时,采用分区穿综法。表经穿前区,里经穿后区。穿筘时,同一组的表里经纱穿入同一筘齿,以便于表里经纱互相重叠。

双层组织的表里层根据需要可以紧密地连接在一起,其连接方式很多,如连接表里两层的一侧或两侧,可构成双幅、多幅或管状等织物;将表里两层依照花纹轮廓互相交换,可获得表里换层的双层织物;利用各种不同的连接方法,可构成接结的双层组织等。

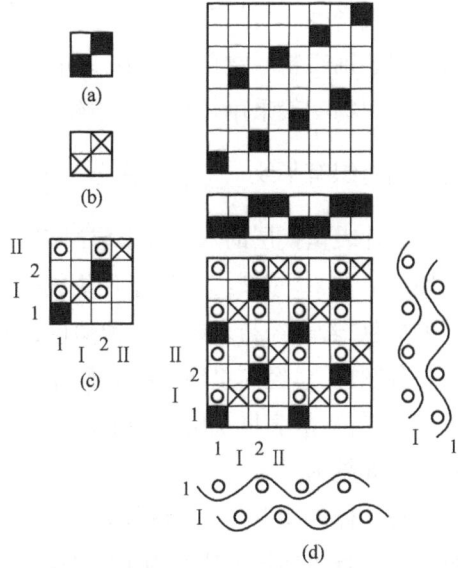

图 10-4　平纹双层组织的绘制与上机图

10.4　表里换层双层组织

将双层组织中的表里两层组织在不同区域里互易位置,即甲区域里的表组织在乙区域里就变为里组织;而甲区域里的里组织,在乙区域里则成为表组织。这种在不同区域里表里两层组织互易位置的双层组织,称为表里换层双层组织。图 10-5 为表里换层双层织物及其结构示意图。

这种双层组织通常是将表里经纱与表里纬纱分别采用不同颜色,在一定纱线根数后或沿着某种花纹轮廓线,调换表里两层纱线的位置,同时将双层织物连接成一个整体,其表里

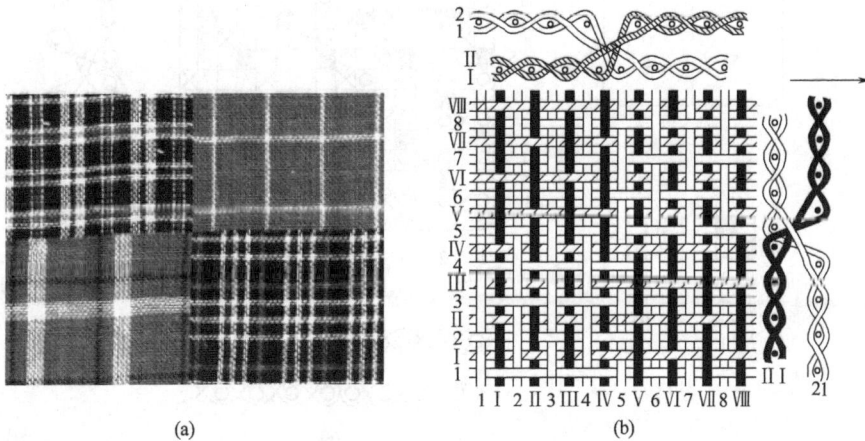

图 10-5　表里换层双层织物及其结构示意图

经纬纱的线密度、原料、颜色等均可不一样。因此,若各种因素配合恰当,可以织出绚丽多彩的衣着或装饰织物。在色织物中,表里换层双层及多层组织应用较多。

双层织物一般采用较简单的组织作为表里层的基础组织,可以使织物质地紧密。常采用的基础组织有平纹、$\frac{2}{2}$方平及$\frac{2}{2}$斜纹等,其中以平纹组织应用最为广泛。

在设计表里换层的双层或多层组织时,需要两组或多组经纬纱,其表里经纬纱的排列比可采用1:1、2:2或2:1。为了使织物表面能形成不同色彩的花纹,每层经纱与纬纱应配以不同的颜色,若表经与表纬为一种颜色,则里经与里纬为另一种颜色,当表经与表纬交织时显示一种颜色,里经与里纬交织时便显示另一种颜色,而表经与里纬、里经与表纬交织时又显示一种混色,故表里换层双层组织可织出多种颜色的花纹。如经纬纱颜色越多,则织物的花纹变化亦越为复杂。

方格纹样如图10-6(a)所示。两个A区显A色,两个B区显B色。经纬色纱均用A、B两色。色经与色纬排列比均为1A:1B。表里基础组织均用平纹组织,如图10-6(b)中的A经A纬组织与B经B纬组织,前者显A色,后者显B色。一个花纹循环的经纬纱数均为16根(等于该织物双层组织完全经纬纱数4的整倍数),纹样每一区域为8根。绘图时,在两个A区里,以A经A纬组织作表组织,以B经B纬组织作里组织。在两个B区里,以B经B纬组织作表组织,A经A纬组织作里组织。何者为表层组织,何者为里层组织,关键在于特殊符号小圆圈的填绘。所以,在两个A区里,应在A经、B纬相交处填入特殊符号小圆圈,在两个B区里,应在B经、A纬相交处填入特殊符号小圆圈。绘作完成的表里换层双层组织图如图10-6(c)所示。图中1,2,3,…表示A经A纬序号;Ⅰ,Ⅱ,Ⅲ,…表示B经B纬序号。其纵横截面图如图10-6(d)、(e)所示。

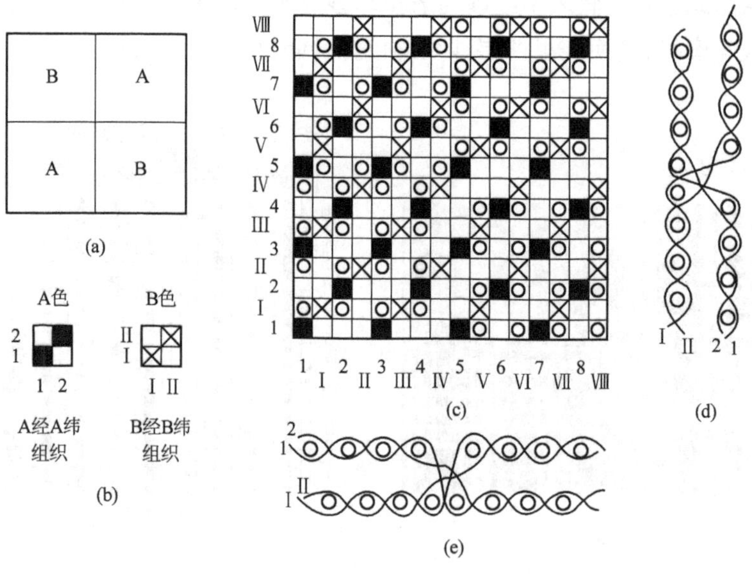

图10-6　平纹组织、方格纹样的表里换层双层组织

绘制表里换层组织时,通常按下列步骤进行:

(1)设计表里换层的纹样图。

(2)确定纹样各部分的表里层组织。

(3)确定表里经(或纬)排列比,并绘出各区的双层组织。

(4)计算组织循环数,表里换层组织的组织循环数,与纹样尺寸、织物成品密度、基础组织及表里经纬排列比等因素有关。当表里经(或纬)排列比为 1:1 时,其组织循环数可按下式计算:

$$R_j = 各条纹样经纱数之和$$

$$每条纹样经纱数 = 每条纹样宽(cm) \times 成品经密(根/10cm) \times \frac{1}{10}$$

$$R_w = 各条纹样纬纱数之和$$

$$每条纹样纬纱数 = 每条纹样长(cm) \times 成品纬密(根/10cm) \times \frac{1}{10}$$

每条纹样的经纬纱数应是表里组织循环数最小公倍数的偶数倍,成品的经纬密度是指两层合并在一起的密度。

(5)绘制组织图。按纹样要求,在各相应的区内填入所选定的组织。如果表里换层组织的循环较大,可在各区的下方和左侧用各区组织循环数乘其倍数来表明。

①在花纹循环内按纹样划分区域。

②在各区域里填绘相应的组织,表组织的经浮点用"■"表示,里组织的经浮点用"×"表示,投入里纬时表经提起用"○"表示。

(6)表里换层组织的上机要点。

①穿综方法:采用分区间断穿法。由于采用两组经纱,所以用分区穿法,两组经纱各穿一区。表里换层组织可以看做是几种双层组织左右、上下并列而成。表里换层组织上机所需综片数由各层表里基础组织和纹样层次决定。

②穿筘:穿筘时,同一组表里经穿入同一筘齿中。每筘齿穿入数应等于两组经纱排列比之和或是其整数倍。

③纹板:纹板数等于一个花纹中的纬循环数。

④织轴与梭箱:两组经纱织缩率不同时,需采用双织轴;当两组纬纱的排列比为 2:2 或 4:2 时,可用 1×2 梭箱的织机织制。当两组纬纱的排列比为 1:1、1:2、1:3 时,必须用 2×2 梭箱的织机织制。

10.5　接结双层组织

10.5.1　接结双层组织的特征

依靠各种接结方法,使上下分离的表里两层之间连成一个整体的双层组织,称为表里接结双层及多层组织。这种织物一般表层要求高,里层要求比较低,故表层常配以品质优良、线密度较小的原料,以增进织物的外观。而里层有时仅作为增加织物重量、厚度之用,故可采用品质较差、线密度较大的原料。在色织物中,表里接结双层组织等常作为织物的地组织,花组织则采用空心袋组织,这样,可使地部平挺,花纹凸起,产生浮雕感。

10.5.2 接结方法

接结双层组织的接结方法可分为以下几种,如图10-7所示。

(1)里经提升与表纬交织形成接结组织,这种接结方法称为"里经接结法"或"下接上"接结法。如图10-7(a)所示。

(2)表经下沉与里纬交织形成接结组织,这种接结方法称为"表经接结法"或"上接下"接结法。如图10-7(b)所示。

(3)里经与表纬交织,同时表经与里纬交织,共同形成织物的接结组织,这种接结方法称为"联合接结法"。如图10-7(c)所示。

(4)采用附加的接结经纱与表里纬纱交织形成接结组织,称为"接结经接结法"。如图10-7(d)所示。

(5)采用附加的接结纬纱与表里经纱交织形成接结组织,称为"接结纬接结法"。如图10-7(e)所示。

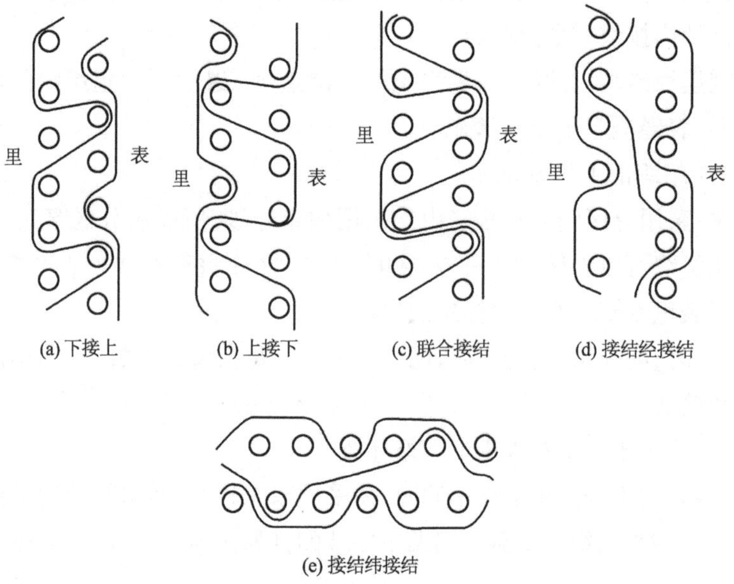

(a)下接上　(b)上接下　(c)联合接结　(d)接结经接结

(e)接结纬接结

图10-7　接结双层组织的5种接结方法

前三种接结法,是利用表里层自身经纬纱接结的,统称为自身接结法,后两种接结法需用附加的经纱或纬纱,统称为附加线接结法。上述5种接结方法各有优缺点,前三种方法是利用上下两层中自身的某些纱线来接结,织制方便,节约纱线。但是,参与接结的纱线比不参与接结的纱线屈曲大、张力大,会引起织物中经(纬)纱缩率的差异,影响织造与织物外观。如果接结不当,尤其在织物两面颜色不同时,接结点容易在织物表面暴露出来。目前在生产中以采用"下接上"法较多。因为,这种方法只要接结点安排适当,可不致使其暴露于布面,织物表面也较平整。

"接结经"法与"接结纬"法,由于需要另用纱线,用纱量增加,而且接结经交织于上下层之间,张力大,织缩率大,需另卷一只织轴,致使织造条件复杂化,所以应用较少。

10.5.3　接结双层组织绘制及上机

(1)"下接上"接结双层组织。

例1:某种双层织物,其表组织甲为方平组织,里组织乙为左斜纹,如图10-8(a)、(b)。确定表里经排列比为2∶2,投纬顺序为里1、表2、里1,作"下接上"接结双层组织的组织图。

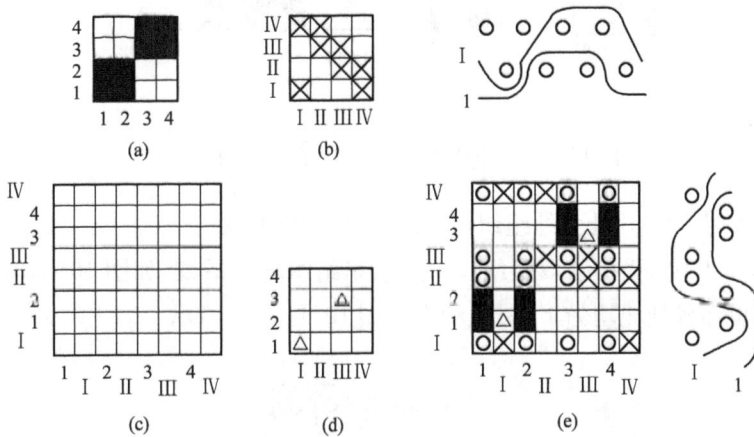

图10-8　"下接上"接结双层组织图

根据表里基础组织及表里经纬纱的排列比,求得此接结双层组织的完全经纬纱数为8。在意匠纸上画出完全组织的大小,并标出表里经与表里纬的排列序号,如图10-8(c)所示。

图10-8(d)为确定的接结组织。"下接上"的接结组织是里经与表纬的交织规律。在里经与表纬相交的方格中,凡里经浮于表纬之上处,用三角符号"△"表示。"△"处为经组织点,在纹板图上应钉植纹钉。

按一般双层组织图的绘法,绘入表里组织及特殊提综符号,按接结组织绘入三角符号,组织图即告完成,如图10-8(e)所示。最后作出含有接结点的纵横截面图所示。

例2:某毛精纺厚花呢的上机图如图10-9所示。其表组织为右斜纹,如图10-9(a)所示;里组织为破斜纹,如图10-9(b)所示;接结组织如图10-9(c)所示;表里经与表里纬的排列比均为1∶1;图10-9(d)为上机图。

接结双层组织通常采用分区穿法穿综,表经穿前区,里经穿后区。每组表里经穿入同一筘齿中。

(2)"上接下"接结双层组织。"上接下"接结双层组织的绘作方法,基本上与"下接上"接结双层组织相同。所不同的是,接结组织中的接结点是代表表经与里纬的交织点,即在投入里纬时,在此种交织点处,表经沉于里纬之下,在组织图上以小方块"□"符号表示,并取消

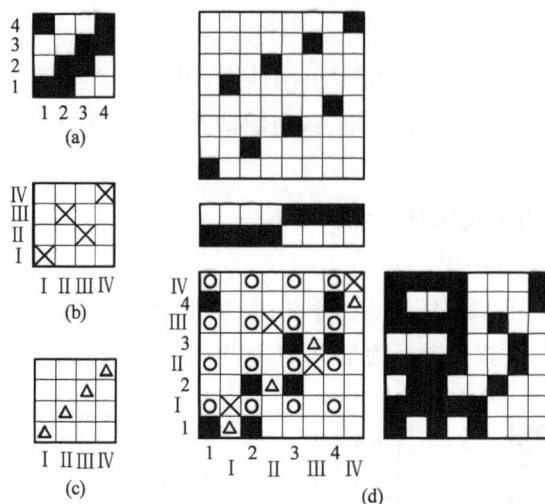

图 10 - 9 "下接上"接结双层组织上机图

该处的表经提升符号。"□"处为纬组织点,在纹板图上没有纹钉。

图 10 - 10 为"上接下"接结双层组织。其表里组织均为平纹,如图 10 - 10(a)、(b)所示。表里经与表里纬排列比均为1∶1,组织图如图 10 - 10(d)所示。

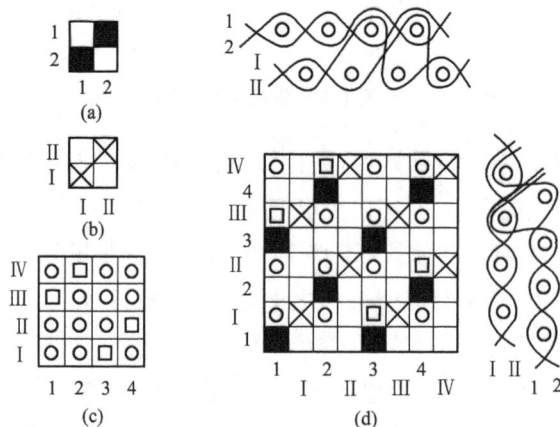

图 10 - 10 "上接下"接结双层组织

(3)"联合接结"双层组织。"联合接结"双层组织是同时用"上接下"和"下接上"两种接结方式构成,即将里经与表纬接结的同时,又将表经与里纬接结。

(4)接结经接结双层组织(图 10 - 11)。接结经接结法的双层织物是采用三组经纱与两组纬纱交织而成。表经同表纬交织成表层,里经与里纬交织成里层,接结经既与表纬交织,又与里纬交织,把表里两层接结起来。通常接结经的密度要小于或等于表里经纱密度。

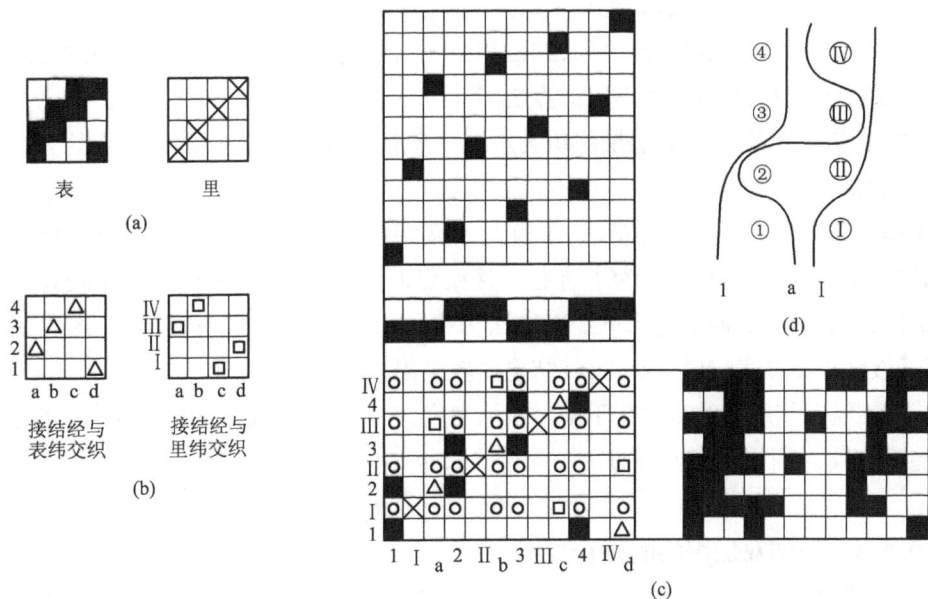

图 10-11 接结经接结双层组织

（5）接结纬接结双层组织（图 10-12）。接结纬接结双层织物采用两组经纱与三组纬纱交织而成。表经与表纬交织成表层；里经与里纬交织成里层；接结纬既同表经交织，又与里经交织，把表里两层接结成一个整体。通常接结纬的密度要小于或等于表里纬密度。

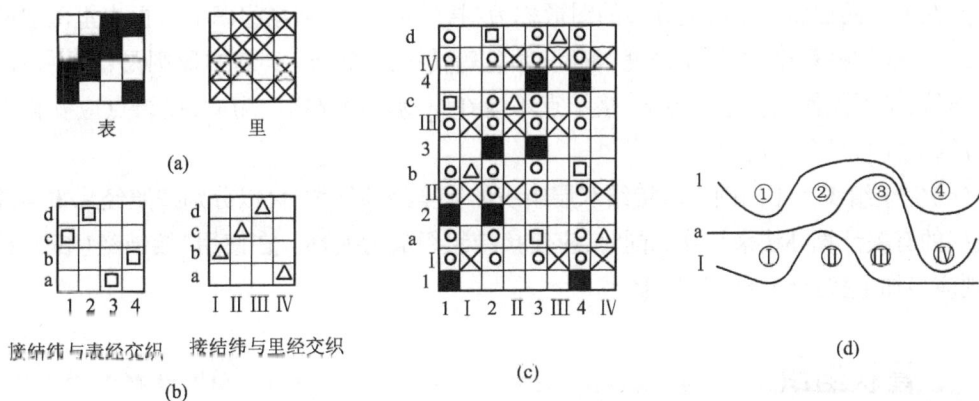

图 10-12 接结纬双层组织

从实例中可以看出："下接上"时，接结点为经组织点，"上接下"时接结点为纬组织点。因此在选择接结组织时，接结点的配置应考虑以下几点：

①在一个组织循环内,接结点的分布应均匀。

②从织物正面看,接结点如是经组织点,在表层应位于左、右表经的经组织点之间,在里层应位于上、下里纬的经组织点之间;如是纬组织点,在表层应位于上、下表纬的纬组织点之间,在里层应位于左、右里经的纬组织点之间。

③接结点的分布方向,若表层组织为斜纹一类有方向性的组织,则接结点的分布方向应与表组织的斜向一致。

④如果表层组织为经面组织,为了有利于接结点的遮盖,应优先选用里经接结法。同理,如果表层组织为纬面组织,为了有利于接结点的遮盖,选用表经接结法比较合适。如果表层组织为同面组织,通常选用里经接结法为好,因为在一般情况下,经纱比纬纱细且牢度好,里经接结点易被表层经纱遮盖,接结也比较牢固。

⑤采用联合接结法的目的在于增加接结牢度,在其他条件相同的情况下,表里经纱的张力应趋于一致,可采用一个经轴织制。

10.5.4　接结双层织物的设计要点

(1)表里基础组织。接结双层组织的表里基础组织大都采用原组织或变化组织。表里两层组织可以相同,也可以不同。当表里两层采用不同的组织时,应该先确定表层组织,然后根据织物要求、纱线线密度与排列比等情况来确定里层组织。

(2)表里经与表里纬的排列比。接结双层织物表里两层的外观与性能可以相同,也可以不同。在确定表里经和表里纬的排列比时,应综合考虑织物的用途、性质、两层的组织、纱线线密度、密度等情况来确定。表里经的排列比,常用的有1∶1、2∶1、3∶1等;表里纬的排列比,常用的有1∶1、2∶1、3∶1、2∶2、4∶2等。

(3)接结组织的确定。接结点在上下两层中的配置关系,可以用"接结组织"来表示。接结点在上下两层相关纱线上分布的图形称为"接结组织"。接结组织应根据表里两层的基础组织,纱线的排列比、纱线线密度、密度、颜色等情况来确定。其基本原则是:既要使两层紧密连接,又不能使织物过于硬板;接结点不应在织物表面显露。为此,接结点应安排在两侧长浮线之间,且分布均匀。

(4)完全组织大小的确定。接结双层组织的完全经纬纱数,可以分别按照经二重与纬二重组织的有关计算办法来计算。同时,应使接结组织成为循环。在使用"接结经(纬)"接结时,则应另加上接结经(纬)的根数。

10.6　管状组织

10.6.1　管状组织及其形成原理

传统的管状织物是将双层织物的上下布边织在一起而形成,利用一组纬纱,在分开的表里两层经纱中,以螺旋形之顺序,相间地自表层投入里层,再自里层投入表层而形成圆筒形空心袋组织,称管状组织。管状组织的形成原理如下:

（1）管状组织由两组经纱和一组纬纱交织而成,这组纬纱既作表纬又兼作里纬,起着两组纬纱的作用,它往复循环于表里两层之间。

（2）管状组织的表里两层仅在两侧边缘相连接,而中间截然分离。

（3）表里两层的经纱呈平行排列,而表里两层的纬纱则呈螺旋形状态。

平纹管状织物交织截面示意图如图 10－13 所示。

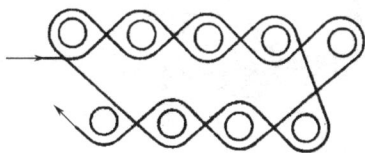

图 10－13　平纹管状织物交织截面示意图

管状组织广泛应用于产业用纺织品领域,如工业上需要的或轻薄多孔或紧密厚实的各类管子、圆筒形过滤布、无缝包装袋,医学上需要的人造血管等,均采用管状组织织成。管状织物的设计除须考虑织物的内在质量和外观效应外,还特别要注意保持两侧边缘部位组织的连续性,随着织布机的无梭化,此类织物在色织产品中颇为鲜见。

10.6.2　局部管状织物

局部管状织物只是在织物的一部分地方有管状组织,其余部分还是普通织物。管状部分在织物表面突起,形成了特有的襞绉风格,因此又称之为襞绉组织。局部管状织物分为纬向局部管状织物(也叫密纬织物)和经向局部管状织物两种,尽管织物外观比较类似,但形成原理并不相同。

（1）纬向局部管状织物。纬向局部管状织物的特点是相隔一定距离出现一条管状褶条,结构如图 10－14 所示,其形成是依靠纬向局部管状组织与特殊的送经卷取机构共同作用完成的,一般需要两个以上的织轴。地经绕在地轴上,花经绕在花轴上,局部管状织物的经纱是由花经形成的,常见的是绕在两个织轴上的经纱以 1：1 排列,纬向局部管状织物部分是在普通组织的基础上,每隔一根经纱在织物的正面或反面设计一根经浮长线。织物上经浮长线的长度等于一个纬向局部管状的周长所需的经纱长度。组织图上经浮长线在织物的同一面时,纬向局部管状出现在织物的另一面,当经浮长线交替地出现在组织图的两面时,织物的两面也交替地出现纬向局部管状。

其织造方法如图 10－14 所示,1、2 两种经纱按一定比例间隔排列,如图 10－14 中经纱 1 与 2 在 A 部分与一般织物织法相同,组织为平纹。至 B 处应起褶时 1、2 两种经纱分成表里两组,经纱 2 全部沉在下面,不参与同纬纱的交织。经纱 1 分为上下两层形成梭口,与纬纱交织一定的长度 C,即在布面上形成了局部突起的管状,到 D 处 1、2 经纱再合成单层织物织造。

纬向局部管状织物两个织轴的经纱可以配置成相同粗细,也可以粗细间隔排列,如采用粗细间隔排列时,其中较细的经纱卷绕在地轴上,在局部管状织物处经常设计成经浮长线,

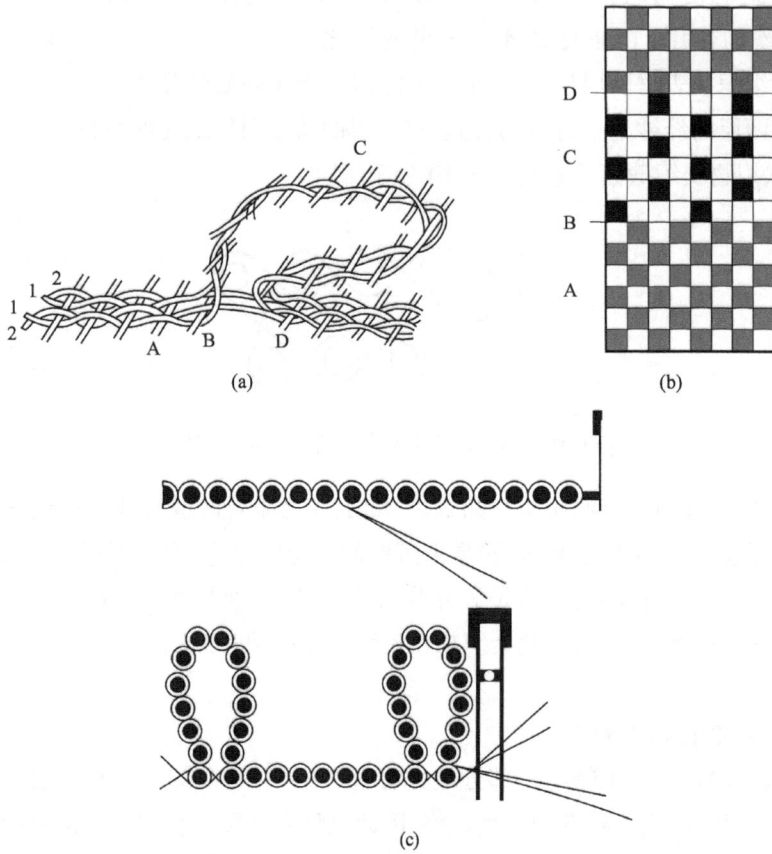

图 10-14　纬向局部管状织物及其部分组织图

采用积极送经;较粗的经纱卷绕在花轴上,采用消极送经,在局部管状织物处与纬纱形成管状组织。当织到管状组织的前一、二纬时,对地轴发出停止送经的指令,织造时地轴的送经暂时停下来,绕在地轴上的经纱此时在组织图上是经浮长线,实际上此时地经并没有参与同纬纱的交织,参与同纬纱交织的只是花轴上的经纱,所形成的就是管状组织那一部分的织物。当织到管状组织的最后一纬时,对地轴发出恢复送经的指令,同时让花轴急送经,使控制花轴送经量的张力补偿杆向前移动 10cm 左右,下一纬织造时让地轴恢复送经,使花轴送出较多的经纱,此时织口处形成管状,织完管状部分的织物后,两个经轴上的经纱又同时参与同纬纱的交织,所形成的就是普通织物部分。因此,可以说管状组织部分的织物经密只有其余普通织物经密的一半。

　　如绕在两个织轴上的经纱以 3:1 排列,即地轴上的经纱绕得多,花轴上的经纱绕得少,则管状组织部分的织物经密就只有其余普通织物经密的 1/4,织物的经向断裂强力较小。如绕在两个织轴上的经纱以 1:3 排列,即地轴上的经纱绕得少,花轴上的经纱绕得多,则管状组织部分的织物经密就是其余普通织物经密的 3/4,而织物的经向断裂强力较大。

（2）经向局部管状织物。经向局部管状织物是利用弹力好的包芯纱为部分纬纱，配以经向局部管状组织，组织图中反面是纬浮长线的纬纱，都用弹力好的包芯纱，经向局部管状织物可在普通织机用常规的织造方法完成。常用的弹力纱有涤纶（氨纶）包芯纱 165 dtex（44 dtex）或锦纶（氨纶）包芯纱 110 dtex（44 dtex）。经向局部管状织物部分组织图如图 10 - 15 所示。

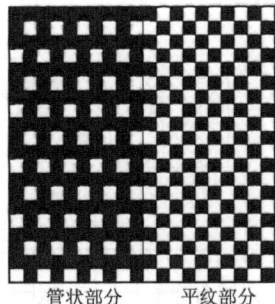

管状部分　　平纹部分

图 10 - 15　经向局部管状织物部分组织图

经向局部管状织物纬纱的排列多为 3 ~ 4 根，普通纬纱夹 1 根弹力包芯纱，也有普通纬纱和弹力包芯纱以 1∶1 排列的。织物完成织造下机时，由边撑引起的织物纬向张力消失，在弹力包芯纱回复力的作用下，织物上的一些纬浮长线收缩，形成经向局部管状织物。经向局部管状织物要控制好织物的纬向织缩率。

10.7　双层织物的分析举例

双层织物分为上下两层，从织物的正面，肉眼只能看到表层，因此，对于普通织物分析所采用的观察法、拆纱法都不能完全满足双层织物分析的需要，而应在以上方法的基础上，判别双层织物的类型，熟悉织物的内在结构，才能完成织物分析的工作。

在对双层等复杂织物进行组织分析时，需要找出每一个有代表性组织点的属性，确定各层分层符号的位置，进而确定各根经纬纱的属性，分出各层织物与各层的组织，才能据此绘出合理的组织图。

图 10 - 16　接结双层织物

例如，纯棉"下接上"接结双层织物（图 10 - 16）分析：由于织物正面由密度较大的斜纹组织和密度偏低的平纹组织构成双层织物。可以判断斜纹组织为正面。利用拆纱方法找出接结经纱，确定接结方式为"下接上"。找出两根沉浮规律相同的接结经纱，确定组织循环，并计算一个循环中的表里经纱根数，从而得出经纱排列比；同理求出纬纱循环和表里纬排列比。

分析结果：

（1）表组织为 $\frac{3}{1}\nearrow$，里组织为平纹。

（2）表里经与表里纬排列比均为 2∶1。

（3）经纱密度：表经 354 + 里经 197 = 551（根/10cm）。

（4）纬纱密度：表纬 232 + 里纬 126 = 358（根/10cm）。

（5）织物组织图（图 10 - 17）。

織物組織分析与应用

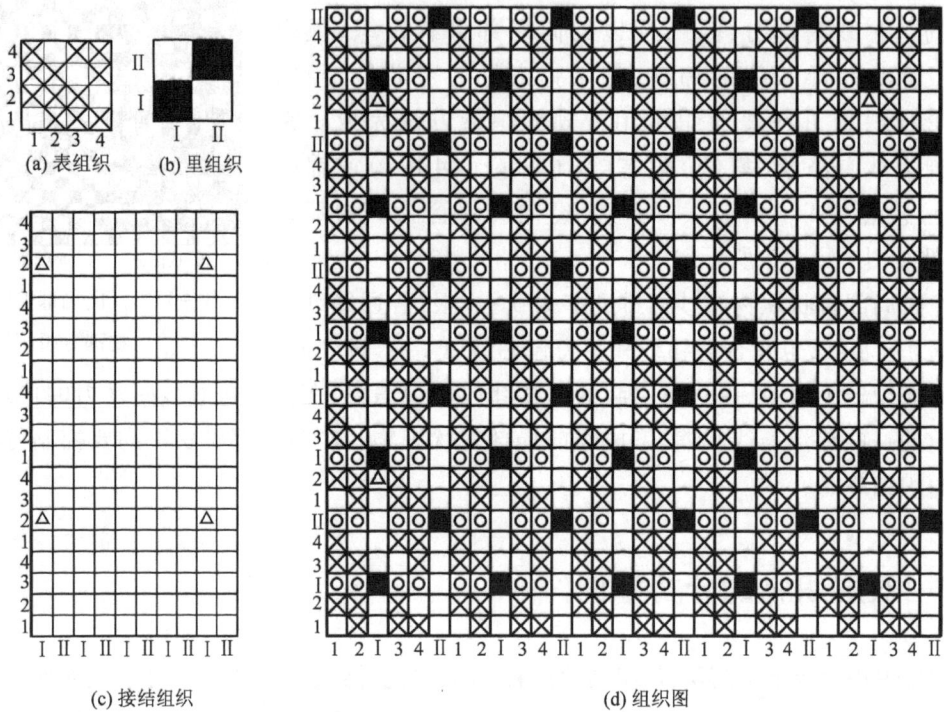

图 10-17 接结双层织物组织图

思考与练习

10-1. 观察所设计的表里换层织物的色彩、纹样等外观效果是否达到了设计的目的? 有没有改进之处?

10-2. 双层接结织物有几种接结方式? 接结点如何分布更合理?

10-3. 双层织物在织造过程中,可能会遇到哪些问题? 如何预防和解决?

10-4. 已知表组织为 $\frac{2}{2}$↗斜纹,里组织为 $\frac{2}{2}$↗斜纹,$m:n=1:1$,试画出双层组织图。

10-5. 已知表组织为 $\frac{3}{3}$↗斜纹,里组织为 $\frac{2}{1}$↗斜纹。当 $m:n=1:1$,$m:n=2:1$ 时,试分别画出双层组织图。

10-6. 以 $\frac{2}{1}$↗斜纹为表组织,$\frac{1}{2}$↗斜纹为里组织,接结组织为 $\frac{1}{2}$↗斜纹,$m:n=1:1$,试作出"下接上"双层接结组织图。

10-7. 已知表里组织均为平纹,$m:n=1:1$,基础组织个数为5,从右向左投第一纬,在左右折幅处各穿一根特线,试画出管状组织图。

202

任务十一　起绒组织分析与小样试织

【任务目标】

1. 起绒组织织物的分类与应用
2. 纬起绒、经起绒组织的构成和特点
3. 灯芯绒地组织、绒纬组织及绒根分布
4. 绘制灯芯绒、经平绒组织上机图
5. 灯芯绒织物的分析与小样试织

【任务实施】

1. 任务要求

（1）观察灯芯绒、平绒样品,用拆纱分析法分析灯芯绒小样,区别灯芯绒、平绒的不同,分析两者的形成原理。

（2）灯芯绒织物小样分析。

（3）设计并试织一款色织灯芯绒织物,采用手工割绒方法割出花式灯芯绒。

2. 仪器、工具及材料准备

照布镜、分析针、意匠纸、笔、重组织织物若干块,小样织机、绕纱框架、色纱、小样织机配套工具一套。

3. 实验内容、步骤和操作方法

（1）区分绒纬和地纬以及原料。

（2）查看绒纬和地纬排列比。

（3）正确判断绒根固结方法。

（4）分析灯芯绒织物组织。

（5）绘制上机图。

（6）灯芯绒小样试织。

（7）割断绒纬形成绒面。

4. 织物分析与试织报告内容

（1）绘出灯芯绒组织图及绒根的结构图。

（2）绘出灯芯绒组织织物的上机图。

（3）附灯芯绒坯布及割绒样品。

【相关知识】

起绒组织及其应用

在织物表面形成毛绒的组织称为起绒组织。这类组织由一个固结毛绒的地组织和一个

形成毛绒的绒组织联合而成。由于起绒织物的表面覆盖着一层丰满平整的绒毛,所以织物具有厚实、光泽柔和、手感柔软等特点,织物的保暖性、弹性和耐磨性都较好。

根据起绒组织形成毛绒的纱线系统和织造原理的不同,可分为纬起绒组织、经起绒组织。

11.1 纬起绒组织

起绒组织一般由一个系统经纱和两个系统纬纱构成。两个系统纬纱有不同的作用,其中一个系统称为地纬,另一个系统称为绒纬。地纬与经纱交织形成固结毛绒和决定织物坚牢度的地组织;绒纬与经纱交织,以其纬浮长线的形态浮于织物的表面,在后整理工序(割绒或拉绒)中,绒纬的浮长线被割开(或绒纬的纤维被拉断)形成毛绒。这种利用特殊的织物组织和后整理加工方法,使部分纬纱被割断或拉断,在织物表面形成毛绒的织物称为纬起绒织物,这类织物的组织称纬起绒(纬起毛)组织,这类织物的整理工艺称纬起绒(纬起毛)工艺。

绒纬的起绒方法主要有以下两种:

开毛法:使用割绒机将绒坯上绒纬的浮长线割断,然后使绒纬的捻度退尽,使绒纤维在织物表面形成耸立的毛绒。灯芯绒和纬平绒类织物便是利用开毛法形成绒毛的。

拉绒法:将绒坯覆于拉绒机的拉毛滚筒上,滚筒上的针在回转时将织物绒纬的纤维逐渐拉出,直到绒纬纤维被拉断为止。拷花呢和拷花绒类织物的起绒方法就是利用拉绒法形成绒毛的。

(1)灯芯绒组织。灯芯绒是表面形成纵向绒条的织物,因绒条像旧时用的灯草芯而得名。灯芯绒为割纬起绒,又称条绒。原料一般以棉为主,也有和涤纶、腈纶、氨纶等纤维混纺或交织的。组织采用两组纬纱与一组经纱交织的纬二重组织,地组织有平纹、斜纹等。地纬与经纱交织构成地布,绒纬与经纱交织形成一列列毛圈,通过割绒将毛圈割断,经刷绒整理后,织物表面就形成了耸立的灯芯绒绒条。灯芯绒绒条圆润丰满,绒毛耐磨,质地厚实,手感柔软,保暖性好。主要用做秋冬外衣、鞋帽面料,也适于家具装饰布、窗帘、沙发面料、手工艺品、玩具等。灯芯绒织物如图11-1所示。

①灯芯绒的分类。

a. 按使用原料分类:纯棉灯芯绒、涤/棉灯芯绒、富纤灯芯绒和氨纶弹力灯芯绒等。

b. 按使用经纬纱线结构分类:全纱灯芯绒、半线灯芯绒绒和全线灯芯绒。

c. 按加工工艺分类:染色灯芯绒、印花灯芯绒、色织灯芯绒和提花灯芯绒(提花灯芯绒局部起毛,可构成各种图案)。

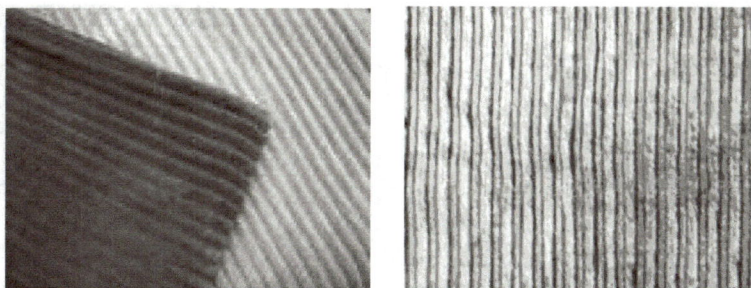

图 11 - 1　灯芯绒织物

d. 按绒条的宽窄不同分类:特细条(19 条以上/2.54cm),细条(15 ~ 19 条/2.54cm),中条(9 ~ 14 条/2.54cm),粗条(6 ~ 8 条/2.54cm),宽条(6 条以下/2.54cm),以及间条(粗细相间)灯芯绒等。

②灯芯绒的构成。灯芯绒的结构图如图 11 - 2 所示。1、2 是地纬,Ⅰ、Ⅱ是绒纬。地纬 1 和 2 与经纱交织成平纹地组织,织 1 根地纬后,再织入 2 根绒纬,绒纬Ⅰ、Ⅱ和经纱交织成有 5 个纬组织点的浮长线,绒纬与第 5 根或第 6 根经纱交织,交织处称为绒根,第 5 根和第 6 根经纱称为压绒经。之后对绒纬进行割绒,用割绒刀将纬浮长线割断,经刷绒整理使绒毛竖立,呈条状,割绒进刀位置一般选择在纬浮长线的中间,离地布间隙最大处,如图 11 - 2 箭头所示处。

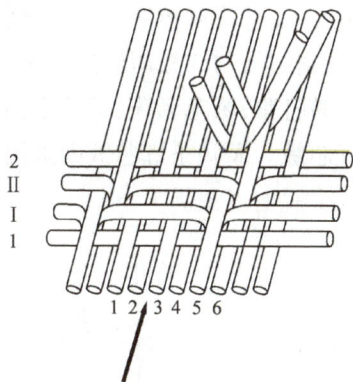

图 11 - 2　灯芯绒结构图

③灯芯绒的组织结构。

a. 地组织。地组织的主要作用是固结绒纬及使织物具有一定的强度。常用的有平纹、$\frac{2}{1}$斜纹、$\frac{2}{2}$斜纹、纬重平、变化平纹和变化纬重平组织。不同的地组织对织物质地及手感有很大影响,同时会影响绒纬的固结程度和割绒工作。

图 11 - 3 为平纹地灯芯绒结构图,平纹地组织交织点多,织物平整坚牢,便于割绒,但织物的手感较硬,纬密过大时,较难织造,织物背面摩擦时绒毛易脱落。图 11 - 4 为斜纹地灯芯绒结构图,斜纹地灯芯绒织物手感较软,易织造,但交织比平纹少,所以应适当增加纬密,否则织物易脱毛。斜纹地组织灯芯绒比平纹地组织灯芯绒厚实、柔软、绒毛紧密、纬密较大、用纱量多、易脱毛。

b. 绒纬组织。绒纬组织的选择主要考虑绒根的固结形式、绒根的分布情况、绒纬的浮长和地纬与绒纬的排列比等因素。

绒根的固结形式:绒根的固结形式指绒纬和地经的交织规律,有 V 型和 W 型,或采用联合固结形式。

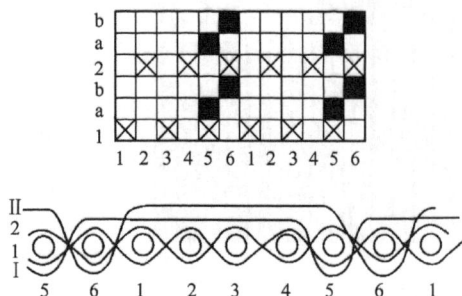

图 11-3　平纹地灯芯绒结构图

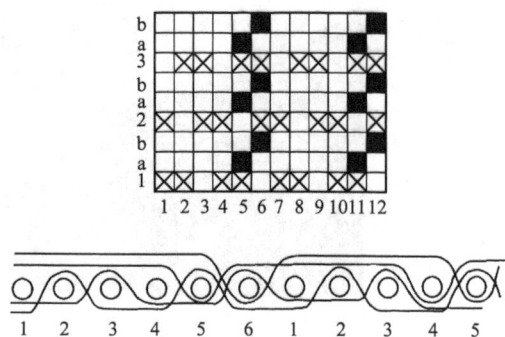

图 11-4　斜纹地灯芯绒结构图

V 型固结也称松毛固结,指绒纬仅与 1 根压绒经交织成 V 型,如图 11 – 5(a)所示。由于它与绒经交织点少,使纬纱容易被打紧,能提高纬密并增加绒毛的密集性,但绒毛固结不好,受外力摩擦容易脱毛,适用于纬密较大的中条、细条灯芯绒。W 型固结也称紧毛固结,指绒纬与 3 根压绒经交织成 W 型,如图 11 – 5(b)所示,由于它与绒经交织点多,纬纱不易打紧,绒毛稀疏,但绒毛固结牢固,适用于绒纬固结牢但对绒毛密度要求不高的细条灯芯绒。而阔条灯芯绒则采用 W 型和 V 型固结相结合的方式,有利于改善绒毛的抱合及减少脱毛现象。

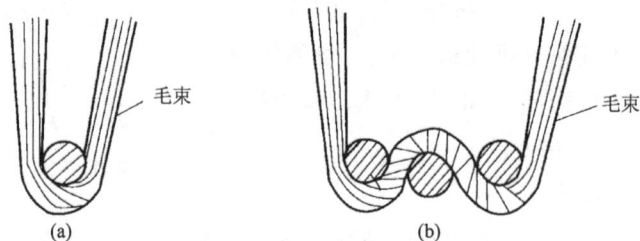

图 11-5　绒根的固结形式

绒根的分布情况:绒纬与压绒经的交织点即为绒根,绒根分布影响绒条外观。如设计粗阔条灯芯绒时,若绒根仅集中在 2~3 根经纱上,割绒后易露底,因此必须增加压绒经根数,以使绒根相互错开且分布均匀,如图 11 – 6(a)所示,12 根经线中有一半作压绒经,且绒根分布均匀,每束绒毛长短差异小。绒根的分布还会直接影响织物的纬密,如图 11 – 6(b)所示,绒根的组织点与地纬组织点互相重叠,纬线容易打紧;反之,如果绒根的组织点与地纬组织点互相交错,则不易打紧纬线,如图 11 – 6(c)所示。

绒纬的浮长:在一定经密条件下,绒纬浮长的长度决定了绒毛的高度和绒条的宽度。地组织相同时,绒纬浮长长,绒毛高度高,绒条也比较阔,绒毛丰满。所以,粗阔条灯芯绒,要求绒纬浮长较长。但绒纬浮长过长,割绒后,容易露底,因此,粗阔条灯芯绒不能简单增加绒纬浮长长度,还要合理地安排绒根分布。

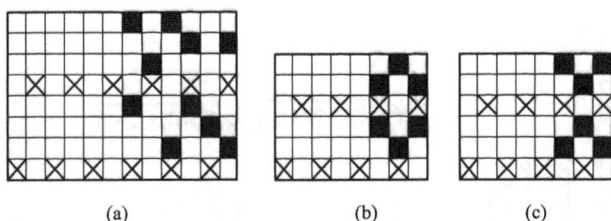

图 11 - 6　绒根的分布

毛绒的高度计算如下式：

$$h = \frac{10c}{2 \times P_j} \times 10 = \frac{50c}{P_j}$$

式中：h——绒毛高度，mm；

　　P_j——经纱密度，根/10cm；

　　c——绒纬浮长所越过的经纱数。

地纬与绒纬排列比的选择：地纬与绒纬的排列比有多种，一般有 1：2、1：3、1：4、1：5 等。在原料、密度、组织相同的条件下，排列比直接影响绒毛的稀密度、外观、底布松紧和绒毛固结牢度。当绒纬排列根数增加时，织物的绒毛密度相应增加，织物的柔软性和保暖性得到改善，但织物的坚牢度会降低。这是由于绒毛固结不牢，绒毛易被拉出所致。因此，排列比的确定应取决于织物的要求。常用的排列比为 1：2 或 1：3，形成的织物绒毛比较丰满，外观好。

④灯芯绒组织图绘制。

a. 特细条灯芯绒。如图 11 - 7 所示，地纬、绒纬之比为 1：3，绒毛采用复式 W 型固结（箭头所指为割绒位置），地组织为平纹，经纬纱线密度均为 18tex，织物经密为 315 根/10cm，纬密为 843 根/10cm。

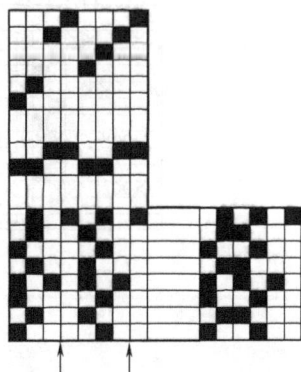

图 11 - 7　特细条灯芯绒上机图

b. 中条灯芯绒。如图 11 - 8(a) 所示，地纬、绒纬之比为 1：2，绒毛采用 V 型固结，地组织为平纹，经纱线密度均为 14×2tex，纬纱线密度为 28tex，织物经密为 228 根/10cm，纬密为 669 根/10cm。图 11 - 8(b) 为该组织的纬向剖面图。

c. 粗、阔条灯芯绒。如图 11 - 9 所示，粗条灯芯绒地纬、绒纬之比为 1：2，绒毛采用 V 型固结，地组织为 $\frac{2}{2}$ 斜纹，经纱线密度为 14×2tex，纬纱线密度为 28tex，经密为 161 根/10cm，纬密为 1133 根/10cm。

如图 11 - 10 所示，阔条灯芯绒地纬、绒纬之比为 1：4，绒毛采用 V、W 型混合固结，地组织为纬重平组织，经纱线密度为 14×2tex，纬纱线密度为 28tex，经密为 287 根/10cm，纬密为 995.5 根/10cm。

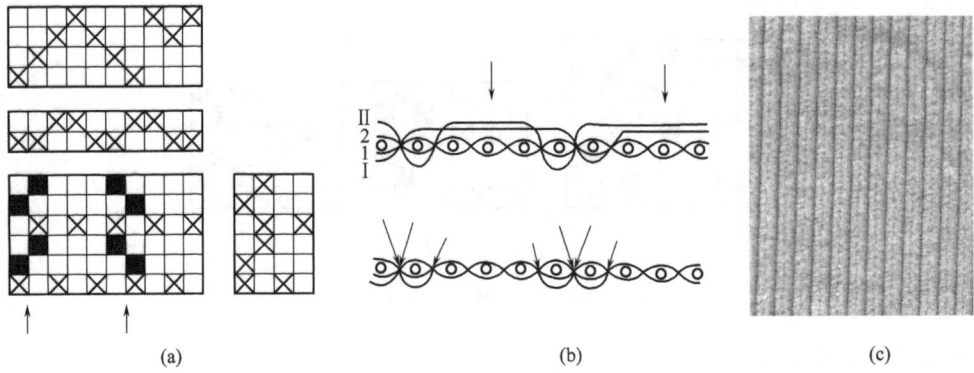

(a)   (b)   (c)

图 11 - 8　中条灯芯绒上机图、纬向剖面图及织物

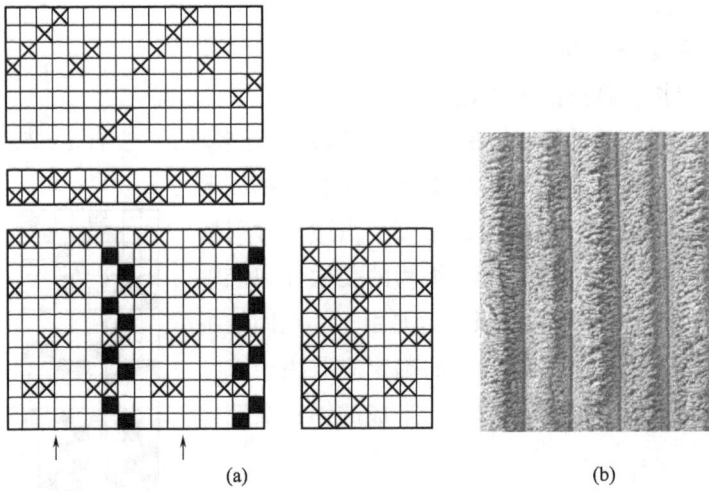

(a)   (b)

图 11 - 9　粗条灯芯绒上机图及织物

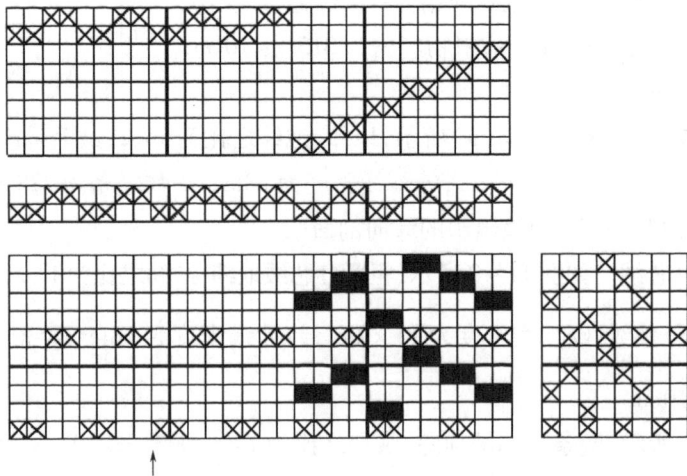

图 11 - 10　阔条灯芯绒上机图

d. 花式灯芯绒。花式灯芯绒是在一般灯芯绒的基础上进行变化而得到的,织物外观的绒毛凹凸不平、立体感强。但割绒刀仍保持直线进刀。形成花式灯芯绒的方法有如下几种:

改变绒根分布:如图 11 - 11 所示,绒根分布不成直线,使绒纬纬浮长线长短参差不一,经割绒、刷绒后,绒毛呈高低不平的各种花型,其中长绒毛覆盖短绒毛,使花型发生了多种变化。

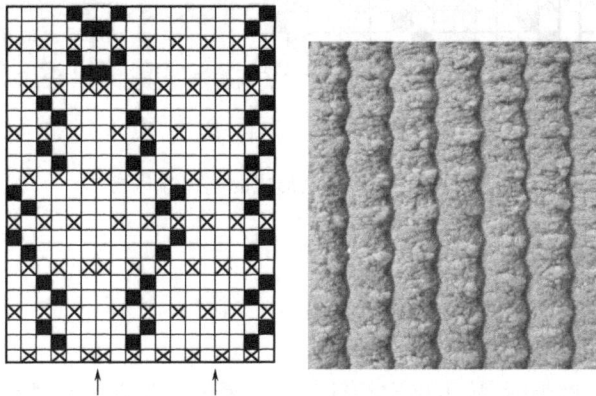

图 11 - 11　改变绒根分布形成的花式灯芯绒

织入法:利用底布和绒毛的不同配合,使织物表面局部起绒、局部不起绒而形成凹凸感的各种花型。如图 11 - 12 所示,在局部起绒处利用绒纬的纬浮长线,局部不起绒处用织入法,在绒纬纬浮长处用经重平组织代替,组织紧密,由于绒纬和地经交织点增加,因此在割绒时导针越过这部分,使这部分不起毛。在设计时需注意不起绒的纵向部分长度不得超过7mm,否则易引起割绒时的跳刀、戳洞现象。不起绒与起绒部位的比例,掌握在 1:2,以起绒为主,否则不能体现灯芯绒组织的特点。

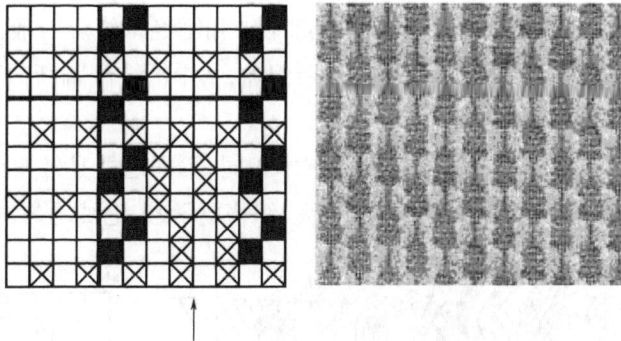

图 11 - 12　织入法形成的花式灯芯绒

飞毛法:如图 11 - 13 所示,可在原灯芯绒组织图中,去除局部绒纬的固结点,使这部分绒纬的纬浮长线横跨两个组织循环,在割绒时,如此长的纬浮长线左右两端被割绒刀割断,中间的浮长线掉下,由吸绒装置吸去而露出底布,此方法称为飞毛法。采用这种方法形成的花纹凹凸分明,立体感强。上机时穿综通常采用顺穿法或照图穿法。考虑到灯芯绒织物的纬密大,为了使纬纱易于打紧,经密以小为宜,一般每筘齿穿两根。

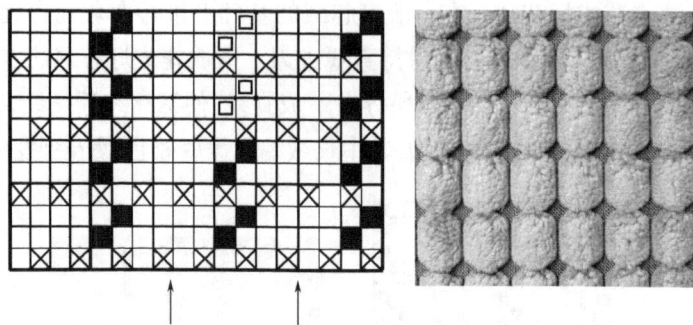

图 11 – 13　飞毛法形成的花式灯芯绒

⑤灯芯绒织物分析方法。

a. 有绒条的一面为织物正面。

b. 沿绒条的方向为经向。

c. 由于绒纬已经被割断,故可确定纬纱为拆纱系统。先做经纱纱缨,然后轻轻将纬纱拨入纱缨中,以观察经纬纱交织规律,并逐根加以记录。应特别注意绒根组织。同一根绒纬应拆下多个绒根组织(如 3 ~ 5 个绒条),仔细观察,以使分析正确。同时找出绒纬与地纬的排列比、地组织的组织规律及毛绒的固结方式。

d. 绘出灯芯绒织物组织图。

e. 用钢尺测量 2.5cm 内的绒条数目,确定灯芯绒的绒条宽度。

f. 计算绒毛高度。

(2)纬平绒组织。平绒织物表面均匀地覆盖一层平整的绒面,具有织物绒面丰满、光泽柔和、手感柔软、弹性好、不起皱、保暖性优良等特点。平绒织物分为纬平绒和经平绒两种,因其通过割断绒纱形成绒毛,所以也可分为割纬平绒和割经平绒。一般割纬平绒是将绒纬割断并经刷绒而形成,割经平绒是将织成的双层织物,从中把绒经割断,分成两件单层织物,再经刷绒而形成。

纬平绒形成的原理与灯芯绒的形成原理基本相同,不同之处是纬平绒织物的绒根的分布是彼此错开并均匀排列的,纬密也较灯芯绒大,织物更紧密,毛绒均匀。图 11 – 14 是纬平

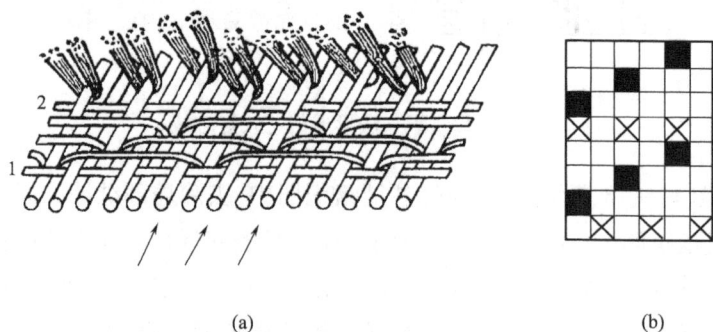

(a)　　　　　　　　(b)

图 11 – 14　纬平绒的结构图和组织图

绒的结构图和组织图。采用平纹地组织,1、2 为地纬,其他为绒纬,绒纬为 V 型固结,地纬和绒纬排列比为 1:3。开毛后形成毛束,图中箭头方向为开毛位置。

11.2　经起绒组织

经起绒织物指织物表面由经纱形成绒毛的织物,构成这种织物的组织称为经起绒组织。经起绒组织是由两个系统的经线与一个系统的纬线交织而成。这两个系统的经线中一组称为地经,另一组称为绒经,地经与纬纱交织成地组织,绒经与纬纱交织成绒组织,绒经通过后加工形成毛绒。经起绒织物形成毛绒的方法有三类:

杆织法:在织造过程中,每隔几纬后织入一根起绒杆,使起绒经线包围在起绒杆上形成毛圈。若切开毛圈,取出起绒杆,织物上便形成绒毛。若不切开毛圈,抽出起绒杆,则织物上形成毛圈。

浮长通割法:将覆盖在地组织上的经浮长线割断,然后经刷绒等整理工序,使绒毛耸立在织物表面。

双层分割法:利用双层组织的结构原理,使绒经像接结经一样在一定间距的上下两层之间往返交织,织成后将两层割开,即形成上下两幅绒织物。

11.2.1　杆织法经起绒组织

杆织法经起绒组织由两组经纱与一组纬纱以及一组起绒杆(作为纬纱)交织而成。两组经纱中的一组为地经,与纬纱交织成地组织;另一组为绒经,与纬纱交织成绒毛的固结组织,同时可根据绒毛花纹的需要,浮在起绒杆上形成毛圈,或切割毛圈后形成毛绒,或不切割毛圈只抽出起绒杆构成圈绒。起绒杆可由钢铁、铜、竹或木材等材料制成,形状是圆形或椭圆形开槽的细杆,其表面要求光滑。它的直径决定着绒毛的高度,起绒杆有各种号数,织制时可根据所需绒毛的高度来选用,起绒杆的长度由起绒织物的幅宽决定。

杆织法经起绒织物的传统品种有天鹅绒、漳绒、锦罗绒及漳缎(缎地经绒起花)等。这类产品,一般均以手工织制,生产效率低,劳动强度大,生产量受到限制,但这类产品的艺术性和经济性较高。

天鹅绒产品是一种典型的杆织法经起绒织物,它是以毛绒和毛圈构成各种花纹图案。每织入 3 根纬纱后,织入一根起绒杆,所有绒经均浮在起绒杆上,围成毛圈。全幅织完后,在带有起绒杆的织物上,用颜色绘上花纹图案,然后将绘颜色处的绒经割开,形成毛绒,未绘色的部分,绒经不切断,拉出起绒杆后构成毛圈,形成以毛圈作地、毛绒作花的绒织物。

图 11-15 为天鹅绒织物上机图。组织图中用阿拉伯数字表示地经、地纬,罗马数字表示绒经纱和起绒杆,符号"■"表示地经的经浮点,符号"△"表示绒经的经浮点,符号"○"表示绒经浮在起绒杆上。地组织为 4 枚变化斜纹,地经与绒经排列比为 2:1,纬纱与起绒杆排列比为 3:1。上机采用 8 片综,其中 1、2 片为伏综,3、4 片为起综,5、6、7、8 片为地综。6 根经纱(2 根绒经,4 根地经)穿入同一筘齿。

11.2.2 浮长线通割法经起绒组织

浮长线通割法经起绒组织有单层浮长线通割法经起绒组织和双层浮长线通割法经起绒组织两种。

(1)单层浮长线通割法经起绒组织。单层浮长线通割法经起绒组织由两组经纱与一组纬纱交织而成。两组经纱中,一组为地经,一组为绒经。地经与纬纱交织成地组织,绒经除与纬纱交织成固结组织外,还以一定的浮长线浮在若干根纬纱之上,织好后将绒经浮长线割开便形成毛绒。浮长线通割经起绒组织的构成原理和设计要点与纬起绒组织基本类似,但其割绒是垂直经纱方向进行。图 11-16 为单层浮长线通割法经起绒组织图。地组织为平纹,地经与绒经排列比为 1:1,绒经浮长为 7 根纬纱,采用 V 型固结法。

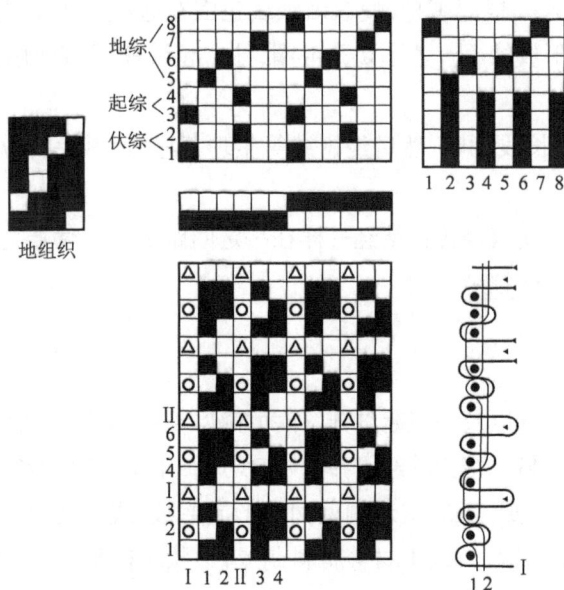

图 11-15 天鹅绒织物上机图

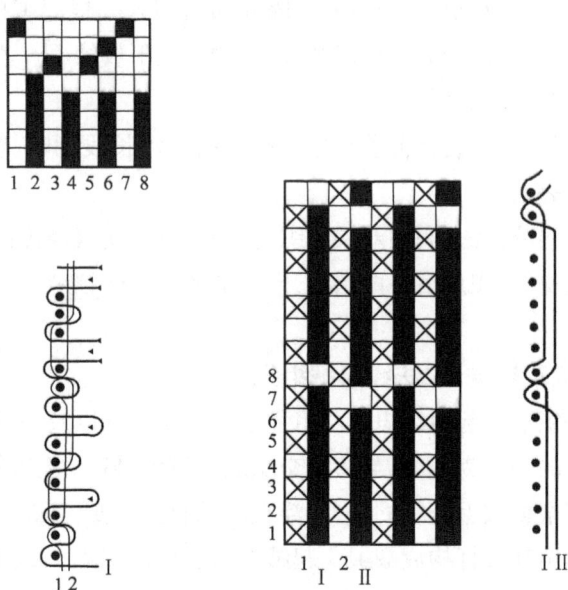

图 11-16 单层浮长线通割法经起绒组织图

经浮长线通割法起绒组织的绒毛高度等于浮长线的一半。若要得到较长的绒毛效果,可以增加绒经的浮长,但毛绒的密度会变稀;若要增加毛绒密度,只有降低绒毛高度或增加绒经的比例,但比例过大又会降低织物地组织的牢度,故在设计时要全面考虑。

浮长线通割法经起绒织物采用双织轴织造,一般以反面上机,以减少经纱提升次数,地经放上轴,消极送经;绒经放下轴,积极送经。采用分区穿综法,地经穿入前 2 片综,绒经穿入后 8 片综。

(2)双层浮长线通割法经起绒组织。地组织为两组经纱与两组纬纱分别交织成双层组织,起绒经除与上下层纬纱交织进行固结外,还以一定的浮长覆盖在织物表面,待织好后割断经浮长线,将上下层分开,得到两幅起绒织物。由于一组起绒经纱在与上层地组织固结时就无法与下层地组织固结,反之亦然,为此获得的两幅绒织物,并非整幅织物上均有毛绒,而是像烂花绒一样呈现出有毛绒和无毛绒形成的花纹,上下两幅绒织物的绒毛花纹互为底片效应,即一幅织物上的绒毛花纹处便是另一幅织物的无绒毛底板处。

11.2.3　双层分割法经起绒组织

双层分割法经起绒组织起绒原理如图 11-17 所示。地经分成上下两部分,上层地经与纬纱交织成上层织物,下层地经与纬纱交织成下层织物。两层织物间隔一定距离,绒经则位于两层织物之间,交替地与上下层纬纱交织。两层织物之间的距离等于两层绒毛长度之和。织成的织物经过割绒,将连接于两层间的绒经割断,形成上下两幅经起绒织物。

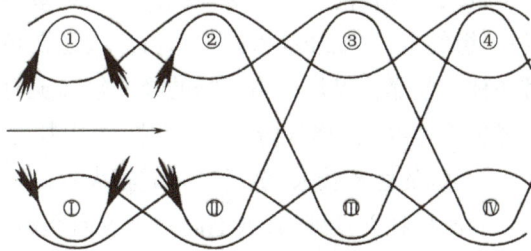

图 11-17　双层分割法经起绒组织起绒原理

双层起绒组织的织造,根据开口和投纬的方式,分为单梭口织造和双梭口织造两种。单梭口织造指织机曲轴每一回转形成一个梭口,投入 1 根纬纱。而双梭口织造指织机曲轴每一回转能同时形成两个梭口,并同时投入 2 根纬纱。

(1)单梭口织造双层经起绒组织。单梭口织造双层经起绒织物常见的品种有:乔其绒(乔其立绒、印花乔其绒和烂花乔其绒)、经平绒、绿柳绒、彩经绒等。排列比一般为 4∶1、3∶1。

①乔其绒(图 11-18)。乔其绒采用有光粘胶丝为绒经,强捻真丝为地经,是交织的丝绒织物。绒毛稠密而挺立,弹性好,手感柔软,光泽柔和,质地牢固。

图 11-19 为乔其绒上机图。上下层地组织均为 $\dfrac{2}{1}$ 经重平,上层地经∶下层地经∶绒

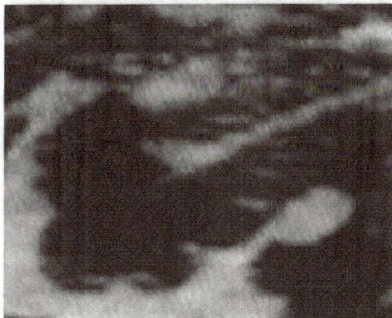

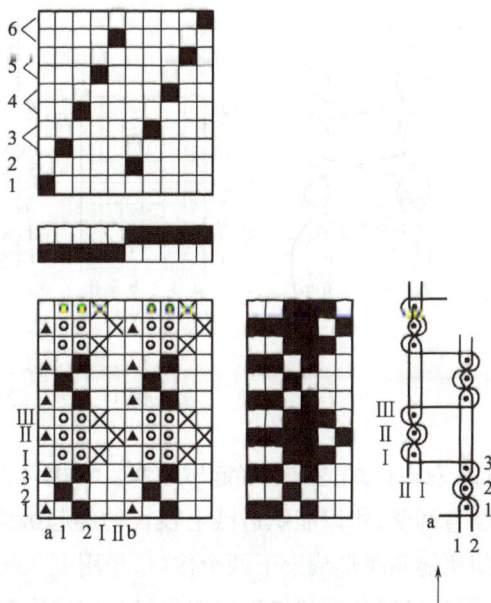

图 11-18　烂花乔其绒

图 11-19　乔其绒上机图

经=2：2：1。绒经采用3纬W型固结,要求投纬次序为上层3梭,下层3梭,上下层纬纱的排列比为3：3。图中1、2为上层经、纬纱,Ⅰ、Ⅱ为下层经、纬纱,a、b为绒经。符号"■"表示上层地经浮点,符号"×"表示下层地经浮点,符号"○"表示里纬投入时上层地经提起,符号"▲"表示绒经浮点。

因绒、地两经的组织和原料不同,应分别卷绕在两个经轴上。穿综可采用分区穿法,绒经的张力要求比地经小,可将绒经穿在前区。下层地经提升次数最少,可穿入后区。上层地经穿入中区。穿筘时宜将一组的绒经、地经穿入同一筘齿。绒经在筘齿中的位置有两种,一种是夹在地经的中间,另一种是紧靠筘齿片。当织物的经密较稀疏时,为了使绒经能很好地耸立于织物表面,可将绒经位于地经当中穿过筘齿。反之,当织物经密较大时,绒经在筘齿中的位置应紧靠筘齿片。乔其绒的经密较大,绒经应紧靠筘齿片。

乔其绒经烂花处理后,制成烂花乔其绒,其绒毛向一个方向倾斜。烂花乔其绒与乔其绒的区别在于:地组织改用平纹组织,经烂花处理后,绒经烂掉的地方呈现出平纹地组织,质地坚牢、外观平整;上机时,上层地综采用倒吊装置,开下梭口。

②经平绒。图11-20为经平绒组织单梭口织造的上机图。上下层地组织均为平纹,上层地经：下层地经：绒经=1：1：1。绒经采用V型固结,要求投纬次序为上层1梭,下层2梭,上层1梭。上下层纬纱的排列比为2：2。图中1、2为上层经、纬纱,Ⅰ、Ⅱ为下层经、纬纱,a、b为绒经。符号"■"表示上层地经浮点,符号"×"表示下层地经浮点,符号"○"表示里纬投入时上层地经提起,符号"▲"表示绒经浮点。其上机方式与乔其绒相同。

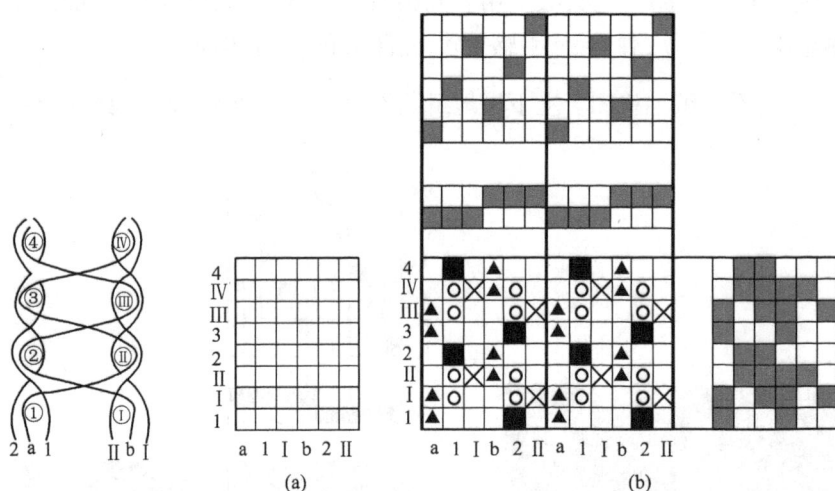

图11-20　经平绒上机图

(2)双梭口织造双层经起绒组织。双梭口织造的双层经起绒织物,由于上下两层的距离可以随意调整,所以能织造绒毛较长的经起绒织物,并能有效地控制绒毛的长度。织造时,由于织机能同时形成上下两个梭口,采用上下两把梭子(或两把剑杆)同时投梭,织物的外观成形较好,可避免单梭口织造双层经起绒织物存在的一些质量问题,如上下两层的距离不能随意调整,上下两层的织口不一致,由于用一把梭子上、下两层循环使用,把织物割开时会产生毛边,影响外观。

　　双梭口织造工作原理如图 11 – 21(a) 所示,综丝形式有三种,如图 11 – 21(b) 所示。综平时,上下层综丝位于上下两个平面,在一个开口机构的作用下,同时形成上下两个梭口。上层梭口的上层经纱和下层梭口的上层经纱重合在中央位置。绒经纱平时在上下层经纱之间,若绒综上升,则绒经与上层纬纱交织,若绒综下降,则与下层纬纱交织。如图 11 – 21(a) 所示:1、2 为绒综,在上下层之间来回交织;3、4 为上层综片,穿上层地经,形成上层梭口;5、6 为下层综片,穿下层地经,形成下层梭口。

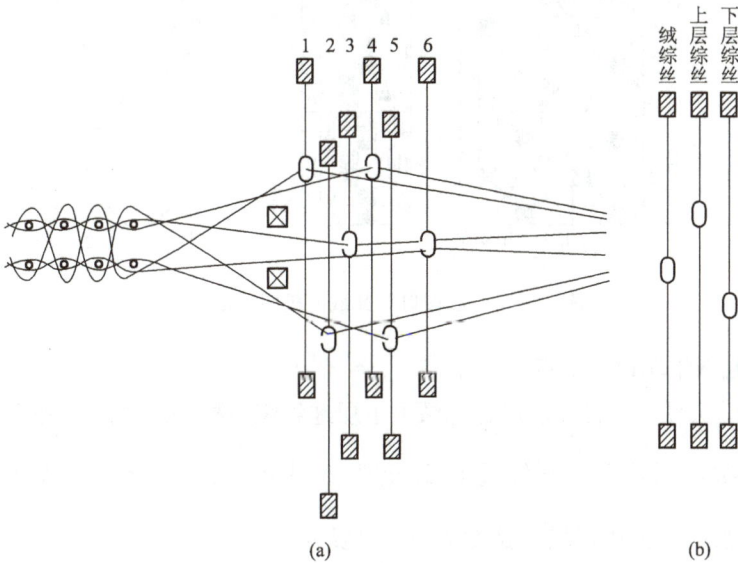

图 11 – 21　双梭口织造示意图

　　①双梭口经平绒:图 11 – 22 所示的上机图,地组织为平纹,采用两组绒经,V 型固结。上层地经:下层地经:绒经 = 1∶1∶1。上机图中,符号"■"表示上层地经浮在上层纬纱之上,符号"×"表示下层地经浮在下层纬纱之上,符号"○"表示绒经在下层纬纱之上,符号"▲"表示绒经在上层纬纱之上,符号"●"表示绒经在上层纬纱之上,符号"□"表示上层地经在上层纬纱之下,或下层地经在下层纬纱之下,或绒经在上层纬纱之下。

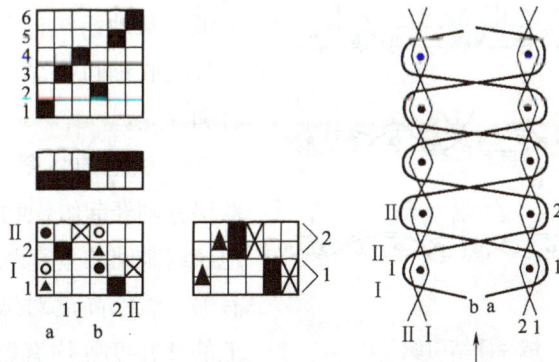

图 11 – 22　双梭口经平绒上机图和示意图

②双梭口乔其绒。如图 11 - 23 所示,地组织为平纹,采用两组绒经,W 型固结。符号"○"表示绒经在上层纬纱之下和下层纬纱之上。其他符号与图 11 - 22 相同。

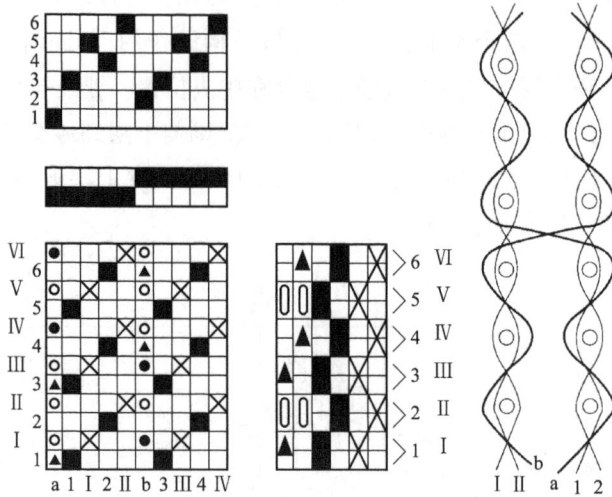

图 11 - 23　双梭口乔其绒上机图和示意图

③双层经起绒组织设计要点。

a. 地组织的选择与配置。双层经起绒上下层地组织应根据织物的品质要求来选择。如要求织物手感柔软,则采用 $\frac{2}{1}$ 经重平、纬重平、变化重平或方平组织。如要求织物挺括,可选平纹作为地组织,并配以较大捻度的地经、地纬纱。

b. 绒经固结组织的选择与配置。固结组织对绒毛的抱合和耸立有一定影响,应与地组织配合适宜。立绒产品的地组织一般采用 $\frac{2}{1}$ 经重平,当地经浮长线收缩时,使绒毛抱合效果更好,耸立度也佳。素绒织物的地组织一般采用平纹,绒经为 3 纬固结,毛绒头从地组织交叉点处伸出,毛绒耸立度就差,容易倾倒,适宜织制向一个方向倾斜的素绒织物。图 11 - 24 中,地组织为 $\frac{2}{2}$ 经重平,图 11 - 24(a)中绒经采用单纬 V 型固结法,(b)中采用 3 纬 W 型固结法,(c)采用 4 纬 W 型固结法。3 种固结方式以图11 - 24(c)为最好,因为它的毛绒头从地组织的非交叉点处伸出,地经浮长线收缩可夹紧毛绒,以增加绒毛的抱合和耸立。

c. 绒毛的高度与密度的选择与配置。双层分割经起绒织物的绒毛高度与上下层地经综眼间的垂直距离以及绒经的送出量有关。绒毛高度对绒面的手感、色光和绒毛的整齐度等均有影响。当绒毛较长时,

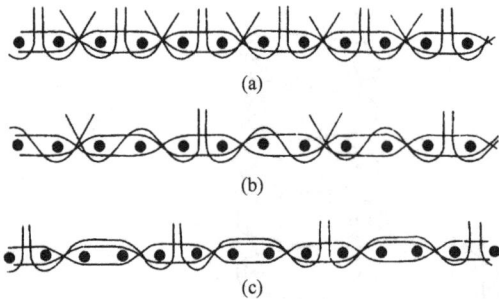

(a)

(b)

(c)

图 11 - 24　绒经固结组织

其绒面易产生倒毛,长毛绒织物就是应用了这一点。绒毛较短时,绒毛易于竖立,色光均匀,绒面平整美观,手感柔软有弹性,只有绒毛的高度和密度相配合,才能保证成品不露底的要求。

可按产品的风格要求确定绒毛高度,当绒经从一层转向另一层时,其送出量可根据绒毛高度及经纬纱直径求出。双层分割经起绒织物的绒毛密度可按下式计算(在生产过程中,若发现织物绒毛高度不合要求时,可调节绒经送出量来达到要求)。

$$X = \frac{KP_jP_w}{n}$$

式中:X——绒毛密度,绒头根数/cm^2;

　　P_j——单层织物地经密度,根/cm;

　　P_w——单层织物纬纱密度,根/cm;

　　n——单层地经与绒经的排列比;

　　K——绒头系数。

K 值大小与绒经的组织有关,$K = \dfrac{绒头数}{纬纱循环}$。如全起绒单纬固结 $K = 2$,半起绒单纬固结 $K = 1$,全起绒 3 纬固结 $K = \dfrac{2}{3}$,半起绒 3 纬固结 $K = \dfrac{1}{3}$。

d. 地经与绒经的排列比的选择与配置。根据织物风格对绒毛密度的要求来确定地经与绒经的排列比,一般采用上层地经:下层地经:绒经 = 1:1:1 或 2:2:1。

e. 纬线的投纬比的选择。投纬比的选择根据绒经的固结形式确定。常用表里纬的投纬比为 1:1、2:2、3:3 和 4:4。绒经为 V 型固结时,投纬比为 1:1 或 2:2;绒经为 W 型固结时,投纬比为 3:3 或 4:4。

11.3　地毯织物

地毯织物(图 11 – 25)表面毛绒簇立,厚实而富有弹性,色彩丰富,具有良好的防潮、保暖作用,是家居中使用较多的一类织物。地毯的种类较多,按所用原料可分为羊毛地毯、绢丝地毯、锦纶地毯、腈纶地毯、丙纶地毯和混纺地毯等。按织制方式可分为手工编织地毯、机器簇绒地毯、机织地毯和针织地毯等。

机织地毯属经起绒织物,分割绒地毯和圈绒地毯两种。割绒地毯是通过机械割绒,使被割断的绒经耸立而形成毛绒的毯面。圈绒地毯的绒经固结在地组织上,地毯表面密布由绒经形成的毛圈。

地毯的质量由纺织纤维的种类、地毯绒头的数量、密度及绒头高度决定。纺织原料中以桑蚕丝和羊毛最为高档。80% 羊毛和 20% 锦纶的混纺纱线,可使羊毛的弹性和锦纶的耐磨性有机结合在一起,最适于制作地毯。地毯织物的绒

图 11 – 25　地毯织物

織物組織分析与应用

头密度越大,使用性能越佳,我国地毯以每英尺长度内绒根的纬道数作为绒头密度的指标,常用的高档地毯有90道、120道、160道等,道数越高地毯编织越精致。如桑蚕丝地毯的品质按编织的道数而定,主要有120道、300道、400道、600道、800道等。

11.3.1 割绒地毯织物的结构类型

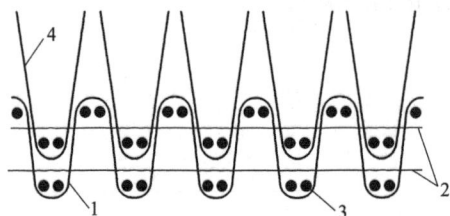

图 11-26 单层地毯组织经向剖面图
1—链经 2—紧经 3—纬纱 4—绒经

地毯织物的植绒方式是 V 型,绒毛高度为 6~12mm。机织地毯根据组织结构和织造工艺的不同,又可分为单层地毯和双层分割地毯两种。

地毯组织一般由三组经纱与一组纬纱交织而成,如图 11-26 所示,三组经纱中的链经与纬纱上下交织成平纹或重平地组织,绒经与纬纱成 V 型固结形成绒毛,紧经呈直线状夹在上下纬纱之间。

(1)单层地毯。单层地毯中比较有名的是阿克斯敏斯特地毯,它源自英国,因采用阿克斯敏斯特地毯机织造得名,已有100多年的历史,其特点是绒经色彩可达8种以上,地毯花纹华贵艳丽,成品质地厚实、柔软,是各类机织地毯中的精品。由于是单层地毯织物,织造效率较低,因而该地毯价格昂贵。该地毯织机的构造独特,割绒和栽绒一气呵成,织造时综框将绒经提起后通过咬嘴将绒经根据绒毛高度向前拉出割断,并以 V 型固结的方式栽入地部后压上纬纱而成。该毯每投一次纬引入两根纬纱,6 根纬纱为一个组织循环,两根紧经将纬纱分成上、中、下三部分。织物背面有链经浮长垫底,使绒根藏而不露。单层地毯组织经向剖面图如图 11-26 所示。

(2)双层分割地毯。双层分割地毯中比较有名的是威尔顿地毯,该地毯起源于英国的威尔顿,产品毛绒丰满、弹性良好、脚感舒适,是铺设房间的理想产品。威尔顿地毯采用双层分割起绒法织造,生产效率较高,其织制原理和双层分割经起绒织物相近,绒经在上下层间按 V 型固结。根据纬纱组数不同,威尔顿地毯可分为单纬起绒地毯,如图 11-27(a);二纬起绒地毯,如图 11-27(b);三纬起绒地毯,如图 11-27(c)。

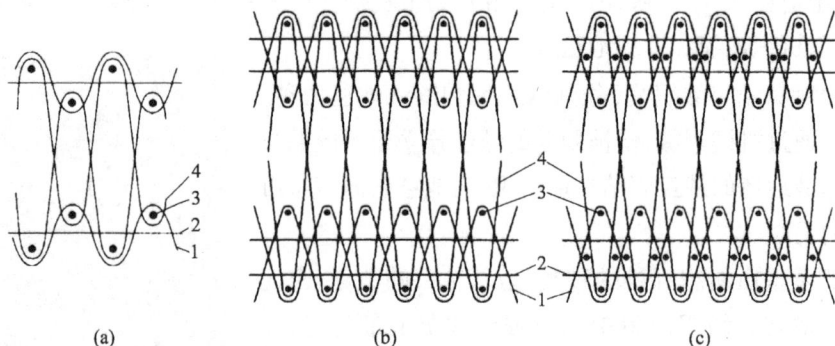

(a)　　　(b)　　　(c)

图 11-27 双层分割地毯组织经向剖面图
1—链经 2—紧经 3—纬纱 4—绒经

218

双层割绒地毯织物的织造可根据起绒结构、开口和投纬方式的不同分为单梭口织造、双梭口织造和三梭口织造三种方式,分别采用单剑杆、双剑杆和三剑杆引纬机构。素织地毯的地经和绒经的提升均由多臂综框控制。提花地毯的地经提升由多臂综框控制,绒经提升由提花龙头来控制。

由于一般链经、紧经和绒经的原料、组织结构不同,张力不一,织造时应将链经和紧经分别卷绕在两个经轴上,绒经摆放在筒子架上,地经积极送经,绒经消极送经。穿综时绒经穿在前区,地经穿在后区,每组绒经、地经穿入同一个筘齿。图 11 - 28 为双层割绒地毯织机结构示意图。

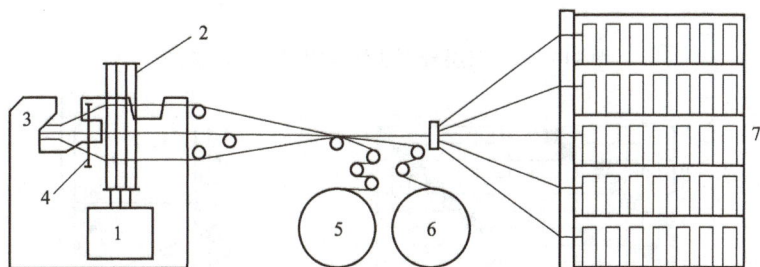

图 11 - 28　双层割绒地毯织机构造示意图

1—多臂机　2—综框　3—割刀　4—钢筘　5—紧经经轴　6—链经经轴　7—绒经筒子架

以双层分割地毯织物采用三梭口、三剑杆同时引纬织造为例。地组织中链经为 $\frac{3}{3}$ 经重平,紧经为 $\frac{2}{1}$ 经重平,两组绒经采用 V 型固结法上下层交替固结。上下层经纱的排列比为 4∶4,单层地毯中链经、紧经与绒经的排列比为 2∶1∶1。上下层纬纱的排列比为 2∶1∶1∶2,第一次投纬三剑杆分别织入上层 2 根、下层 1 根纬纱,第二次投纬三剑杆分别织入上层 1 根、下层 2 根纬纱。

为确保梭口清晰,减轻织机提升负荷,综丝的综眼分上、中、下三种位置,综平时上下层综丝综眼不在同一水平面上,如图 11 - 29 所示。

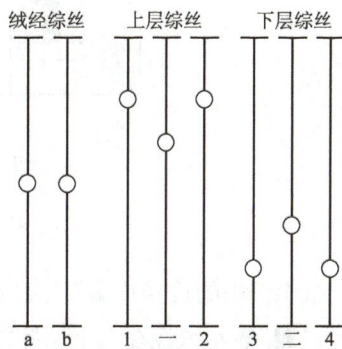

图 11 - 29　综眼位置示意图

图 11 - 30 为双层分割地毯织机开口示意图,图中经纱 1、2 及 Ⅰ、Ⅱ 分别为上下层链经,a、b 为绒经,一、二为紧经。开口时分上、中、下三层梭口,箭头表示综框提升状况,前 2 片综框控制绒经,后 6 片综框分别控制上下层链经、紧经。

图 11 - 31 为该双层分割地毯织物上机图,图中 1、2、3、4、5、6 为上层纬纱,Ⅰ、Ⅱ、Ⅲ、Ⅳ、Ⅴ、Ⅵ为下层纬纱。采用 8 片综框,4 穿筘。其中 1、2 片综控制绒经,3、5、6、8 综控制链经,4、7 片综控制紧经,每 3 纬为一个投纬组,即 1、2、Ⅰ 纬为一组,3、Ⅱ、Ⅲ 纬为另一组,由 3 把剑杆同时织入。

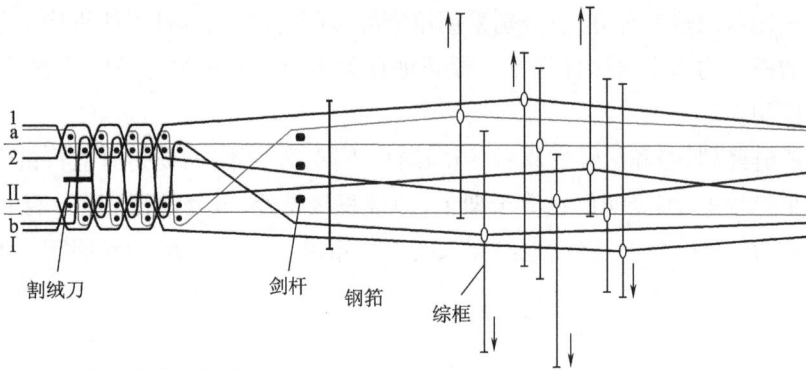

图 11 - 30　双层分割法地毯织机开口示意图

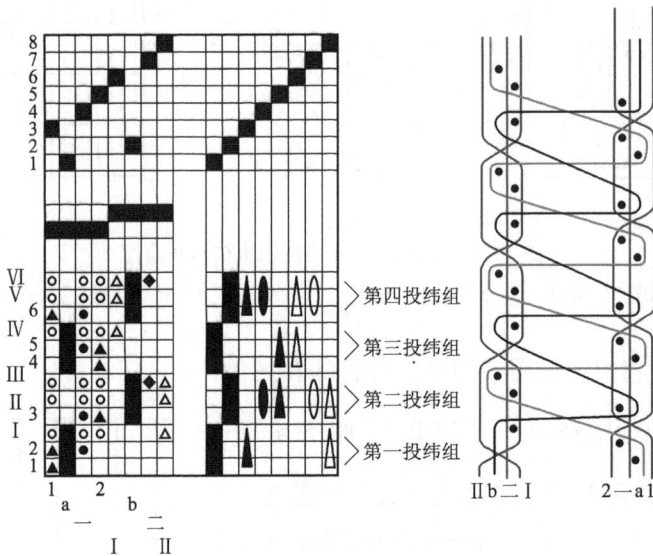

图 11 - 31　双层分割法地毯上机图

组织图中的符号:"▲"表示上层链经在上层纬纱之上;"△"表示下层链经在下层纬纱之上;"■"表示绒经在上下层纬纱之上;"●"表示上层紧经在上层纬纱之上;"◆"表示下层紧经在下层纬纱之上;"○"表示上层链经、紧经在下层纬纱之上;"□"表示上层链经在上层纬纱之下,下层链经在上下层纬纱之下,绒经在上下层纬纱之下,上层紧经在上层纬纱之下,下层紧经在上下层纬纱之下。

因为三梭口织造法的上下层纬纱为同时织入,所以纹板图中的横行数等于组织图中纬纱循环的1/3。

在纹板图中,"■"表示绒综提升使绒经在上下层纬纱之上;"▲"表示上层链综提升使上层链经在上层纬纱之上;"△"表示下层链综提升使下层链经在下层纬纱之上;"●"表示上层紧综提升使上层紧经在上层纬纱之上;"○"表示下层紧综提升使下层紧经在下层纬纱之上;"□"表示绒综、上层链综下层链综、上层紧综、下层紧综不提升。

11.3.2　单层圈绒地毯

单层圈绒地毯(图 11 - 32)质地坚实、毯面平挺、毯形稳定,无脱毛现象。该地毯织物有两组经纱和一组纬纱交织,地经组织为平纹,绒经组织为 $\frac{3}{1}$ 经重平,绒根以 V 型固结,地经与绒经的排列比为 2:2,采用双经轴、4 片综,在普通地毯机上织造。图 11 - 33 为该地毯织物上机图。其中 a、b 经为绒经,由前区综框控制,1、2 经为地经,由后区综框控制。两根绒经交叉起圈使毯面毛圈分布整齐均匀。绒圈的高度由织机的送经、卷取机构控制。可将绒经按一定比例色条排列,获得到双色或混色圈毯效果。

图 11 - 32　单层圈绒地毯

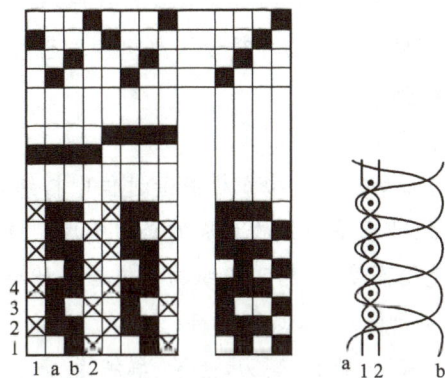

图 11 - 33　单层圈绒地毯织物上机图

思考与练习

11 - 1. 单层浮长线通割法经起绒组织的形成原理是什么?

11 - 2. 双层分割法起绒组织的起绒机理是什么?

11 - 3. 设计灯芯绒织物时,如何选择地组织、绒纬组织、地纬与绒纬的排列比?

11 - 4. 比较纬起绒与经起绒织物生产方法的异同及特点。

11 - 5. 设计双层经起绒组织的要点是什么?

11 - 6. 画出地组织为 $\frac{1}{2}$ 右斜纹,地经:绒经 =1:2,绒根采用 V 型固结,绒纬浮长为 6 根经纱的灯芯绒组织的上机图。

11 - 7. 经起绒织物生产方法有哪些? 单梭口织造和双梭口织造经起绒织物生产有何不同?

11 - 8. 设计一个双梭口双层经起绒组织的上机图。地组织为平纹,绒经:上层地经:下层地经 =1:1:1,投纬次序为上层 2 梭,下层 2 梭。

11 - 9. 地毯组织结构种类有哪几种?

11 - 10. 制织双层分割地毯织机开口、引纬机构有何特点?

任务十二 毛巾组织分析

【任务目标】

1. 熟练分辨毛巾的类型和特点
2. 了解毛巾织机打纬装置及形成原理
3. 掌握毛巾织物分析方法及织造工艺条件,掌握毛、地组织的配合与毛倍计算

【任务实施】

1. 任务要求

首先现场观察毛巾织机织造过程中打纬和送经机构的运动,结合毛巾织物样品的外观风格特征,找出毛巾织物形成的必要条件。通过拆纱分析,绘出毛、地组织配合的组织图,正确计算毛圈高度,总结毛巾织物上机与设计要点。

2. 实验仪器、工具和材料

照布镜、分析针、剪刀、镊子、黑绒板、意匠纸、布样。

3. 实验内容、步骤和操作方法

(1)确定毛巾织物的类别。

(2)拆纱分析确定毛巾毛地排列比、毛倍。

(3)分析毛巾织物组织。

(4)绘制上机图。

4. 织物分析报告内容

(1)确定毛巾织物的原料和类别。

(2)地组织的配合与毛倍计算。

(3)绘出毛巾组织的结构图和上机图。

【相关知识】

毛巾组织及其应用

毛巾组织是利用织物组织和织机特殊的送经和打纬运动的共同作用,使织物表面覆盖着经纱形成的毛圈的组织,其织物称为毛巾织物。

毛巾组织由两个系统的经纱(毛经与地经)与一个系统的纬纱交织而成。地经与纬纱交织成地组织,成为毛圈附着的基础;毛经与纬纱交织成毛组织,在织物表面形成毛圈。由于毛圈的作用使织物具有良好的吸湿性、舒适性、保温性和柔软性,其织物常用于制作面巾、浴巾、枕巾、毛巾被、睡衣等。

12.1　毛巾分类

(1)按用途分类:分为面巾、浴巾、枕巾、毛巾被、餐巾、地巾、挂巾、毛巾布等。

(2)按毛圈分布分类:有一面起毛的单面毛巾,有正反面起毛的双面毛巾,还有正面与反面交替起毛构成凹凸花纹图案的凹凸毛巾和双层毛巾等。

(3)按生产方法分类:分为素色毛巾、彩条格毛巾、提花毛巾、印花毛巾、缎档毛巾、绣花毛巾等。

(4)按原料分类:可用于毛巾织物的原料很多,最常用的有纯棉毛巾、竹纤维毛巾、桑蚕丝毛巾、腈纶毛巾等。

(5)按毛巾的组织结构分类:分为三纬毛巾(一个组织循环中有三根纬纱)、四纬毛巾、五纬毛巾、六纬毛巾等。

12.2　毛巾组织

12.2.1　常用地经组织

毛巾织物中,毛圈是靠地经纱和纬纱的夹持,才能竖立在织物表面。地经纱承受了毛经几倍的张力,并加大了和纬纱的摩擦,才使毛圈平整,高度统一。毛巾地经组织中使用最多的是 $\frac{2}{1}$ 变化重平组织,其次还有 $\frac{2}{2}$ 经重平组织和 $\frac{3}{1}$ 变化重平组织。

在三纬、四纬毛巾的织造过程中,现在有90%以上毛巾产品使用的是 $\frac{2}{1}$ 变化重平组织和 $\frac{2}{2}$ 经重平组织,这类地经组织起落交织合理,能使毛圈固定整齐,如图12-1所示。

12.2.2　常用毛经组织

90%以上的毛巾品种采用的毛经组织是如图12-2所示的组织,图中a、b分别表示两根经纱,其起落规律相反。

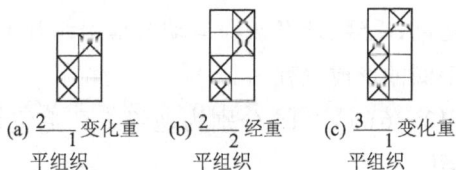

(a) $\frac{2}{1}$ 变化重平组织　　(b) $\frac{2}{2}$ 经重平组织　　(c) $\frac{3}{1}$ 变化重平组织

图12-1　常用地经组织

图12-2　常用三纬毛经组织

12.2.3　规则起落毛经组织

毛经的起落非常有规律。一般情况下,毛圈量在毛巾的正反两面应该各占50%,

毛圈在正反两面　　　　毛圈在正反两面
(a) 全起全落组织　　　　(b) 多起少起组织

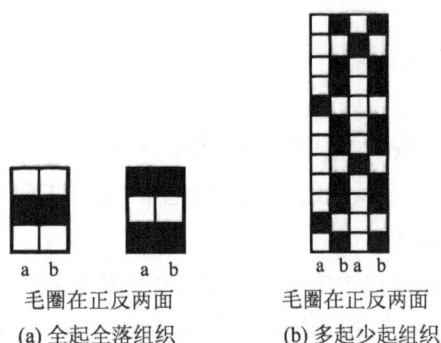

图 12 - 3　规则起落毛经组织

但是有时候会出现有规律的"多起少起"现象。所谓的规则起落毛经组织有两种情况：一种是"全起全落"现象；一种是规则的"多起少起"现象，如图 12 - 3(a)中，a、b 纱起落规律相同，(b)中，a、b 纱呈现则的"多起少起"状态。

12.2.4　毛经组织中的泥地组织

毛经组织中的泥地组织就是常说的毛巾中的"乱毛"效果，它的正反面起落没有什么规律可循，象泥点一样随意分布，织出的毛圈参差不齐，一般多用于半割绒毛巾产品。图 12 - 4 是泥地组织的一种。

图 12 - 5 分别是三纬毛巾、四纬毛巾、五纬毛巾及六纬毛巾的组织图，图中"×"表示地经经组织点，"■"表示毛经经组织点。最常用的是三纬毛巾，其地组织、毛圈组织均为 $\frac{2}{1}$ 变化经重平，但起点不同，如图 12 - 5(a)所示，1、2 为地经，a、b 为毛经。

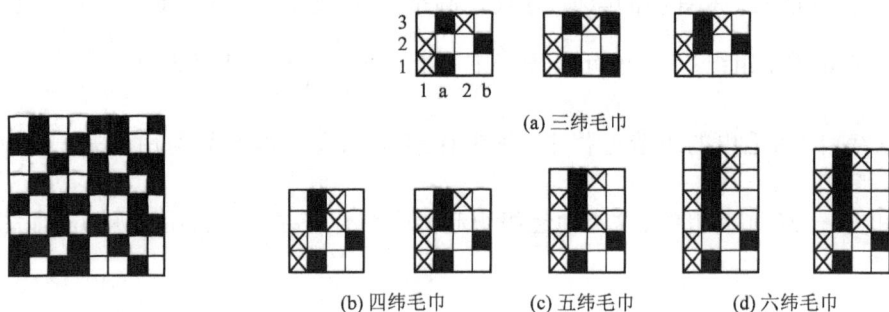

(a) 三纬毛巾

图 12 - 4　泥地组织

(b) 四纬毛巾　　(c) 五纬毛巾　　(d) 六纬毛巾

图 12 - 5　毛巾组织

12.3　毛圈的形成

毛巾织物表面的毛圈是由筘座的长短打纬运动，毛经、地经送经运动及地组织与毛组织的协调配合而形成的。现以图 12 - 6 为例说明毛圈的形成过程。

图 12 - 6(c)为三纬双面毛巾的组织图，图 12 - 6(a)、(b)分别为地组织和毛组织，图 12 - 6(d)为毛圈形成过程及毛巾组织的纵截面图。

12.3.1　长短打纬运动

毛巾织物的打纬运动有短打纬与长打纬两种，如图 12 - 6(d)所示，当投入第 1、2 两根纬纱时，打纬动程较小。打纬终了时，筘离织口尚有一定距离，这种动程较小的打纬称为短打纬。当投入第 3 根纬纱时,筘将这 3 根纬纱一起推向织口,打纬动程为全程,称为长打纬,在长打纬时,由于地组织中第 1、2 两根纬纱处在地经张紧的同一梭口内,因此可以被第 3 根纬纱推动一起向织口移动;毛组织中,毛经在第 1、2 两纬与第 2、3 两纬之间形成两次交叉,因而在第 1、2 两纬与第 2、3 两纬的双重夹持下,也被推向织口;又因毛经在第 3、1 两纬上为连续浮长并张力较小,因此毛经在固定于底布中的同时拱起在织物表面形成毛圈。

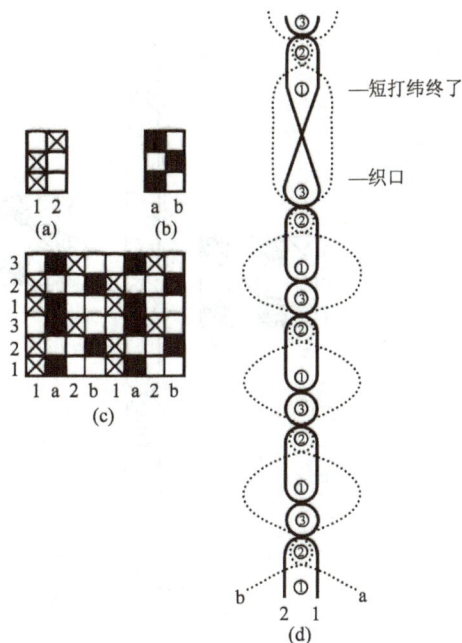

图 12－6　三纬双面毛巾毛圈的形成过程

12.3.2　毛经、地经的送经运动

长打纬时,毛经纱被纬纱夹持向前运动,地经纱却不随之向前。造成两种经纱运动不同的原因,一是毛地组织的配合,二是毛地经纱送经运动的配合。毛地经纱分卷在两个织轴上,地经纱张力较大;毛经纱采用积极送经,张力很小,比地经纱张力约小 4 倍左右,织机每一回转毛经纱送出量为地经纱的 4 倍左右。于是在长打纬时,3 根纬纱能紧紧夹持着张力较小的毛经纱沿着张力较大的地经纱向前移动。

12.3.3　地组织、毛组织的配合

要使地组织、毛组织的配合良好,应满足三个要求:一是打纬阻力要小;二是对毛经夹持牢固;三是纬纱不易反拨。

现根据以上地组织、毛组织配合的三个要求来比较三种配置关系的优劣。

(1)打纬阻力:长打纬时,需将 3 根纬纱一起打向织口,为便于打紧纬纱并减少纱线的磨损,打纬阻力以小为宜。图 12－7(a)在长打纬时,3 根纬纱与地经已上下交织两次,打纬阻力最大。图 12－7(b)、(c)的打纬阻力基本相同,均比图 12－7(a)要小。

(2)对毛经的夹持:因长打纬时,3 根纬纱必须夹持着毛经向前移动,使毛经的浮长线变为毛圈。图 12－7(a)中,纬纱 1 与 2 及纬纱 2 与 3 之间均已有地经纱织入,影响了纬纱对毛经的夹持力;图 12－7(b)中,纬纱 2 与 3 虽能夹紧毛经,但纬纱 1 与 2 之间夹持力小,将导致毛圈不齐;图 12－7(c)中,纬纱 1 与 2 在同一梭口,容易靠紧,长打纬时,能将毛经纱牢牢夹住。

(3)纬纱的反拨:从纬纱的反拨情况来看,图 12－7(a)中,纬纱 3 与 1 在同一梭口,长打纬后,筘后退时,纬纱 3 易于反拨后退;图 12－7(b)中,纬纱 3 的反拨虽不像 12－7(a)严重,但筘后退以后,会使纬纱 2 与 3 之间对毛经纱的夹持力减小;图 12－7(c)中,纬纱 3 不易反拨,即使

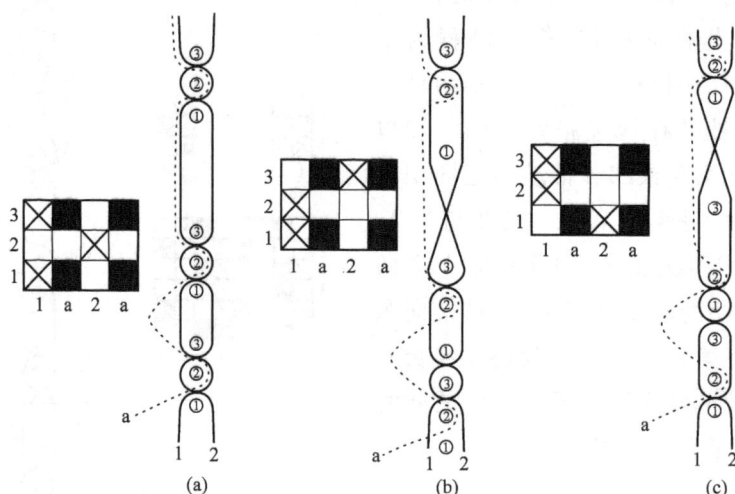

图 12 - 7　三纬毛巾毛组织、地组织的三种配合

有反拨也不致影响纬纱 1 与 2 之间对毛经纱的夹持力,所以毛圈的整齐度也不受影响。

从上面的分析可知,图 12 - 7 中毛组织、地组织的三种配合方式以图 12 - 7(c)为最好,在实际中应用最多。

12.4　毛巾组织的设计要点

12.4.1　地组织的选择

毛巾组织常采用 $\frac{2}{1}$、$\frac{3}{1}$ 变化经重平及 $\frac{2}{2}$ 经重平为地组织。当采用 $\frac{2}{1}$ 变化经重平为地组织时,毛巾组织的完全纬纱数是 3,三次打纬中有一次长打纬,织制的毛巾为三纬毛巾。当采用 $\frac{3}{1}$ 变化经重平或 $\frac{2}{2}$ 经重平为地组织时,完全纬纱数是 4,四次打纬中有一次是长打纬,织制的毛巾为四纬毛巾。

12.4.2　毛组织的确定

毛组织也采用经重平组织。毛组织的完全纬纱数应与地组织相同,同时应根据毛组织、地组织的配合要求来确定毛组织的起始点。单面毛巾毛组织的经纱循环数为 1;双面毛巾毛组织的经纱循环数为 2。如图 12 - 8(a)为单面毛巾,(b)为双面毛巾,毛经 a 在织物正面起毛圈,毛经 b 在织物反面起毛圈。

12.4.3　地经与毛经的排列比

地经与毛经的排列比有 1∶1(称为单单经单单毛),1∶2(称为单单经双双毛),2∶2(称为双双经双双毛)等,如图12-9所示;也有采用地经为单双相间排列的(称为单双经双双毛)。由于毛巾织物要求吸湿性及柔软性要好,所以地经一般采用单纱,毛经的捻度比一般织物要小。

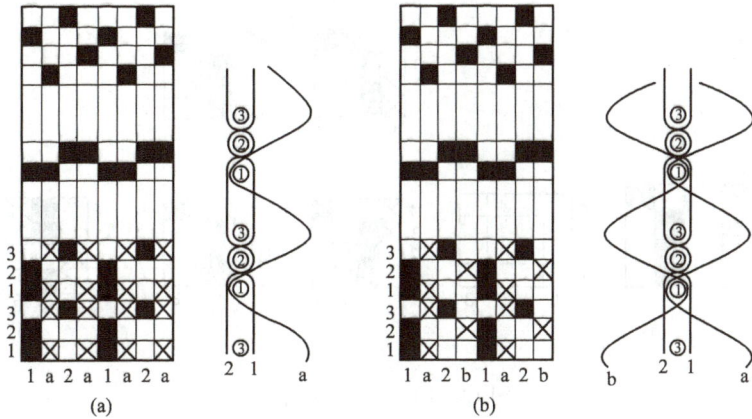

图12-8 两种三纬毛巾组织的上机图

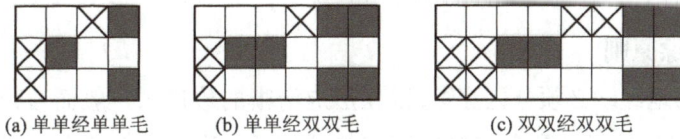

图12-9 地经与毛经的排列比

12.4.4 毛圈的高度

理论上毛圈的高度由长短打纬距离差来决定,毛圈的高度约等于长短打纬相隔距离的一半。在实际生产中一般用毛倍数来决定毛圈的高度,即毛圈的高度取决于毛经纱送出量与地经纱送出量的比值,此比值称为毛倍。

$$毛倍 = \frac{毛经纱的送出量}{地经纱的送出量}$$

毛倍大则毛圈较长。不同品种对毛倍大小有不同要求,如手帕为3:1,面巾与浴巾为4:1,枕巾与毛巾被为(4:1)~(5:1),螺旋毛巾的毛圈高度为(5:1)~(9:1)等。

12.5 毛巾组织绘图

下面以四纬双面毛巾为例,来绘制毛巾组织图,如图12-10所示。

(1)地组织为$\frac{2}{2}$经重平,毛组织为$\frac{1}{3}$变化方平。

（2）地经与毛经排列比为1∶1。

（3）确定组织循环纱线数，并画出组织范围，标出毛经与地经。

（4）填绘组织点，确定组织配合。

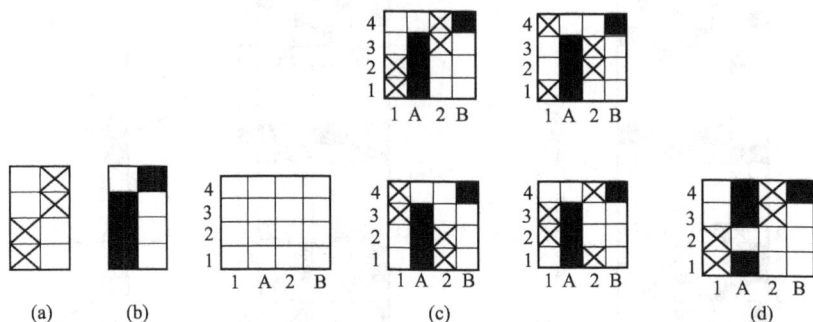

图 12-10　四纬双面毛巾

12.6　毛巾组织的上机

12.6.1　穿综原则

（1）毛经纱与地经纱必须分区穿综，以便形成清晰的梭口。一般而言，毛经纱穿在靠近机前的部位，即前区；地经纱穿在靠机后的部位，即后区；边纱一般穿在地经综框的后面，也可以在地经和毛经综框之间。

（2）一般将织物组织规律相同的经纱穿入同一页综框中，而组织规律不同的经纱必须穿在不同的综框上。

（3）每根综丝的综眼中穿入的经纱根数必须符合工序要求，例如，工艺上如写明双毛（或双地），则每个毛经综框的综丝眼（或地经综丝的综丝眼）应穿两根纱；如写明单毛（或单地），则每个毛经综框的综丝眼（或地经综丝的综丝眼）中应穿一根纱。

12.6.2　毛巾织物最常用的穿综方法

（1）分区顺穿法：这种方法是将一个组织循环中的毛经纱依次按顺序穿入"前区"；将一个组织循环中的地经纱依次按顺序穿入"后区"。前后区的综框数目根据毛经和地经组织而定。分区穿法主要适用于平织毛巾织物。

（2）分区按图穿法：这种方法是在织物组织中部分经纱沉浮规律相同的情况下，将综框运动规律相同的经纱穿入同一片综页中，但毛经纱与地经纱仍按前区、后区分别穿综。分区按图穿法主要适用于织物组循环大或组织比较复杂的缎档毛巾、翻花毛巾织物。用这种方法能减少综框数量，减少改机和操作中的工作量。

（3）分区间断穿法：这种方法是根据织物组织中毛经花型的规律，将毛经纱按花型的需要,分区段穿入综框,同一综框之间的毛经综丝相隔一定的间距。分区间断穿法主要适合于经纱密度比较大、毛圈组织比较复杂的织物。

上述方法是毛巾穿综的简单分类。在实际生产中,毛巾织物穿综方式的确定,要从毛巾产品的组织结构、挡车工操作、生产效率、产品质量等方面综合考虑。

12.6.3　穿筘

毛巾织物的穿筘原则:一般在穿筘时,地经纱与右方的毛经纱同穿在一个筘齿,即经纱与左方的地经纱同穿在一个筘齿。

一个组织循环毛巾组织穿综一般采用分区穿法,毛经纱穿前区,地经纱穿后区。筘号不宜过大,因毛经纱很松,筘号过大会使织造困难。穿筘时将同一组的毛经、地经纱穿入同一筘齿。当毛经、地经纱排列比为 $1:1$ 时,采用 2 入穿;排列比为 $1:2$ 或 $2:1$ 时,则采用 3 入穿。

由于地经纱与毛经纱的张力差异很大,所以应分别卷绕在两个经轴上,毛经纱采用积极送经。毛巾织物可以竖织也可以横织。一般面巾采用竖织,而枕巾则横织较多。

图 12-11 为两种四纬毛巾的上机图,地组织为 $\frac{2}{2}$ 经重平,采用第 1、3、4 纬为短打纬,第 2 纬为长打纬;毛组织为 $\frac{3}{1}$ 变化经重平。地经纱与毛经纱的排列比为 $1:1$。图 12-11(a)为单面毛巾,毛经纱的完全经纱数为 1。图 12-11(b)为双面毛巾,毛经纱的完全经纱数为 2。

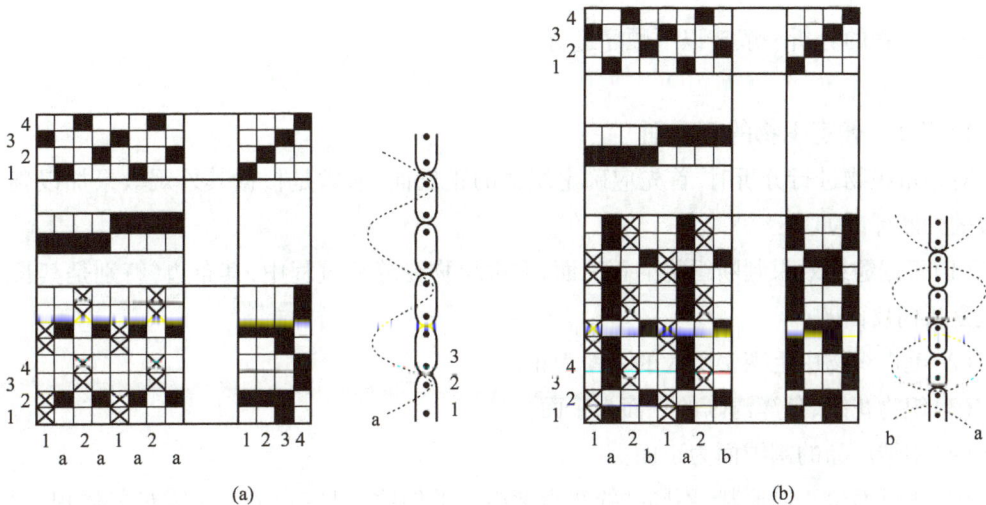

图 12-11　四纬毛巾的上机图

图 12 － 12 为一双色格子毛巾的组织图和穿综、穿筘图,其中 12 － 12(a)为模纹图。毛经纱由 a、b 两种颜色组成,按模纹图交替正、反起毛圈形成格子图案,如图 12 － 12(b)所示。

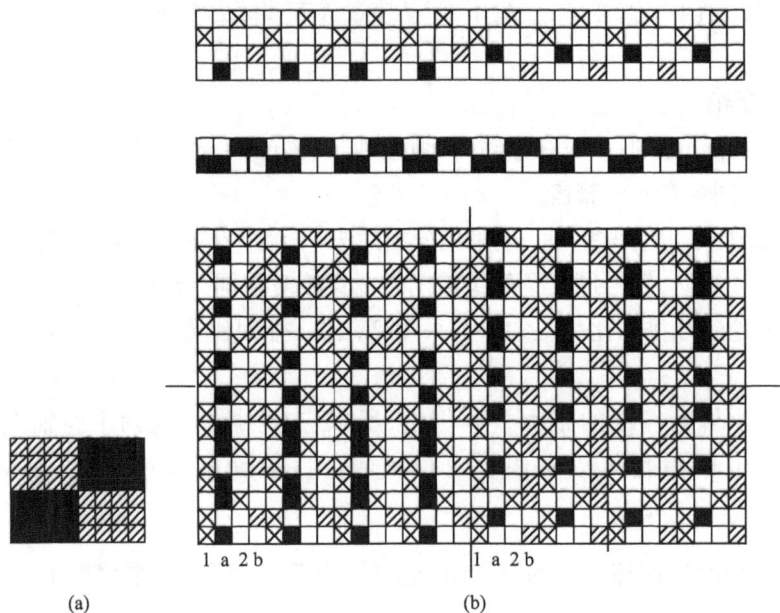

图 12 － 12　双色格子毛巾组织图和穿综、穿筘图

12.7　毛巾织物分析

毛巾织物的分析一般按以下顺序进行。

12.7.1　确定织物的正反面

对毛巾织物进行分析时,首先应确定织物的正反面,通常是根据其外观效果加以判断。一般的判断标准如下:

(1)根据缝纫效果判断织物的正反面,毛巾织物在缝纫过程中,其布边(特别是其长边)一般是折向反面的。

(2)毛巾织物中毛圈密度大的一面为正面。

(3)织物花纹、色泽清晰的一面为正面。

(4)割绒产品的割绒面为正面。

(5)正反面由不同原料、不同纱线线密度组成的织物,以客户的要求或最能体现产品档次的一面为正面。

在毛巾产品中,多数织物的正反面有明显的区别,但也有部分织物的正反面极其相似,即两面都可以应用,因此,在产品分析的过程中,有时不一定非要区别正反面。

12.7.2　分析毛巾织物组织

织物组织分析就是对经纬纱在织物中的交织规律进行分析,以确定织物的组织结构。毛巾织物组成较为复杂,有毛圈组织、缎档组织、平布组织等多种形式及由这些形式衍生或组合而成的混合模式。由于这些形式或模式复杂程度不同,因此,应根据不同的形式采取不同的分析方式。

毛巾组织的分析方式一般采用以下两种。

(1)直接观察法:直接观察法主要用于分析比较简单的组织结构,是毛巾设计中常用的方式,它是指依靠目力对样品织物中经纬纱交织方式进行直接分析,并将分析结果填入到意匠图中。直接观察法主要用于毛巾产品的缎档组织分析或部分简单的小提花组织分析。

(2)拆纱分析法:拆纱分析法主要用于分析比较复杂的组织结构,如缎档组织、转换组织、浮雕组织等。拆纱分析法的第一步是确定拆纱的方向,通过将样品某一方向的纱线系统(一般是经纱)拆开,观察另一个方向纱线的间隙,从而确定经纬纱交织的状态;第二步,确定织物的分析表面,这主要是为了看清楚织物的组织,因此,无论正面还是反面,只要有利于织物分析就行;第三步,通过将所拆纱线逐步剥离原来的位置,观察经纬纱的交织规律,并在意匠图上将其规律——记下即可。

毛巾织物是由各种组织组成的一个整体,因此上述两种分析方法在实际应用中并不是孤立应用的,而应根据具体情况综合使用。

对于色织产品,除了要注意样品的组织以外,还应注意样品组织与色纱之间相互的配合关系,这是因为色织产品的风格不光是由经纬纱之间的交织规律来体现的,还必须使织物组织与色纱排列相互配合才能实现。因此,色织产品分析必须使织物组织和色纱循环分析配合起来,并在织物组织图上作适当的说明。

12.8　毛圈高度的测定

毛圈高度是毛巾织物特有的一个指标,它是指毛圈顶部到毛巾织物基部之间的长度。毛圈高度在生产中一般是用毛倍或10个毛圈的长度来表示。

毛倍(毛环倍数)是指单位地经长度内所拥有的毛经纱长度与地经纱长度的比值。在对样品的分析中,一般是以5cm的地经长度作为一个基准单位,用5cm地经长度内的毛经纱长度与地经纱长度的比值作为测得的毛圈高度值。

10个毛圈的长度主要用于挡车工在值车过程中对重量进行控制。它是以一个毛圈的顶端为起始点,沿经纱方向数10个毛圈后,以第11个毛圈的顶端为终点,然后抽出这一段的毛经纱,量其长度。

但在实际测量中,由于受到纬密、纬纱线密度等的影响,相同的毛倍并不代表着具有相同的毛圈高度。

思考与练习

12 - 1. 简述毛巾组织织物的构成与特点。

12 - 2. 简述毛巾组织织物表面毛圈形成的过程。

12 - 3. 理论上的毛圈高度与实际上的毛圈高度如何确定？

12 - 4. 毛组织、地组织相互配合的基本原则是什么？

12 - 5. 试绘一三纬双面毛巾的上机图,已知正反面毛圈数之比为2∶1,正面毛经、地经排列比为2∶1,反面毛经、地经排列比为1∶1。

12 - 6. 以下习题图为四纬双面彩格毛巾组织的模纹图,经纱排列为1地2毛,两面互为2色彩格,试绘上机图。

习题图　毛巾组织的模纹图

任务十三　纱罗组织分析与小样试织

【任务目标】

1. 了解纱罗组织的特征及形成原理
2. 掌握纱罗组织织物分析方法
3. 金属绞综结构与纱罗织物上机条件
4. 运用绞综试织纱罗织物

【任务实施】

1. 任务要求

分析纱罗织物小样,绘出上机图。学生要将分析得到的或设计的纱罗组织在小样织机上织造出来,通过用金属绞综制织纱罗织物,穿综、穿筘、植纹钉等上机方法,了解三种梭口形式的形成。

学生两个人一组,每组绞综若干根,每人钉植一副纹板,并分别织制纱组织和罗组织的织物。试织织物长 10cm。

2. 试织设备、工具及原材料准备

小样织机、金属绞综、绕纱框架、色纱(股线)、小样织机配套工具。

3. 试织步骤

(1)整经:为使绞经、地经易于区别,整经时选用不同颜色或线密度的纱线。

(2)穿综:根据选用的左穿法或右穿法,经纱分别穿入地综、后综和绞综内;在后综和绞综之间必须空出 3~4 片综框。

(3)穿筘:同一绞组的绞经,地经必须穿入同一筘齿,为使孔眼清晰,可采用穿一筘齿、空一筘齿的方法。

(4)植纹钉:根据纱组织、罗组织的上机图植纹钉。

(5)试织:调节绞转梭口时的张力,试织纱罗织物。

4. 织物分析与试织报告

(1)画出纱组织、罗组织上机图。

(2)附上试样。

(3)分析试织出现的问题,总结注意事项。

【相关知识】

纱罗组织及其应用

13.1 纱罗织物特征和分类

13.1.1 纱罗组织的特征

纱罗织物的别名有绞综布、网眼布、真网目等,这些名称均反映了纱罗组织的外观特征。它与普通机织物的显著差别在于纱罗织物中仅纬纱相互平行排列,经纱不是平行地排列。经纱分为绞经和地经两组,相邻间隔排列,并有规则地相互扭绞后与纬纱交织。织制时,地经位置不动,同一绞组的绞经有时在地经的右方,有时在地经的左方。当绞经从地经的一方转到另一方时,绞经、地经之间相互扭绞一次。绞经、地经相互扭绞并与纬纱交织的结果,不仅使织物中经纱间的空隙增大,而且由于经纱的扭绞,纬纱亦被隔开,使组织结构中有一定的空隙,并可防止经纱和纬纱发生滑溜和位移,从而形成纱孔。

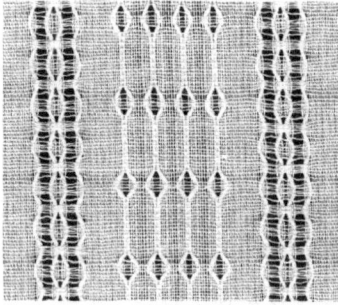

图 13 - 1　纱罗织物

纱罗组织能使织物表面呈现清晰纱孔(图 13 - 1),质地稀薄透亮,且结构稳定,织物透气性好。因此,纱罗组织适宜用于夏季衣料、窗纱、蚊帐、筛绢等织物的开发。纱罗组织的产品也广泛适用于农用、建筑及土木工程等。此外,纱罗组织也常用作阔幅织机织制数幅狭幅织物的中间边或无梭织机织物的布边组织。色织纱罗织物由于有色彩及其他组织的配合,外观更为丰富多彩,特色鲜明。

纱罗组织是纱组织与罗组织的总称,大部分纱罗织物兼有这两种组织,或同时充分运用纱和罗各自的特点,以形成不同外观的变化纱罗组织。

(1)纱组织:当绞经每改变一次左右位置,织入一根纬纱,称为纱组织。如图 13 - 2(a)、(b)所示。

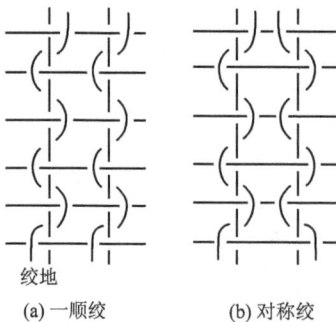

绞地

(a)一顺绞　　　(b)对称绞

(c)

图 13 - 2　纱组织及织物

(2)罗组织：当绞经每改变一次左右位置，织入3根或3根以上奇数纬纱的平纹组织，称为罗组织。如图13-3(a)、(b)所示。

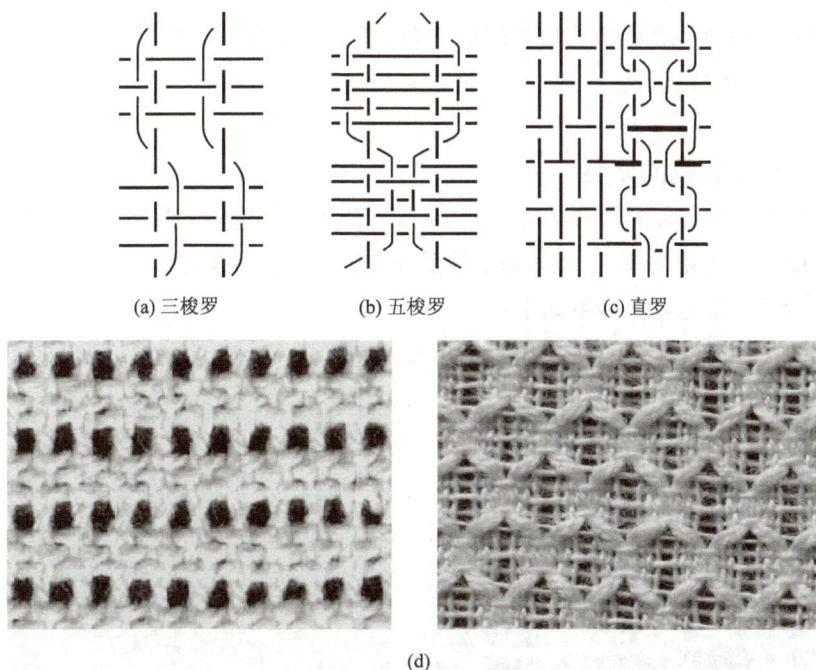

(a) 三梭罗   (b) 五梭罗   (c) 直罗

(d)

图13-3 罗组织及织物

罗组织的纱孔在织物表面呈横条排列，称为横罗，如图13-3(a)、(b)所示，纱孔呈纵条排列，称为直罗，如图13-3(c)为直罗。

(3)一顺绞：在各绞组中，绞经与地经绞转方向均一致的纱罗组织，称为一顺绞，如图13-2(a)所示。

(4)对称绞：相邻两个绞组内，绞经与地经绞转方向相对称的纱罗组织，称为对称绞，如图13-2(b)所示。在其他条件相同的情况下，对称绞所形成的纱孔比一顺绞清晰。

(5)绞组：形成一个纱孔所需的绞经与地经称为一个绞组。一个绞组中的绞经与地经根数可相等，也可不等，图13-4为几种常见的绞组，其中，图13-4(a)为绞经∶地经=1∶1，即一个

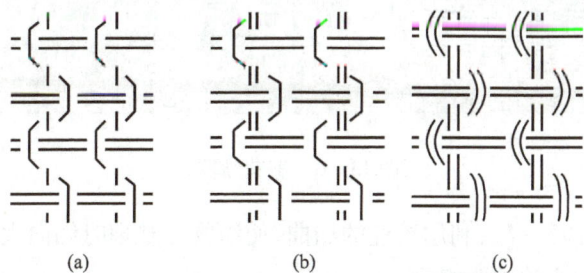

(a)   (b)   (c)

图13-4 纱罗组织的几种绞组

绞组由1根绞经和1根地经组成,称为一绞一;(b)为绞经:地经=1:2,称为一绞二;(c)为绞经:地经=2:2,称为二绞二。绞组内经纱数少,纱孔小而密;绞组内经纱数多,纱孔大而稀。

(6)上口纱罗:绞经在起绞前后始终位于纬纱之上,称为上口纱罗。

(7)下口纱罗:绞经在起绞前后始终位于纬纱之下,称为下口纱罗。图13-2、图13-3中各组织均为下口纱罗。

13.1.2 纱罗织物的分类

纱罗织物根据纱线原料可分为棉纱罗、涤长丝纱罗、玻璃丝纱罗、塑料丝纱罗;按组织结构可分为简单纱罗及复杂纱罗,又称基本纱罗和花式纱罗。纱罗组织与其他组织联合,可形成各种花式纱罗。常见花式纱罗如下:

(1)条格纱罗(图13-5):纱罗组织运用纱线色彩配置生产的条形格形产品。

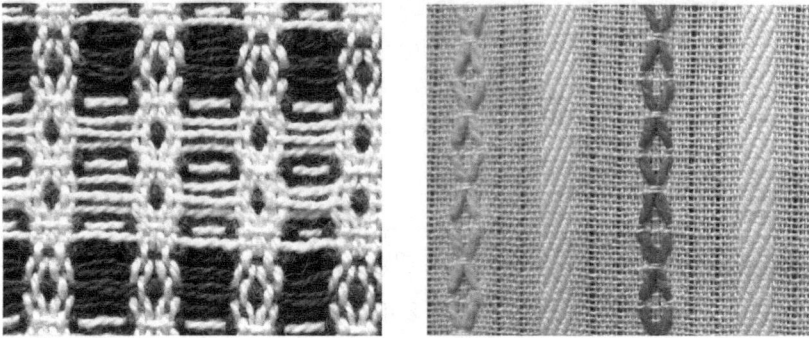

图13-5 条格纱罗

(2)剪花纱罗(图13-6):组织中以经纬起花织成小型朵花,织成后剪去反面的纱线浮长,呈现单独朵花的织物(其中有纯棉经纬起花及化纤长丝起花)。

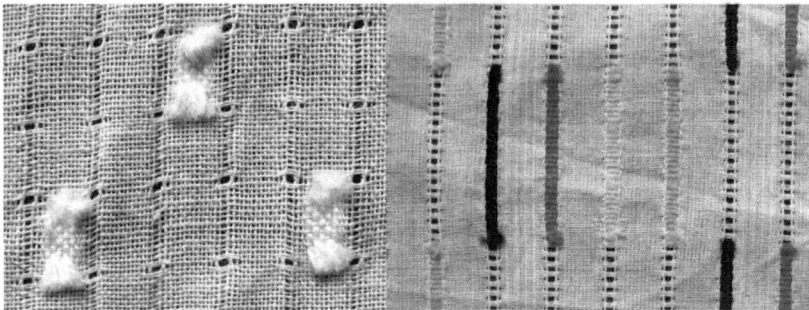

图13-6 剪花纱罗

(3)弹力纱罗(图13-7):利用绞经的屈曲,使织物在整理时纬向大幅度收缩,经高温定形加工,具有永久性弹力的纱罗织物。

(4)花式线纱罗(图13-8):纬纱用毛巾、结子等花式线织成的纱罗织物。

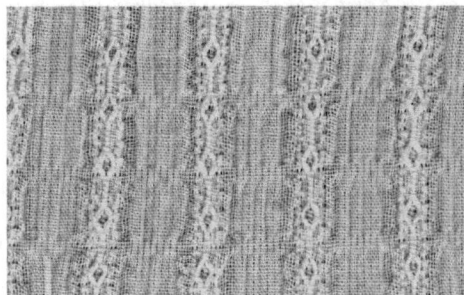

图 13 - 7　弹力纱罗

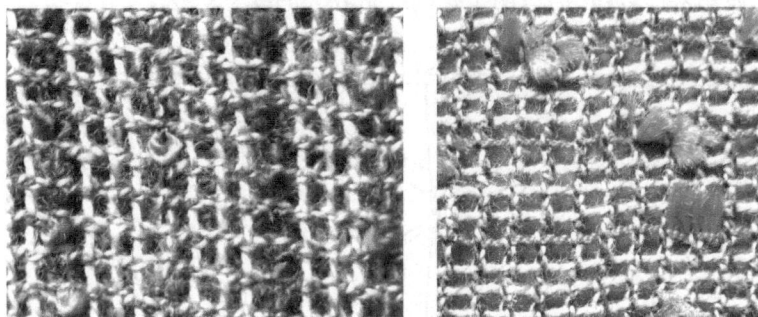

图 13 - 8　花式线纱罗

（5）烂花纱罗：用涤/棉包芯纱（即棉包涤）染色后织成纱罗，再经过酸处理按花型烂去棉纤维部分，即成烂花织物。

（6）金银丝纱罗：在纱罗织物中嵌少量各色金银丝，布面呈现闪闪光彩的纱罗织物。

（7）胸襟纱罗（图 13 - 9）：利用纱罗织物的多孔特点做胸襟花，形成胸襟纱罗织物。

图 13 - 9　胸襟纱罗

13.2　纱罗组织的形成原理

纱罗组织的绞经与地经之所以能够扭绞，是由于织造时使用了特殊的扭绞装置、穿综方法和梭口配合。织制纱罗织物通常使用绞综。绞综主要有线制绞综、金属绞综和圆盘绞综、新型移动筘装置几种。线制绞综结构简单，制作方便。金属绞综结构较为复杂，制作成本较高,但应用方便,使用寿命长。为了降低绞综成本,有些地区用塑料替代金属,但使用寿命相对较短。圆盘绞综多用于产业用纺织品的生产。一般织制平素纱罗织物,以使用金属绞综为主,织制提花纱罗织物仍使用线制绞综。

13.2.1 线制绞综

线制绞综的结构如图 13 - 10 所示,由基综与半综联合而成。目前生产中使用的基综有两种,一种是普通金属综丝,使用寿命较长,如图 13 - 10(a)、(c);另一种是线制基综,用较细的尼龙线穿过一玻璃或铜制的目销子的上下孔眼,目销子中间孔眼穿有半综,如图 13 - 10(b)。线制基综使用寿命较短,但适用于织制经密较大的纱罗织物。

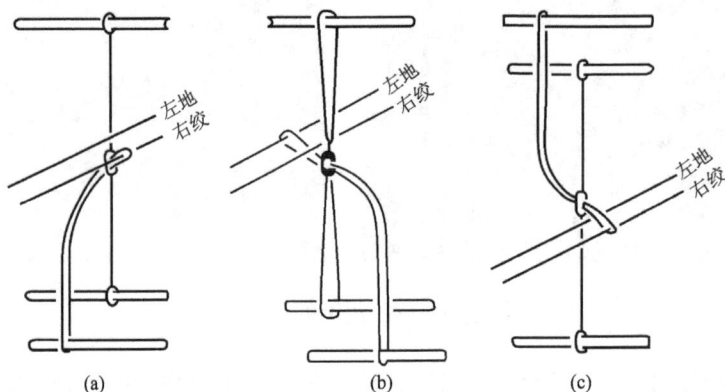

图 13 - 10　线制绞综

半综为尼龙线制成的环圈,也有上半综与下半综之分。半综上端穿过基综综眼,下端固定在一根棒上,由弹簧控制,称之为下半综,如图 13 - 10(a)、(b)所示。若将半综的上端固定,下端穿过基综综眼,则称为上半综,如图 13 - 10(c)所示。下半综多用于上开梭口和中央闭合梭口的织机,使用较多。上半综用于下开梭口的织机,使用较少。半综按环圈头的伸向不同,又有左半综与右半综之分。凡半综环圈头伸向基综左侧,即绞经位于基综之左的称为左半综。凡半综环圈头伸向基综右侧,即绞经位于基综之右的称为右半综。图 13 - 10(a)、(c)为右半综,(b)为左半综。上机时,半综杆位于基综的前方。织制纱罗织物根据开口时绞经与地经的相对位置不同,分为绞转梭口、开放梭口和普通梭口三种。线制绞综的三种梭口形式如图 13 - 11 所示。

(1)绞转梭口:后综与地综静止不动,由基综及半综(统称为绞综,下同)提升所形成的梭口,称绞转梭口。如图 13 - 11(a)所示,采用右半综右穿法,综平时绞经位于地经右侧。当第 4 纬织入时,绞综提升使绞经 S 从地经 G 下面转绕到地经左侧升起,形成梭口的上层。地经 G 不动,形成梭口的下层。

(2)开放梭口:地综与基综静止不动,由后综和半综提升所形成的梭口,称开放梭口。如图 13 - 11(b)所示,当第 5 纬织入时,后综、半综提升使在地经左侧的绞经 S 仍回到地经的右侧(原来上机位置)上升,形成梭口的上层。地经 G 不动,形成梭口下层。

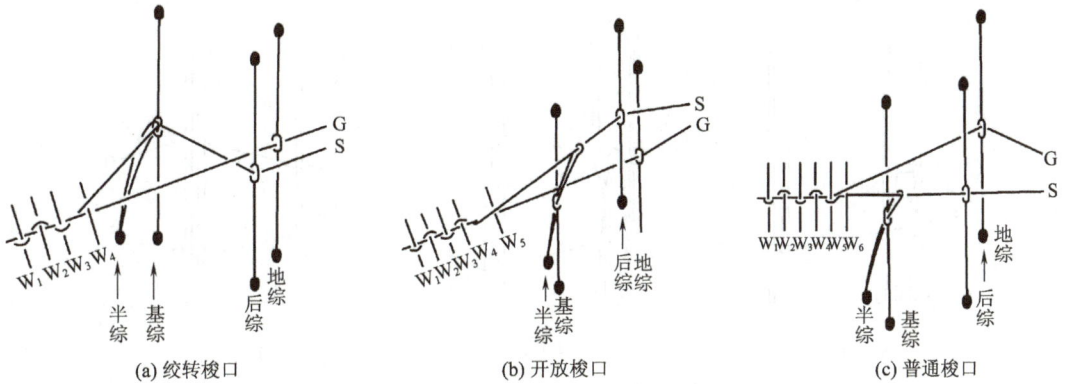

(a) 绞转梭口　　　　(b) 开放梭口　　　　(c) 普通梭口

图 13-11　线制绞综的三种梭口

(3)普通梭口:后综、绞综静止不动,由地综提升形成的梭口,称普通梭口。如图 13-11
(c)所示,当织第 6 纬时,地经 G 由地综带动上升形成梭口上层,绞经 S 形成梭口下层。绞经
与地经的相对位置与前一纬相同,绞经仍在地经的右侧,相互没有扭绞。

13.2.2　金属绞综

金属绞综由左、右两根基综丝 F_1、F_2 和一根半综丝 D 组成。每根基综由两片薄钢片组
成,中部由焊接点 K 将两片薄钢片连为一体。半综 D 骑跨在两根
基综之间,其每一支脚伸在基综上部的两薄片之间,由基综的焊
接点 K 托持,如图 13-12 所示。这样,无论哪一片基综上升,半
综都能随之上升,以改变绞经 S 与地经 G 的相对位置。半综的骑
跨方式有下半综和上半综两种,图 13-12 中半综的两支脚朝下,
为下半综。若半综的两支脚朝上,则为上半综。一般均采用下半
综,形成上开梭口。

金属绞综织造纱罗时形成三种梭口形式,如图 13-13 所示,
以常用的右穿法(左绞穿法)为例,说明三种梭口的成形。综平时
绞经 S 位于地经 G 的右侧。

(1)绞转梭口:如图 13-13(a),由基综 F_1 及半综 D 上升,使
绞经 S 从地经 G 下面扭转到地经左侧引起形成梭口。

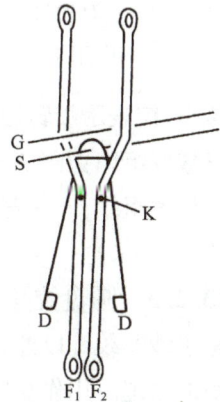

图 13-12　金属绞综结构

(2)开放梭口:如图 13-13(b),由基综 F_2 及半综 D 上升,同时后综亦提升,使绞经 S 仍
回到地经 G 的右侧(原来上机位置)升起形成梭口。

(3)普通梭口:如图 13-13(c),由地综提升,使地经 G 升起形成梭口,绞经、地经
相对位置同前一纬梭口。织制绞纱组织时,只要交替地使用绞转梭口与开放梭口,使绞
经时而在地经的左侧,时而在地经右侧,相互扭绞而形成纱孔。地综不运动,地经始终
位于梭口下层,而半综每一梭都要上升,不是随着基综上升,便是随着后综上升,它不可

能单独提升形成梭口。

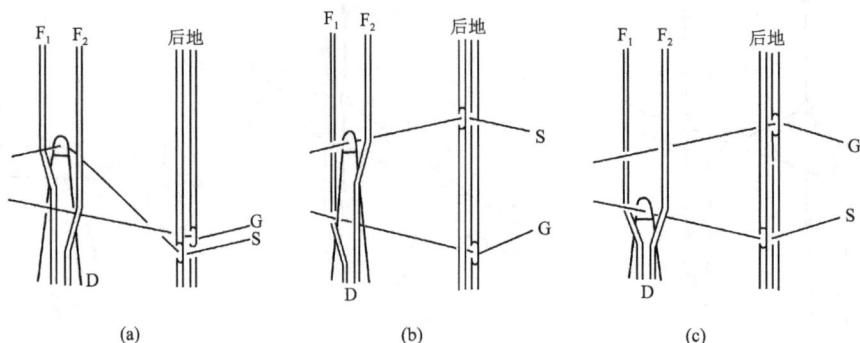

图 13-13　金属绞综织造纱罗的三种梭口形式

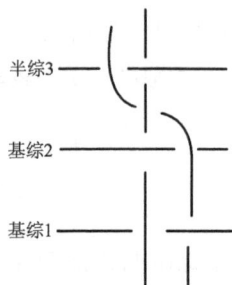

图 13-14　三种梭口说明图

图 13-14 为三种梭口说明图：

①织入第 1 纬，形成普通梭口，地综上升。

②织入第 2 纬，形成开放梭口，基综 2 上升，半综 3 随基综 2 上升，同时后综也上升；此时绞经在地经右侧升起，绞经和地经没有扭绞。

③织入第 3 纬，形成绞转梭口，基综 1 上升，半综 3 随基综 1 上升，此时绞经在地经下面扭转到地经左侧升起。

织制纱组织时，只有绞转梭口和开放梭口；地综不运动，始终位于梭口下层，而半综每一梭都上升。

织制罗组织时，采用三种梭口（以下开表示开放梭口，普表示普通梭口，绞表示绞转梭口）。

三梭罗组织：开—普—开，绞—普—绞。

五梭罗组织：开—普—开—普—开，绞—普—绞—普—绞。

13.2.3　圆盘绞综

除了纱罗绞综以外，无梭织机还使用圆盘绞综织边。图 13-15 表示用圆盘绞综织制纱罗组织的原理。用作纱罗边的两根经纱穿入圆盘的相对排列的孔眼里，通过圆盘的旋转两根纱线相绞在一起。每两次（或多次）相绞之后引入一根纬线，这一成形装置可使经纱在两纬之间产生更多的相绞。

开口装置中，纱罗圆盘之间的距离可以调节，用剑杆装置投纬。经纱卷绕在纱架的筒管上。由不同的间歇和后梁装置送经，使全部经纱保持一定张力。这种原理可以防止纱线损伤，并可高速运行，特别是对于玻璃纤维等脆性原料，防止损伤非常重要。采用圆盘绞综工艺技术，除可改善产品质量和提高生产率外，还能进一步开发新产品。新的工艺能在两根纬纱之间形成多次扭绞。扭绞次数变化可以改变组织图案，生产有特殊性能的新产品，以适应特殊用途的要求。经纱在两根纬纱之间的多次扭绞形成了不同的纱线结构，提高了经向强

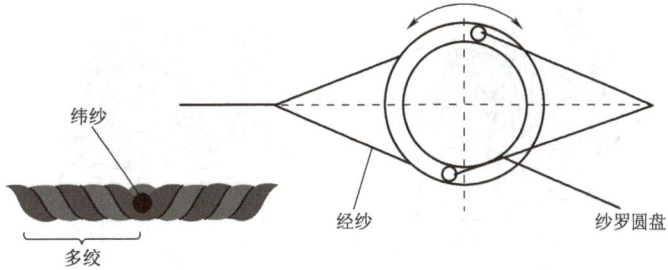

图 13 – 15　圆盘绞综形成纱罗组织的原理

力,在复合材料领域,扭绞经纱的螺旋状结构可形成织物新的表面性能。螺旋状结构可提高纺织品与填充料的结合性能,可由改变经纱扭绞次数设定纱罗织物的延伸性。这种绞纱孔组织可以避免结构内纱线位移,适合于纤维增强混凝土材料的制造,以改善混凝土与纱线的黏结力。绞纱孔组织的织物还可提高尺寸稳定性,其精确的延伸性能适合于最终产品的应用。

13.2.4　新型移动筘装置

目前,国内纱罗组织大部分采用绞综装置织造。这种传统的纱罗织造方法,织机转速较低,当经纱断头等需要处理时,操作比较复杂,耗费时间,因为经纱和综丝处于高度应力下,不可能取得完美的性能和实现高速织造,极大地限制了织机性能的发挥。

新型移动筘装置采用一导棒和一孔眼筘用于半绞纱罗组织。在织造纱罗织物时,不需要复杂的绞综就可以最大限度地发挥织机的织造潜能。其特性主要体现在简单、直接和操作便利上。由复杂的综片组成的、笨重的绞综被一个导条和带孔的钢筘所取代。导条和钢筘上下运动就可以形成梭口,导条同时作横向移动。导条和钢筘的开口动程比传统的综框开口动程要小,它们的运动由踏盘开口机构中的凸轮控制。新型移动筘装置的工作原理如图 13 – 16 所示。

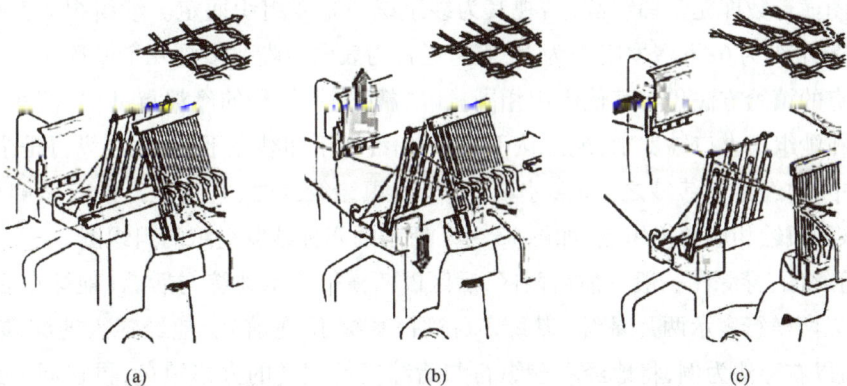

(a)　　　　　　　　(b)　　　　　　　　(c)

图 13 – 16

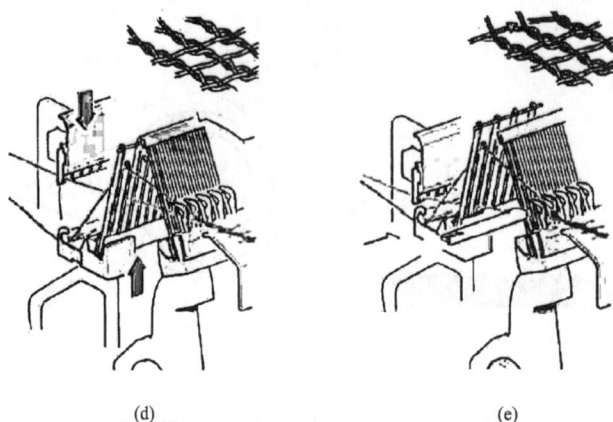

(d)　　　　　　　　　　　(e)

图 13 – 16　新型移动箍装置的工作原理示意图

13.3　纱罗组织上机工艺

13.3.1　纱罗组织上机图绘制

由于纱罗组织的结构特殊,使得组织图与穿综图等的绘制方法也与其他组织不同。纱罗组织的上机图应明确表示出:每一绞组绞经与地经的相对位置,绞经与地经的根数;绞经、地经穿入基综、半综的方向;绞经在地经哪一侧与纬纱交织;穿筘表示方法与纹板编制。

(1)组织图:每一绞组的经纱究竟占几纵行,需根据绞组结构而定。如一绞三,一绞组有 1 根绞经,3 根地经,一个绞组需占 5 纵行。

由于绞经时而在地经的右侧,时而在地经的左侧。所以在画组织图时,每根绞经需在地经两侧各占一纵行,并标以同样的序号。一个完全组织所占的纵行数需视一个绞组中的经纱数和各绞经是一顺绞还是对称绞而定。

一顺绞组织图纵行数 = 一个绞组中的绞经根数 ×2 + 地经根数

如果是对称绞,纵行数应增加一倍。

例如,一顺绞一绞三,一绞组有 1 根绞经,3 根地经,一个绞组需占 1 ×2 +3 =5(纵行)。

组织图横行数即完全纬纱数,需视其为纱组织还是罗组织而定。纱组织的完全纬纱数为2;三梭罗组织为6;五梭罗组织为10 等。通常为表示清晰要多画几个循环。

组织点的填绘方法仍与其他组织相同。以"■"表示绞经的经浮点;以"×"表示地经的经浮点。在纱组织上口纱罗中,地经从不提升,始终沉于纬纱之下,故地经纵行是全行空白;在罗组织中,地经浮于纬纱之上时,才填以"×";填绘绞经时,它在地经的哪一侧与纬纱相交,就在该侧填绘相应的组织点,如图 13 – 17 所示的四种纱罗组织的组织图。

(2)穿综图:穿综图一般分前后两区,后区以两横行表示地综与后综(地综在后,后综在前),前区以两横行表示两片基综(基综 J_2 在后,基综 J_1 在前)。地经穿入地综,以"×"填绘。绞经,以右穿法为例,将地经右侧纵行与后综横行相交的方格填色,再在同一纵行与基综 J_2 横行相交的方格中,也填以同样的穿综符号。起绞时,绞经将扭转到地经左侧,故在地

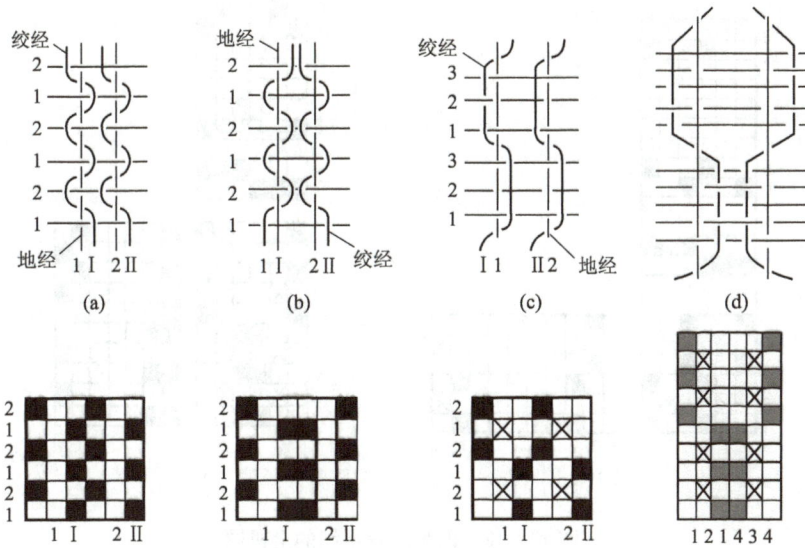

图 13 – 17　四种纱罗组织的组织图

经左侧纵行与基综 J_1 横行相交的方格中,也需填色。同理,可绘出左穿法的穿综图。

如果纱罗织物中夹有其他组织时,则其综框应位于地综、后综与基综之间,并按一般织物组织的穿法穿入。

(3)穿筘图:每一绞组经纱必须穿入同一筘齿中。有时为了加大纱孔,突出纱罗风格,可采用花筘穿法,在穿筘图中,穿入同一筘的是同一绞组的经纱,而并不以其所绘入的纵行数来代表纱线数。

(4)纹板图:纹板图的绘作方法与其他组织相同。

图 13 – 18 为四种纱罗组织的上机图。图 13 – 18(a)为一顺绞的纱组织,采用右穿法的上机图;(b)为左、右穿法对称绞的纱组织的上机图;(c)为一顺绞的三梭罗组织,采用右穿法的上机图;(d)为对称绞左、右穿法的五梭罗组织上机图。

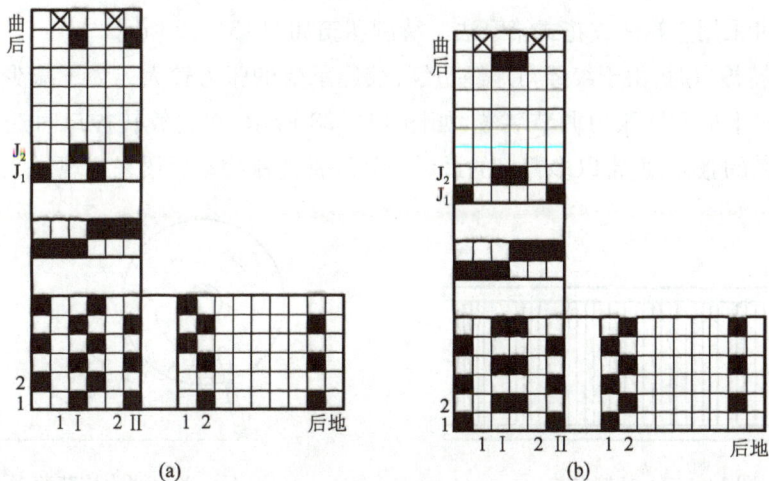

图 13 – 18

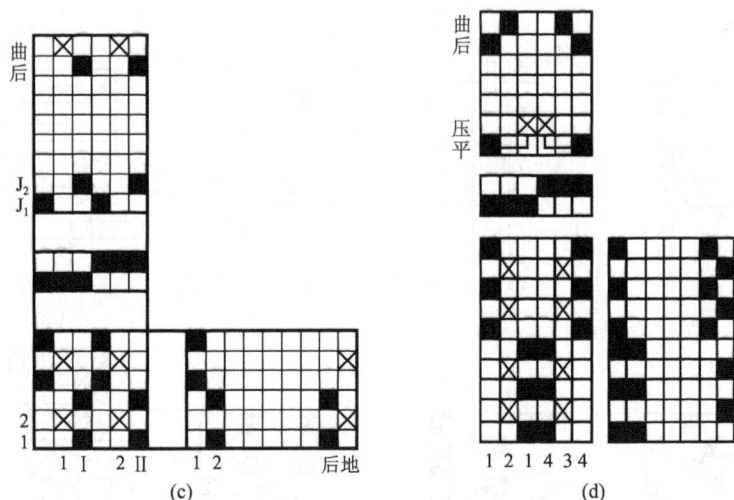

(c)　　　　　　　　　　　　　(d)

图 13 – 18　四种纱罗组织的上机图

13.3.2　纱罗组织的上机工艺要点

纱罗织物轻薄、凉爽、透气、舒适,尤其花式纱罗织物典雅美观,属高档装饰或服饰面料,产品附加值比较高。然而,纱罗织物技术含量较高,生产难度亦相对较大。在纱罗织物设计与上机工艺生产中,均有相应的技术要求。

(1)纱罗织物由于绞经和地经的运动规律不同,两者的缩率不同,有时差异很大。要尽可能使用一个织轴织造,必要时可采用两个织轴织造。

(2)为了保证开口清晰度,减少断经,应使绞综在前面,其他组织在中间,后综与地综在最后。绞综与地综之间的间隔以 3～5 片综框为宜。对采用绞经、地经合轴织造的品种,这个距离尤其重要。

(3)采用金属绞综织制纱罗织物时,平综时应使地经稍高于半综的顶部,以便绞经在地经之下顺利绞转。

(4)每一绞组必须穿入同一筘齿,否则打纬时会切断经纱,无法织造。为了加大纱孔,突出扭绞风格,可采用空筘法或花式筘穿法。特制花筘如图 13 – 19 所示。

(5)起绞转梭口时,由于绞经与地经扭绞,绞经承受的张力较大。为了减少断经和保证梭口的清晰,机上应配置张力调节装置,如图 13 – 20 所示,在起绞转梭口时送出较多的绞经,以调节绞经的张力,通常以多臂机的最后一片综框控制摆动后梁来实现。

图 13 – 19　特制花筘

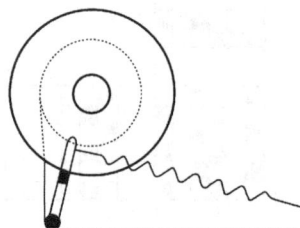

图 13 – 20　张力调节装置

13.4　纱罗组织分析

13.4.1　绞组的确定

每一绞组至少由一根绞经和一根地经组成。在复杂的纱罗组织中可由一根以上绞经(运动相同)同时和几根地经相互绞转,如绞1地3,绞2地2等。同一绞组的经纱,在确定穿筘时,必须穿于同一筘齿中,否则不能起扭绞作用。绞经和地经的线密度、色泽不一定相同。而在实物中,两种纱线相互扭绞,很难加以区别。遇有下述情况可正确地予以区别:

(1)相互扭绞的两种经纱根数不同,则根数多的一种多数为地经。

(2)两种经纱粗细不同时,粗的是绞经,粗绞经会使网目效应较为显著。

(3)纱和线相绞时,则绞经一定是股线,因股线起纹立体感较强。

(4)若是联合提花组织,可根据提花浮长确定织物正反面,再根据绞经特征确定绞经。

(5)在纱线线密度及根数相同的情况下,只能根据纱线弯曲程度来考虑,即使有误也不影响组织图的正确性。

13.4.2　纱罗织物的组织分析举例

纱罗织物有联合纱罗组织和单一纱罗组织之分,前者是纱罗和其他组织的联合织物,后者则完全由纱罗组织构成。图13-21是某纱罗织物的正面局部放大图,该纱罗织物是由平纹组织和纱罗组织联合而成的。

国内纱罗织物的生产多数采用上口纱罗生产法,即绞经左右运动时都是从地经纱的下方运动到另一侧。而从图13-21织物的正面看,绞经左右运动时都是从地经纱的上方通过,正面织造难以用普通设备完成生产,只有反织才是可行的。所以分析纱罗织物的组织时,应分析织物反面的组织规律。

图13-21　某纱罗联合织物的
正面局部放大图

在绘制组织图前,首先要确定绞组中哪几根是地经纱,哪几根是绞经纱。根据上面的论述,当绞经纱和地经纱交错时,在上方的应该是地经纱,下方的是绞经纱,同时要注意绞经纱是从地经纱的哪一侧运动到另外一侧的。组织图中绞经纱位于地经纱的左侧或是右侧,对于普通纱罗织物而言无关紧要,但对花式纱罗来讲就很有讲究了。一个纬纱循环中,当绞经在地经某一侧需要开口的次数多时,起始时该绞经就应该安排在地经的这一侧,这样织造时,一个纬纱循环内需要形成绞转梭口的次数少于开放梭口的次数,绞组内绞经纱、地经纱之间的摩擦减少,经纱断头率下降,织造容易进行,布面质量也好。否则绞转梭口的次数多于开放梭口的次数,导致绞经纱频繁地起绞,绞组内绞经、地经纱之间的摩擦大大增加,增加了经纱的断头率。虽然织出的织物基本一样,但会造成织造效率下降。图 13 - 22 的织物是图 13 - 21 纱罗织物反面的组织图。图中圆圈代表的是绞经纱的位置,该组绞经纱是由 2 根双股线组成的。

纱罗织物的上机图与普通织物不同,一绞组经纱中绞经不论有多少根,都按照一根绞经绘制组织图,另以文字说明这根绞经实际代表的绞经颜色、原料、根数、线密度等情况。一绞组经纱中地经纱有多少根,在组织图中就占几个纵行,绞经不论多少根,只要其运动规律一样,在组织图中都只占地经纱左右各一行。起始时当绞经安排在地经右侧,则机前看绞组经纱从基综 1 的右侧和基综 2 的左侧之间穿过;起始时当绞经安排在地经左侧,则机前看绞组经纱从基综 2 的右侧和基综 1 的左侧之间穿过。绞经除穿过半综外,还要穿过后综,地经在两个基综之间通过后综穿入地综。基综与后综之间应间隔 5 页以上的综框。

图 13 - 23 为某花式纱罗织物的正反两面的扫描图,选取反面有代表性的纱罗组织用黑框确定范围,根据前面的论述进行分析,得其上机图(图 13 - 24)。

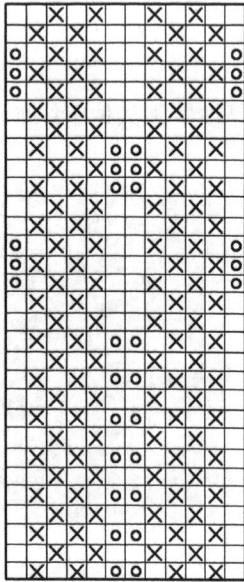

图 13 - 22 某纱罗织物反面的组织图

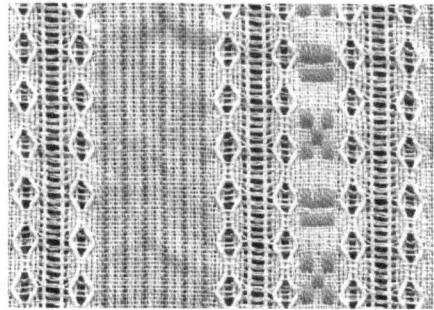

(a) 正面

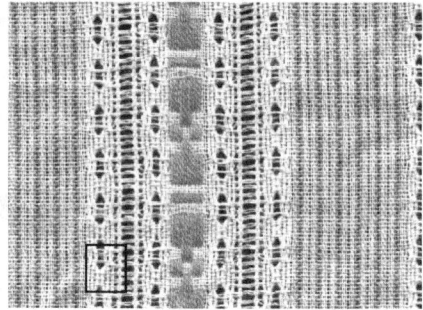

(a) 反面

图 13 - 23 某花式纱罗织物的正反两面

图 13 - 25 为最新发明的多功能织物小样织机工作原理图。该机不仅可以织造普通织物,同时也可织造纱罗及浮纹织物。其特征为:在筘座上端设置移动导针装置,该移动导针装置包括可以左右横向移动的导针杆,而导针杆上则连接活动端设置导纱孔的导针,从而可以实现导纱孔的三维运动和钢筘的二维运动,即导针的上下转动、导针杆的左右移动和钢筘的前后摆动,导针的导纱孔可以增加另外一个系统的经纱进行织物样品试织,该机具有试织平布、小提花布、多层布、纱罗、浮纹布等多种纺织品的功能。

图 13 - 26 为纱罗织物的结构示意图,织物中绞经纱通过左右横向移动,在织物表面形成曲折花形,其中绞经纱 B 和绞经纱 B′分别穿过连接在同一根导针杆上的不同位置处导针上的导纱孔内,因此移动方向一致,呈现一顺折,而绞经纱 A 穿在连接于移动方向与前述导杆相反的另一根导杆上的导针的导纱孔内,因此在织物表面呈现对称折,另外,图 13 - 26 中的绞经纱 A、B、B′每隔 3 根纬纱 D 参与交织一次,以获得织物设计对应的图案。

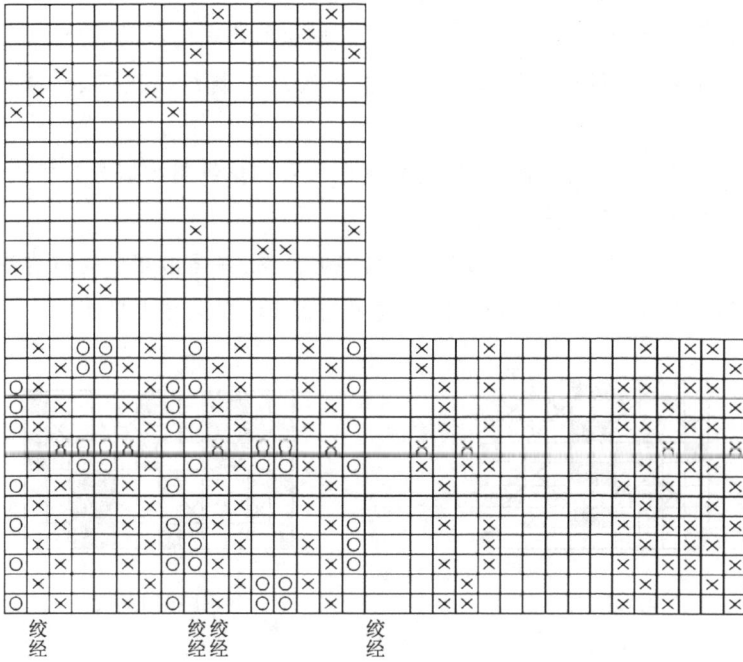

图 13 - 24 分析花式纱罗织物的上机图

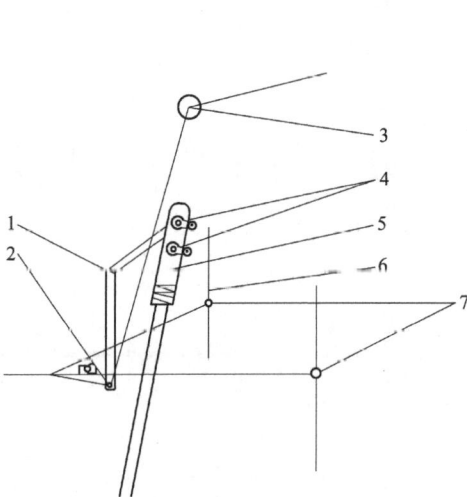

图 13 - 25 多功能织物小样织机工作示意图

1—导针 2—导纱孔 3—花纹纱 4—2 根导针杆

5—筘座 6—综丝 7—地经纱

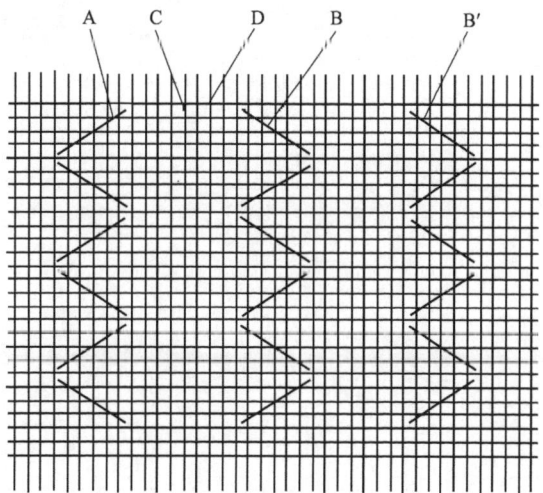

图 13 - 26 纱罗织物的示意图

思考与练习

13−1. 比较说明纱罗组织与透孔组织成"孔"的不同之处。

13−2. 说明纱罗组织织物的特点及其应用。

13−3. 比较说明金属绞综与线制绞综形成纱罗组织机理的不同之处。

13−4. 用方格表示,画出采用线制绞综和金属绞综制织二绞二、一顺绞的纱组织上机图。

13−5. 分别作出一绞一、对称绞、五梭罗组织采用一排线制绞综与二排线制绞综织制时的上机图,并说明梭口形式。

13−6. 已知纱罗组织图(习题图 13−1)试作上机图,并画出相应的结构图。

13−7. 已知纱罗织物的组织图和穿筘图(习题图 13−2),作上机图。

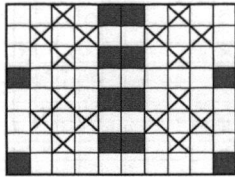

习题图 13−1

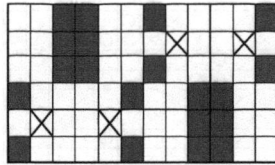

习题图 13−2

13−8. 要保证绞经、地经的良好扭绞,织造时应采取哪些措施?

13−9. 自行设计一花式纱罗组织,作织物结构图与上机图。

参 考 文 献

[1]郑秀芝,刘培民.机织物结构与设计[M].北京:中国纺织出版社,1993.

[2]蔡陡霞.织物结构与设计[M].北京:纺织工业出版社,1986.

[3]顾平.织物结构与设计学[M].上海:东华大学出版社,2004.

[4]朱进忠.实用纺织商品学[M].北京:中国纺织出版社,2000.

[5]S.阿达纳.威灵顿产业用纺织品手册[M].北京:中国纺织出版社,2000.

[6]上海第一织布工业公司.色织物设计与生产[M].北京:纺织工业出版社,1984.

[7]张振莹.色织物组织与设计[M].北京:纺织工业出版社,1987.

[8]蔡陡霞.织物结构与设计[M].4版.北京:中国纺织出版社,2008.

[9]顾平.织物结构与设计学[M].上海:中国纺织大学出版社,2004.

[10]盛明善,陈雪珍.绒毛织物设计与生产[M].北京:中国纺织出版社,2007.

[11]刘付仁.毛巾类家用纺织品的设计与生产[M].北京:中国纺织出版社,2008.

[12]缪秋菊,蒋秀翔.织物结构与应用[M].上海:东华大学出版社,2007.

[13]沈兰萍.织物结构与设计[M].北京:中国纺织出版社,2005.

[14]刘培民.机织物结构与设计实训教程[M].北京:中国纺织出版社,2009.

[15]张国辉.复杂织物的组织分析[J].丝绸,2006(6):12-14.

[16]张国辉,秦姝.花式纱罗的设计与生产[J].上海纺织科技,2005(9):50-52.

[17]张国辉.用普通织机开发花式纱罗产品[J].纺织学报,2005(12):96-98.

[18]张国辉.上机图设计对产品的影响[J].纺织学报,2006(6):91-93.

[19]张国辉.经向弧形与纱罗联合织物的生产[J].毛纺科技,2006(6):28-31.

[20]姜凤琴.大连工业大学纺织材料学院精品课程 http://zwjgx.jpkc.dlpu.edu.cn/.

[21]葛翠蓉,武汉科技学院纺织材料学院精品课程 http://211.67.48.5/fzxkc/108.htm.

[22]顾平.苏州大学精品课程 http://jpkc.suda.edu.cn/ec2006/c30/Course/Index.htm.

[23]侯翠芳.一种织物小样织机:中国,ZL200920039594.1[P].2010-05-12.

普通高等教育"十一五"国家级规划教材（高职）

书　　名	主　编
棉纺工程（第四版）	史志陶
纺纱设备与工艺	魏雪梅
织造设备与工艺	韩文泉
纺纱工艺与质量控制	张喜昌
纺织设备机电一体化技术	穆　征
色织产品设计与工艺	马　昀
色织工艺学	董敬贵
非织造工艺学（第二版）	言宏元
纺织机械基础概论（第二版）	周琪甦
纺织应用化学与实验	伍天荣
家用纺织品设计与市场开发	姜淑媛
提花工艺与纹织 CAD	包振华
针织服装设计与生产	贺庆玉
纺织材料（第二版）	张一心

纺织高职高专"十一五"部委级规划教材

书　名	主　编	书　名	主　编
纺织材料学实验(第2版)	朱进忠	纺织服装外贸函电与写作	张　耘
纺织染概论(第二版)	刘　森	纺织企业管理基础(第三版)	王　毅
新型纺纱与花式纱线	肖　丰	纺织测试数据处理	胡颖梅
纺织计算机应用技术	苏玉恒	机织试验与设备实训	佟　昀
织造工艺与质量控制	马　芹	织物组织分析与应用	侯翠芳
织物性能与检测	徐蕴燕	纺织工艺与设备实训	陈锡勇
机织物结构与设计(第二版)	刘培民	纺织面料	邓沁兰
机织物结构与设计实训教程	刘培民	针织工艺学(第二版)	贺庆玉
家用纺织品设计与工艺	刘雪燕	羊毛衫生产工艺(第二版)	丁钟复
家用纺织品营销	王　艳	针织服装设计与生产实训教程	彭立云
家用纺织品艺术设计	李　波	纺织品市场营销	王若明
家用纺织品生产管理与成本核算	祝永志	纺织标准学	朱进忠
家用纺织品配饰艺术设计	周立群	毛纺工程	平建明
家用纺织品图案设计与应用	王福文	纺织CAD应用实践	邓中民
家用纺织品织物设计与应用	朴　群	纺织服装外贸	于建平
绣品设计与工艺	黄培中	纺织工艺设计与计算	倪中秀
纺织品外贸跟单实务	张芝萍		